薩摩 順吉・藤原 毅夫・三村 昌泰・四ツ谷 晶二 編

## 理工系の数理

# 複 素 解 析

谷口 健二・時弘 哲治 共著

東京 裳華房 発行

# COMPLEX ANALYSIS

by

KENJI TANIGUCHI

TETSUJI TOKIHIRO

SHOKABO

TOKYO

〈出版者著作権管理機構 委託出版物〉

# 編集趣旨

　数学は科学を語るための重要な言葉である．自然現象や工学的対象をモデル化し解析する際には，数学的な定式化が必須である．そればかりでない．社会現象や生命現象を語る際にも，数学的な言葉がよく使われるようになってきている．そのために，大学においては理系のみならず一部の文系においても数学がカリキュラムの中で大きな位置を占めている．

　近年，初等中等教育で数学の占める割合が低下するという由々しき事態が生じている．数学は積み重ねの学問であり，基礎課程で一部分を省略することはできない．着実な学習を行って，将来数学が使いこなせるようになる．

　21世紀は情報の世紀であるともいわれる．コンピュータの実用化は学問の内容だけでなく，社会生活のあり方までも変えている．コンピュータがあるから数学を軽視してもよいという識者もいる．しかし，情報はその基礎となる何かがあって初めて意味をもつ．情報化時代にブラックボックスの中身を知ることは特に重要であり，数学の役割はこれまで以上に大きいと考える．

　こうした時代に，将来数学を使う可能性のある読者を対象に，必要な数学をできるだけわかりやすく学習していただけることを目標として刊行したのが本シリーズである．豊富な問題を用意し，手を動かしながら理解を進めていくというスタイルを採った．

　本シリーズは，数学を専らとする者と数学を応用する者が協同して著すという点に特色がある．数学的な内容はおろそかにせず，かつ応用を意識した内容を盛り込む．そのことによって，将来のための確固とした知識と道具を身に付ける助けとなれば編者の喜びとするところである．読者の御批判を仰ぎたい．

2004年10月

編　者

# まえがき

　本書は1変数複素関数論の入門書であり，大学1年次の微分積分を学んだ2,3年次の学生が読むことを想定して書かれている．

　1変数複素関数論では，実1変数関数の変数を複素数で置き換え，自然な形で複素微分を定義し，複素微分可能な関数（正則関数）を扱う．本書で解説するように，多項式・有理関数・三角関数・指数関数・対数関数などの実1変数関数は自然な形で正則関数に拡張され，複素関数論の対象となる．

　実1変数関数の微分積分では，扱いが難しい関数もしばしば現れ，定理や公式が成り立つための条件が煩雑になることを経験した読者も多いかと思う．複素関数論では，複素微分可能という条件を課したことで，扱いにくい関数があらかじめ排除されており，定理や公式は簡潔に述べられ，見通しが良く美しい理論が展開される．

　複素解析は，その理論の美しさのみならず，幅広い応用分野があることが特長である．本書は「理工系の数理」シリーズの一冊として，数学的な内容はおろそかにせず，かつ応用を意識した内容を盛り込んだかたちで，複素解析を解説することを目的として書かれている．第1章から第5章までが，大学2,3年次の複素解析の標準的な講義の内容にあたる．この第5章の留数解析と第6章から第8章までが複素解析の応用あるいは発展の部分である．

　本書の読者のほとんどは，複素解析を初めて学ぶ者であろう．複素解析に限らず，新たな分野を学ぶ際には，「なぜこれを考えるのかがわからない」というのが大きな障壁となる．本書の執筆にあたっては，その点を考慮し，新たな概念を導入する理由や考え方について，通常の教科書よりも詳しく書くよう心掛けた．以下に，本書の内容について，簡単に説明する．

　第1章では，複素数とその演算を定義し，複素平面について詳しく解説す

る．この部分については，予備知識を全く仮定せずに解説してある．第2章から第3章では，正則関数の定義に始まり，その基本的な性質を述べた上で，複素解析で最も重要なコーシーの積分定理を解説する．正則関数の美しい性質のほとんどは，この定理より導かれる．第4章では，複素関数がべき級数展開可能であることと正則であることの同値性を見る．また，ローラン級数展開を導入し，孤立特異点の近くにおける正則関数の振る舞いについて述べる．第5章では，複素解析の応用として非常に有用な，留数解析を述べる．第6章では，複素関数を，複素平面から複素平面への写像と考え，複素平面を拡張したリーマン球面を定義し，リーマン球面からそれ自身への全単射写像である1次変換について詳しく調べる．そして，等角写像の電磁気学や流体力学への応用について述べる．第7章では，解析性を保つように関数の定義域を拡張する，解析接続について述べる．この章は，本書の中で，おそらくもっとも抽象的でわかりにくい部分であるが，より現代的な関数論を学ぶ上で，重要な概念を提供している．第8章では，複素関数論の重要な応用である，有理関数を係数とする線形常微分方程式の解法について説明する．最後の付録では，解析学や位相の基本事項について，本書で使うものを簡潔にまとめた．複素解析を学ぶ際には，これらに習熟していることが望ましいが，読者の負担を考え，予備知識が少なくても本書の大筋を理解できるように執筆し，必要に応じて付録を参照してもらうこととした．

　最後に，本書の執筆を薦めて下さった青山学院大学の薩摩順吉教授に深く感謝したい．薩摩先生には，原稿の段階で本書に目を通していただき，多くの助言をいただいた．先生の御指摘により，簡潔かつ明瞭になった部分が多々ある．また，本書を作成するにあたり，終始お世話になった裳華房の細木周治氏に，心からお礼申し上げる．

　2013年1月

著　者

# 目　次

## 第1章　複素数

1.1　複素数とその演算 ………………………………………… 2
1.2　複素平面 …………………………………………………… 4
第1章 練習問題 ……………………………………………… 9

## 第2章　複素関数とその微分

2.1　正則関数 …………………………………………………… 12
2.2　初等関数 …………………………………………………… 19
　2.2.1　多項式，有理関数 ………………………………… 19
　2.2.2　指数関数 …………………………………………… 20
　2.2.3　三角関数 …………………………………………… 21
　2.2.4　対数関数 …………………………………………… 23
　2.2.5　一般のべき関数 …………………………………… 25
　2.2.6　逆三角関数 ………………………………………… 27
第2章 練習問題 ……………………………………………… 27

## 第3章　正則関数の積分

3.1　複素線積分 ………………………………………………… 30
3.2　複素線積分の性質 ………………………………………… 32
　3.2.1　パラメータ表示の仕方によらないこと ………… 32
　3.2.2　逆向きの曲線 ……………………………………… 33
　3.2.3　曲線の分割と結合 ………………………………… 35
　3.2.4　積分値の評価 ……………………………………… 36
　3.2.5　積分路の変更 ……………………………………… 37

viii　　　　　　　　　　　目　　次

　　3.2.6　積分と極限の順序交換 …………………………… 40
3.3　複素平面の位相に関する用語 ………………………… 42
3.4　コーシーの積分定理 …………………………………… 44
3.5　コーシーの積分公式 …………………………………… 52
3.6　リューヴィルの定理 …………………………………… 54
第 3 章 練習問題 ……………………………………………… 57

## 第 4 章　べき級数

4.1　べき級数と収束半径 …………………………………… 60
4.2　正則関数のべき級数展開 ……………………………… 67
4.3　初等関数（その 2） …………………………………… 72
4.4　一致の定理 ……………………………………………… 79
4.5　最大値の原理 …………………………………………… 82
4.6　ローラン展開 …………………………………………… 84
第 4 章 練習問題 ……………………………………………… 91

## 第 5 章　留数解析

5.1　留数 ……………………………………………………… 94
5.2　定積分の計算 …………………………………………… 99
　　5.2.1　$\cos x$ と $\sin x$ の有理関数の定積分 …………… 99
　　5.2.2　有理関数の無限区間上の定積分 ………………… 101
　　5.2.3　フーリエ変換 ……………………………………… 103
　　5.2.4　$\sin x$, $\cos x$ と実数値関数の積の積分 ………… 106
　　5.2.5　多価関数を含む積分 ……………………………… 109
第 5 章 練習問題 ……………………………………………… 112

## 第6章　等角写像とその応用

- 6.1　写像の等角性 ……………………………………… 116
- 6.2　無限遠点とリーマン球面 …………………………… 124
- 6.3　1次変換 ……………………………………………… 127
- 6.4　2次元ポテンシャルとその応用 …………………… 135
- 第6章 練習問題 ………………………………………… 141

## 第7章　解析接続とリーマン面

- 7.1　解析接続 ……………………………………………… 144
- 7.2　多価関数とリーマン面 ……………………………… 149
- 第7章 練習問題 ………………………………………… 156

## 第8章　複素変数の微分方程式

- 8.1　線形常微分方程式の級数解 ………………………… 160
- 8.2　フックス型微分方程式と確定特異点における解 … 164
- 8.3　積分変換を用いた解法 ……………………………… 173
- 第8章 練習問題 ………………………………………… 181

## 付録

- A.1　集合記号について …………………………………… 183
- A.2　位相について ………………………………………… 185
  - A.2.1　開集合と閉集合 ……………………………… 185
  - A.2.2　連結 …………………………………………… 189
- A.3　グルサーによる定理3.6の証明 …………………… 191
- A.4　上限, 下限, 上極限, 下極限 ……………………… 193

| | |
|---|---|
| 参考図書 | 198 |
| 問題解答 | 199 |
| 索引 | 213 |

# 第1章

# 複 素 数

---

　本書では，複素数を変数とする1変数関数を扱う．そのためにまず第1章では，複素数とその演算の定義から話を始め，その後で複素平面を解説する．読者にはおなじみだと思うが，実数を扱う際には，数直線を使うことで直観的にとらえられることが多くある．複素平面はその複素数版にあたり，複素数を平面上の点とみなすことで，直観的なイメージを与えてくれるものである．

## 1.1 複素数とその演算

まずは複素数の定義から始めよう．1次方程式 $2x=1$ は整数の範囲では解をもたないが，有理数の範囲では $\frac{1}{2}$ という解をもつ．2次方程式 $x^2=2$ は有理数の範囲では解をもたないが，実数の範囲では $\pm\sqrt{2}$ という解をもつ．では，$x^2+2x+5=0$ はどうであろうか．この方程式の係数は実数であるが，実数の範囲には解がないので，さらに数の範囲を広げてみよう．

$i^2=-1$ を満たす数 $i$ を **虚数単位** といい，実数 $a,b$ を用いて $a+bi$（あるいは $a+ib$）と表される数を考え，これを **複素数** という．実数（real number）全体の集合を $\mathbf{R}$ で表したように，複素数（complex number）全体の集合を $\mathbf{C}$ で表す．複素数 $a=a+bi$ について，$a$ と $b$ をそれぞれ $a$ の **実部**，**虚部** といい，$\mathrm{Re}\,a$, $\mathrm{Im}\,a$ で表す．虚部が 0 の複素数 $a+0i$ を実数 $a$ と同一視する．一方，$0+bi$ という形の複素数を **純虚数** といい，単に $bi$ と表す．

2つの複素数 $a+bi$ と $c+di$ が等しいとは，$a=c$ かつ $b=d$ が成り立つこととする．とくに $a+bi=0 \Leftrightarrow a=b=0$ である．これにより複素数 $a+bi$ と，座標平面上の点 $(a,b)$ は1対1に対応する．この視点については，次の 1.2 節で詳しく説明する．

複素数に対し，次のように四則演算を定めることができる．

加法　　$(a+bi)+(c+di)=(a+c)+(b+d)i$

減法　　$(a+bi)-(c+di)=(a-c)+(b-d)i$

乗法　　$(a+bi)(c+di)=(ac-bd)+(ad+bc)i$

除法　　$a+bi \neq 0$ のとき　$\dfrac{c+di}{a+bi}=\dfrac{ac+bd}{a^2+b^2}+\dfrac{ad-bc}{a^2+b^2}i$

これらは実数の演算に $i^2=-1$ の置き換えを加えたものであり，除法を除いては説明の必要がないであろう．除法については，複素数の商も複素数であると仮定して，$\dfrac{c+di}{a+bi}=x+yi$ とおくと，

## 1.1 複素数とその演算

$$\frac{c+di}{a+bi} = x+yi \iff (a+bi)(x+yi) = c+di$$
$$\iff (ax-by) + (bx+ay)i = c+di$$
$$\iff \begin{cases} ax - by = c \\ bx + ay = d \end{cases} \quad (1.1)$$

である．連立1次方程式 (1.1) は，$a^2+b^2 \neq 0$，つまり $a+bi \neq 0$ のとき，$x, y$ について解くことができ，$x = \dfrac{ac+bd}{a^2+b^2}$，$y = \dfrac{ad-bc}{a^2+b^2}$ となる．このことから，$a+bi \neq 0$ のとき $a+bi$ による除法が可能であり，除法の公式が成り立つことがわかる．

上の計算では，連立1次方程式 (1.1) を解くことにより除法の公式を導いたが，別の方法で導いてみよう．

複素数 $\alpha = a+bi$ に対し，$a-bi$ を $\alpha$ と**共役な複素数**（あるいは $\alpha$ の**共役複素数**）といい，$\bar{\alpha}$ で表す．このとき，

$$\mathrm{Re}\,\alpha = \frac{\alpha + \bar{\alpha}}{2}, \qquad \mathrm{Im}\,\alpha = \frac{\alpha - \bar{\alpha}}{2i}$$

である．複素数の四則演算を行うことと，共役をとることは，どちらを先にやっても結果は同じになる（章末の練習問題 **1**）．

さて，

$$\alpha \bar{\alpha} = (a+bi)(a-bi) = a^2 + b^2$$

は，0 または正の実数である．その平方根 $\sqrt{a^2+b^2}$ を $\alpha$ の**絶対値**といい，$|\alpha|$ で表す．このとき，$\alpha \neq 0$ ならば $|\alpha| > 0$ である．また，$\alpha \bar{\alpha} = |\alpha|^2$ であるから，$\alpha$ の逆数 $\dfrac{1}{\alpha}$，つまり $\alpha$ と掛けて1になる数は $\dfrac{\bar{\alpha}}{|\alpha|^2}$ である．よって，$\dfrac{\beta}{\alpha} = \dfrac{\beta \bar{\alpha}}{|\alpha|^2}$ であり，これを書き下したのが除法の公式である．

**問題 1** 次の複素数を $a+bi$（ただし $a, b$ は実数）という形で表せ．

(1) $(1+2i) - (-3+4i)$  (2) $(1+2i)(-3+4i)$

(3) $\dfrac{1}{2-i}$  (4) $\dfrac{3-2i}{1+3i}$

**問題 2** 複素数 $a$ が実数であるための条件は $a = \bar{a}$ であり，純虚数であるための条件は $a = -\bar{a}$ であることを示せ．

以上述べた複素数の演算を用いれば，2次方程式 $x^2 + 2x + 5 = 0$ は複素数の範囲で $x = -1 \pm 2i$ という解をもつことがわかる．では，複素数を係数とするような代数方程式（〔多項式〕$= 0$ という形の方程式）の解を表すために，さらに数の範囲を広げる必要があるだろうか？　実は必要ない，というのが次の定理であり，証明は 3.6 節で行う．

**定理 1.1（代数学の基本定理）**　複素数を係数とする $n$ 次方程式
$$z^n + a_{n-1} z^{n-1} + \cdots + a_1 z + a_0 = 0 \quad (a_{n-1}, \cdots, a_0 \in \mathbf{C})$$
は，複素数の範囲で重複を込めて，$n$ 個の解をもつ．

**例 1**

2次方程式 $z^2 = i$ の解は $z = \pm \dfrac{1}{\sqrt{2}}(1+i)$ である．　◆

## 1.2　複素平面

実数を直観的にとらえるには数直線を用いるのが便利であった．同様にして，複素数を直観的にとらえるには，平面を持ち出すとよい．すでに 1.1 節で述べたように，複素数 $a + bi$ と $xy$ 平面上の点 $(a, b)$ とは1対1に対応する．この対応により，複素数の全体 $\mathbf{C}$ を平面とみなすことができる．この平面を**複素平面**または**複素数平面**，あるいは**ガウス平面**という．複素数を複素平面上の点と同一視するので，複素数 $z$ を「点 $z$」ということもある．

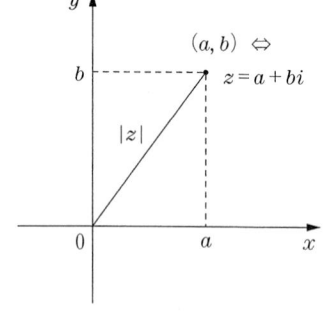

図 1.1　複素平面

## 1.2 複素平面

複素平面では，$x$ 軸上の点 $(a,0)$ は実数 $a = a + 0i$ に対応し，$y$ 軸上の点 $(0, b)$ は純虚数 $bi = 0 + bi$ に対応するので，複素平面の $x$ 軸と $y$ 軸をそれぞれ**実軸**，**虚軸**という．

この同一視を用いて，1.1 節にでてきた演算を，複素平面上の幾何の言葉に置き換えてみよう．

まず，$\alpha = a + bi$ の共役複素数 $\bar{\alpha} = a - bi$ は，実軸に関して $\alpha$ と線対称な位置にある．次に，$\alpha = a + bi$ に対して $|\alpha| = \sqrt{a^2 + b^2}$ であるので，複素数の絶対値は，原点 $0$ から複素数が定める点への距離を表す．よって，複素数 $\alpha$ と正の実数 $r$ に対して，$|z - \alpha| = r$ を満たす複素数 $z$ の全体は $\alpha$ を中心とする半径 $r$ の円を表し，不等式 $|z - \alpha| < r$ はその円の内部を表す．

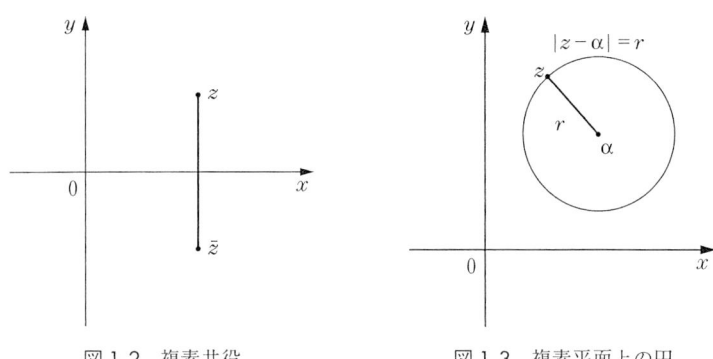

図 1.2 複素共役　　　　図 1.3 複素平面上の円

平面上の 2 点 $(a, b), (c, d)$ に対応する複素数 $a + bi$, $c + di$ の和 $(a + c) + (b + d)i$ は点 $(a + c, b + d)$ に対応するので，複素数の和は複素平面上のベクトルの和 $(a, b) + (c, d) = (a + c, b + d)$ に対応する．このことから複素数の**三角不等式**

$$|\alpha| - |\beta| \leq |\alpha + \beta| \leq |\alpha| + |\beta| \tag{1.2}$$

が成り立つことが直観的に理解できる（次ページの図 1.4 参照）．

複素数の積を複素平面上の幾何と結び付けるには，極形式を用いるのがよい．$\alpha = a + bi$ の絶対値 $|\alpha|$ は，複素平面の原点 $0$ から点 $\alpha$ への距離を

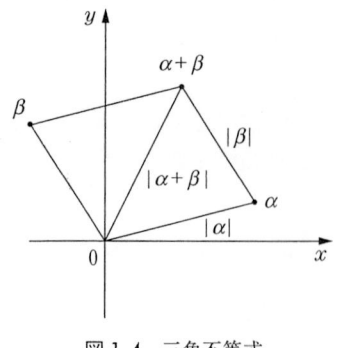
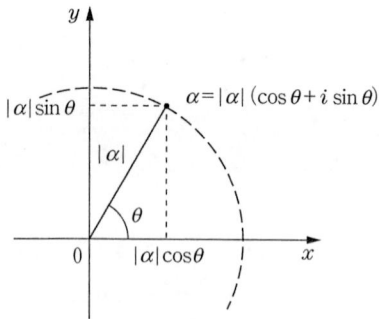

図 1.4　三角不等式　　　　　　図 1.5　極形式

表すので，$\alpha \neq 0$ のとき，図 1.5 のように角 $\theta$ をとれば，$\alpha$ は

$$\alpha = |\alpha|\cos\theta + i|\alpha|\sin\theta = |\alpha|(\cos\theta + i\sin\theta) \tag{1.3}$$

と表される．

　(1.3) の右辺を複素数 $\alpha$ の**極形式**という．また，$\theta$ を $\alpha$ の**偏角**といい，$\arg\alpha$ で表す．なお，偏角 $\arg\alpha$ を 1 つとったとき，これに $2\pi$ の整数倍を加えても (1.3) は成り立つ．つまり，ある複素数に対する偏角は 1 つには決まらない．そのため，1 対 1 の対応が必要なときには，$0 \leq \arg\alpha < 2\pi$ とか，$-\pi < \arg\alpha \leq \pi$ のように，偏角の範囲を 1 周分に決めて考える．

**問題 1**　次の複素数の極形式を求めよ．
　（1）　$\alpha = 1 + i$　　　　（2）　$\beta = -\sqrt{3} + i$　　　　（3）　$\gamma = -i$

　ここで 2 つの複素数 $\alpha, \beta$ の極形式が

$$\alpha = r(\cos\theta + i\sin\theta), \qquad \beta = r'(\cos\phi + i\sin\phi)$$

であるとき，

$$\begin{aligned}
\alpha\beta &= r(\cos\theta + i\sin\theta) \times r'(\cos\phi + i\sin\phi) \\
&= rr'(\cos\theta + i\sin\theta)(\cos\phi + i\sin\phi) \\
&= rr'\{(\cos\theta\cos\phi - \sin\theta\sin\phi) + i(\sin\theta\cos\phi + \cos\theta\sin\phi)\}
\end{aligned}$$

なので，加法定理を用いれば

$$\alpha\beta = rr'\{\cos(\theta + \phi) + i\sin(\theta + \phi)\} \tag{1.4}$$

が成り立つ．よって，
$$|\alpha\beta| = |\alpha||\beta| \tag{1.5}$$
$$\arg(\alpha\beta) = \arg\alpha + \arg\beta \tag{1.6}$$
である．とくに
$$|z^n| = |z|^n, \qquad \arg(z^n) = n\arg z \tag{1.7}$$
である．

ここで，複素数 $0, 1, \alpha, \beta, \alpha\beta$ を表す点を，それぞれ O, E, A, B, C とし，図 1.6 の 2 つの三角形を考える．まず，$\angle\mathrm{AOE} = \theta$, $\angle\mathrm{BOE} = \phi$ である．一方，(1.4) により，$\angle\mathrm{COE} = \theta + \phi$ であるので，$\angle\mathrm{COB} = \theta$ である．また，2 つの三角形の，点 O をはさむ 2 辺の比は $1 : |\alpha| = |\beta| : |\alpha\beta|$ を満たすので，$\triangle\mathrm{AOE}$ と $\triangle\mathrm{COB}$ は相似である．

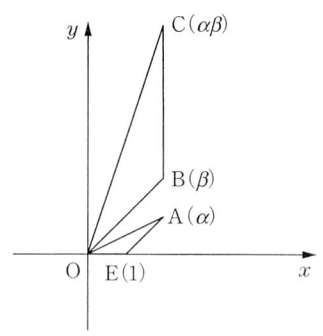

図 1.6 複素数の積

逆にいえば，$\triangle\mathrm{AOE}$ と $\triangle\mathrm{COB}$ が，向きを変えずに相似となるような点 C が，積 $\alpha\beta$ を表す．

とくに，絶対値が 1 の複素数 $\cos\phi + i\sin\phi$ を掛けることは，複素平面上においては原点 O を中心とする角 $\phi$ の回転移動に対応する．

以上をまとめておこう．

| 複素数 | 複素平面上の幾何 |
|---|---|
| 和 $\alpha + \beta$ | ベクトルの和 |
| 共役 $\bar{\alpha}$ | 実軸に関する線対称 |
| 絶対値 $|\alpha|$ | 原点からの距離 |
| 方程式 $|z - \alpha| = r$ | $\alpha$ を中心とする半径 $r$ の円 |
| 積 $\alpha\beta$ | 原点を中心とする回転を伴う相似拡大・縮小 |
| $\cos\phi + i\sin\phi$ を掛ける | 原点を中心とする角 $\phi$ の回転移動 |

**問題 2** $\alpha = 3 + 4i$ とする.
 (1) $|\alpha|$ を求めよ.　　　(2) $|\alpha^4|$ を求めよ.

**問題 3** 複素平面上の点 $4 + 2i$ を，原点を中心に角 $\dfrac{4\pi}{3}$ だけ回転した点を求めよ.

等式 (1.4) を繰り返し使えば, $n = 1, 2, \cdots$ に対して
$$(\cos\theta + i\sin\theta)^n = \cos n\theta + i\sin n\theta \tag{1.8}$$
が成り立つことがわかる．これを**ド・モアブルの公式**という．(1.8) の両辺に $n = 0$ を代入しても等号が成り立つ．さらに，$(\cos\theta + i\sin\theta)^{-1} = \cos(-\theta) + i\sin(-\theta)$ であることが容易にわかるので，ド・モアブルの公式は，$n$ が負の整数の場合にも成り立つことがわかる（章末の練習問題 **5**）．

**問題 4** $\alpha = 1 + \sqrt{3}\,i$ とする.
 (1) $\alpha$ の極形式を求めよ.　　　(2) $\alpha^{12}$ と $\alpha^{100}$ を求めよ.

ド・モアブルの公式を使って，複素数 $\alpha$ の $n$ 乗根を求めよう．そのためには方程式
$$z^n = \alpha$$
を解けばよい．ここで $z$ と $\alpha$ の極形式をそれぞれ
$$z = r(\cos\theta + i\sin\theta), \qquad \alpha = |\alpha|(\cos\theta_0 + i\sin\theta_0)$$
とすると,
$$z^n = \alpha \iff r^n\{\cos(n\theta) + i\sin(n\theta)\} = |\alpha|(\cos\theta_0 + i\sin\theta_0)$$
$$\iff \begin{cases} r^n = |\alpha| \\ n\theta = \theta_0 + 2k\pi \end{cases} \quad (k \in \mathbf{Z})$$
により,
$$z = \sqrt[n]{|\alpha|}\left(\cos\frac{\theta_0 + 2k\pi}{n} + i\sin\frac{\theta_0 + 2k\pi}{n}\right) \quad (k = 0, 1, \cdots, n-1)$$
である.

とくに $a = 1 = 1(\cos 0 + i \sin 0)$ のとき，$z^n = 1$ の $n$ 個の根（解）は

$$\cos \frac{2k\pi}{n} + i \sin \frac{2k\pi}{n} \quad (k = 0, 1, \cdots, n-1)$$

である．これらは絶対値が 1 で偏角が $\frac{2k\pi}{n}$（$k = 0, 1, \cdots, n-1$）の複素数なので，複素平面上に図示すると，原点を中心とする半径 1 の円に内接し，点 1 を 1 つの頂点とする正 $n$ 角形の各頂点となる．

また，$z^n = a$ の $n$ 個の根は，半径 $\sqrt[n]{|a|}$ の円に内接する正 $n$ 角形の頂点となる．参考のために，1 の 5 乗根と $-1$（$\theta_0 = \pi$）の 5 乗根の図を示しておく．

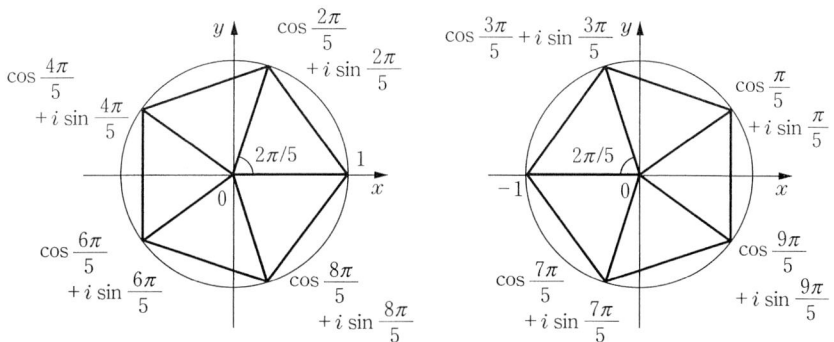

図 1.7　1 の 5 乗根と，$-1$ の 5 乗根

**問題 5**　（1）　複素数 $i$ の極形式を求めよ．
　　（2）　3 次方程式 $z^3 = i$ の根を複素平面上に図示せよ．

# 第 1 章　練習問題

**1.**　共役に関する次の公式を示せ．

（1）　$\overline{\alpha \pm \beta} = \bar{\alpha} \pm \bar{\beta}$　　　　　　　（2）　$\overline{\alpha \beta} = \bar{\alpha}\,\bar{\beta}$

（3）　$\overline{\left(\dfrac{\alpha}{\beta}\right)} = \dfrac{\bar{\alpha}}{\bar{\beta}}$　　　　　　　　　（4）　$\bar{\bar{\alpha}} = \alpha$

**2．**（1） 複素数 $a$ が実数を係数とする代数方程式
$$z^n + a_{n-1}z^{n-1} + \cdots + a_1 z + a_0 = 0 \quad (a_{n-1}, \cdots, a_0 \in \mathbf{R})$$
の根であるなら，その共役複素数 $\bar{a}$ もこの方程式の根である．これを示せ．

（2） 奇数次の実係数代数方程式には，少なくとも1つは実根があることを示せ．定理 1.1 を既知として用いてよい．

**3．** $(\sqrt{3} + i)(1 + i)$ を計算することにより，$\sin\dfrac{5\pi}{12}$ と $\cos\dfrac{5\pi}{12}$ の値を求めよ．

**4．** 複素平面上の相異なる3点 $\alpha, \beta, \gamma$ を結んでできる三角形が正三角形であるためには，次の式を満たすことが必要十分である．これを示せ．
$$\alpha^2 + \beta^2 + \gamma^2 - \alpha\beta - \beta\gamma - \gamma\alpha = 0$$

**5．** 次を示せ．

（1） $(\cos\theta + i\sin\theta)^{-1} = \cos(-\theta) + i\sin(-\theta)$

（2） $(\cos\theta + i\sin\theta)^{-n} = \cos(-n\theta) + i\sin(-n\theta) \quad (n = 1, 2, \cdots)$

**6．** 因数分解
$$z^5 - 1 = (z - 1)(z^4 + z^3 + z^2 + z + 1)$$
により，$z = 1$ 以外の1の5乗根をすべて求めるには，
$$z^4 + z^3 + z^2 + z + 1 = 0 \tag{1.9}$$
を解けばよい．

（1） $X = z + \dfrac{1}{z}$ としたとき，(1.9) を $X$ に関する方程式に書き直せ．

（2） (1) を利用して，方程式 (1.9) を解け．

（3） $\cos\dfrac{2\pi}{5}$ の値を求めよ．

**7．** 複素数 $z$ が単位円 $|z| = 1$ 上を動くとき，$w = z - \dfrac{1}{z}$ はどのような図形を描くか．複素平面上に図示せよ．

**8．** 方程式 $\left|\dfrac{z}{z-3}\right| = 2$ を満たすような複素数 $z$ のなす集合を，複素平面上に図示せよ．

# 第2章

## 複素関数とその微分

　　複素変数と相性の良い関数とは，どのようなものであろうか？　実変数関数の場合，読者がよく知っている関数は，たいてい微分可能であった．そこで複素微分（複素変数による微分）が可能な関数を「良い複素変数関数」と考え，これを正則関数と名付け，その基本的な性質をまず見る．本章の後半では，多項式，三角関数，指数関数，対数関数といったおなじみの実変数関数が，自然に複素変数の関数に拡張でき，正則関数であることを見ていく．

## 2.1 正則関数

複素数を変数とし,複素数を値にもつような関数を複素関数という.なお,本書では複素1変数の関数のみを対象とする.本節ではまず,複素関数の微分について考える.複素数 $z = x + yi$ は2つの実数 $x, y$ からなるので, $z$ を変数とする関数 $f(z)$ を,複素数値をとる実2変数関数 $f(x, y)$ と思ってもよい.しかし,一般の実2変数関数を扱うなら,変数を $x, y$ にとっておけば十分であり,わざわざ複素変数 $z$ を使う必要はない.ここで例として $f(x, y) = x^2 - y^2 + 2xyi$ という実2変数関数を考えると,この関数は $f(x, y) = z^2$ と表されるので,複素変数 $z$ を用いたことにより,2変数関数というよりもむしろ1変数関数的に振る舞うことが期待できる.この例のように,複素変数 $z$ を導入することで御利益があるような,良い複素変数関数を考えたい.

まず良い関数の性質として,連続性を考える.実変数関数のときと同様に, $\lim_{z \to a} f(z) = f(a)$ が成り立つとき, $f(z)$ は点 $a$ で**連続**であるという.

ここで $z \to a$ とは,複素数 $z$ が複素数 $a$ に限りなく近づくこと,つまり $|z - a| \to 0$ となることである.

変数が実数のときには,変数 $x$ は数直線上を動くので,定数 $a$ への近づき方は,本質的に「右から」と「左から」の2つしかない.しかし複素変数のときは,変数 $z$ は複素平面上を動くので,定点 $a$ への近づき方は左右のほかに「上から」「下から」「斜めから」「回転しながら」などいくらでもあり,実1変数のときと比べて格段に自由度が高い.単に $z \to a$ と書いたときは,近づき方を指定していないので, $\lim_{z \to a} f(z) = f(a)$ とは『近づき方によらず $f(z)$ が $f(a)$ に収束する』ことを要請している点に注意しておく.

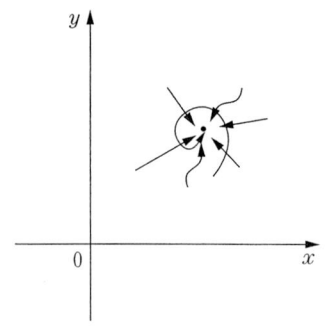

図2.1 平面上の点への近づき方

## 2.1 正則関数

複素関数の連続性は実 2 変数関数としての連続性と同じであるから，連続性だけを課しても複素変数を導入した御利益はない．そこで良い関数のもつ自然な性質として，複素関数 $f(z)$ に微分可能性を課すことにしよう．実 1 変数関数のとき，微分の定義は

$$f'(x) = \lim_{\Delta x \to 0} \frac{f(x+\Delta x) - f(x)}{\Delta x} \tag{2.1}$$

であったので，これをそのまま借用して，複素 1 変数関数 $f(z)$ に対し，極限

$$\lim_{\Delta z \to 0} \frac{f(z+\Delta z) - f(z)}{\Delta z} \quad (z \in \mathbf{C}) \tag{2.2}$$

が存在するとき，$f(z)$ は $z$ で（**複素**）**微分可能**であるといい，この極限を $f'(z)$，$\dfrac{df}{dz}(z)$ などと表す．複素数 $z$ に $f'(z)$ を対応させれば，1 つの新しい関数 $f'(z)$ ができる．これを実変数のときと同様に $f(z)$ の**導関数**という．高階導関数についても，実変数関数のときと同様に $f^{(n)}(z)$ という記号を用いる．なお，細かいことであるが，(2.2) の $\Delta z \to 0$ とは，（分母が 0 にならないように）$\Delta z \neq 0$ を保ちながら複素数 $\Delta z$ を 0 に近づけていくこととする．

ある開集合 $D$ 上の各点 $z$ で $f(z)$ が複素微分可能なとき，$f(z)$ は $D$ 上正則とか，$f(z)$ は $D$ 上の**正則関数**であるという．また，点 $a$ を含むある開集合上で $f(z)$ が正則なとき，$f(z)$ は $a$ で正則であるという．「開集合」という用語に不慣れな読者は，185 ページを参照されたい．

さて，どのような関数 $f(z)$ が正則関数であるか調べていこう．実関数のときと同様に，微分可能というのは 1 次近似ができることである．つまり

$$f'(z) = \lim_{\Delta z \to 0} \frac{f(z+\Delta z) - f(z)}{\Delta z}$$

$$\iff \begin{cases} f(z+\Delta z) - f(z) = f'(z)\,\Delta z + \varepsilon \\ \lim_{\Delta z \to 0} \dfrac{\varepsilon}{\Delta z} = 0 \end{cases}$$

である．右側の条件を実関数の言葉で書き直そう．そのために $z = x + yi$

として $f(z)$ を実2変数 $x, y$ に関する関数と見て, $f(z) = f(x, y) = u(x, y) + iv(x, y)$ と表す. ここで

$$u(x,y) = \frac{f(x,y) + \overline{f(x,y)}}{2}, \qquad v(x,y) = \frac{f(x,y) - \overline{f(x,y)}}{2i}$$

はそれぞれ $f(z) = f(x, y)$ の実部と虚部であり, 共に実数値関数である. 同様に $f'(z) = U(x, y) + iV(x, y)$ と表す. さらに $\Delta z = \Delta x + i\Delta y$, $\varepsilon = \varepsilon_x + i\varepsilon_y$ と書くことにする. このとき,

$f(z + \Delta z) - f(z) = f'(z)\Delta z + \varepsilon$

$\iff u(x + \Delta x, y + \Delta y) + iv(x + \Delta x, y + \Delta y) - u(x, y) - iv(x, y)$
$\quad = \{U(x, y) + iV(x, y)\}(\Delta x + i\Delta y) + \varepsilon_x + i\varepsilon_y$

$\iff \begin{cases} u(x + \Delta x, y + \Delta y) - u(x, y) = U(x, y)\Delta x - V(x, y)\Delta y + \varepsilon_x \\ v(x + \Delta x, y + \Delta y) - v(x, y) = V(x, y)\Delta x + U(x, y)\Delta y + \varepsilon_y \end{cases}$

(2.3)

となるが, これは $u(x, y)$ と $v(x, y)$ の1次近似式である. また, $\dfrac{\varepsilon}{\Delta z}$ が 0 に限りなく近づくことと, $\dfrac{\varepsilon}{|\Delta z|} = \dfrac{\varepsilon}{\Delta z}\dfrac{\Delta z}{|\Delta z|}$ が 0 に限りなく近づくこととは同値なので

$$\lim_{\Delta z \to 0} \frac{\varepsilon}{\Delta z} = 0 \iff \lim_{\Delta z \to 0} \frac{\varepsilon}{|\Delta z|} = 0$$

$$\iff \begin{cases} \displaystyle\lim_{(\Delta x, \Delta y) \to (0,0)} \frac{\varepsilon_x}{\sqrt{(\Delta x)^2 + (\Delta y)^2}} = 0 \\ \displaystyle\lim_{(\Delta x, \Delta y) \to (0,0)} \frac{\varepsilon_y}{\sqrt{(\Delta x)^2 + (\Delta y)^2}} = 0 \end{cases}$$

であることもわかる. 以上により, 関数 $f(z)$ が複素微分可能であるとき, $u(x, y), v(x, y)$ は点 $(x, y)$ で全微分可能であることがわかった.

また, $f'(z)$ の実部 $U(x, y)$ と虚部 $V(x, y)$ は次のようにして求められる. まず $\Delta y = 0$ のとき, つまり $y$ を一定に保ちながら $\Delta x$ を 0 に近づけるとき,

## 2.1 正則関数

$$f'(z) = \lim_{\Delta x \to 0} \frac{\{u(x+\Delta x, y) + iv(x+\Delta x, y)\} - \{u(x, y) + iv(x, y)\}}{\Delta x + 0i}$$

$$= \lim_{\Delta x \to 0} \left\{ \frac{u(x+\Delta x, y) - u(x, y)}{\Delta x} + i\frac{v(x+\Delta x, y) - v(x, y)}{\Delta x} \right\}$$

$$= u_x(x, y) + iv_x(x, y) \tag{2.4}$$

である．ただし $u_x, v_x$ は $u, v$ の $x$ に関する偏導関数を表す．同様にして，$\Delta x = 0$ のとき，つまり $x$ を一定に保ちながら $\Delta y$ を $0$ に近づけるとき，

$$f'(z) = \lim_{\Delta y \to 0} \frac{\{u(x, y+\Delta y) + iv(x, y+\Delta y)\} - \{u(x, y) + iv(x, y)\}}{0 + \Delta y i}$$

$$= \lim_{\Delta y \to 0} \left\{ \frac{1}{i}\frac{u(x, y+\Delta y) - u(x, y)}{\Delta y} + \frac{v(x, y+\Delta y) - v(x, y)}{\Delta y} \right\}$$

$$= -iu_y(x, y) + v_y(x, y) \tag{2.5}$$

となる．$f(z)$ が複素微分可能であるとき，(2.4) と (2.5) の右辺は一致しなければならないので，両式の実部と虚部を比較すると

$$u_x = v_y, \qquad u_y = -v_x \tag{2.6}$$

でなければならない．これを**コーシー・リーマンの方程式**[1]という．逆に，$u(x, y), v(x, y)$ が $x, y$ を変数とする実 2 変数関数として全微分可能であり，コーシー・リーマンの方程式 (2.6) を満たすなら，$u(x, y)$ と $v(x, y)$ の 1 次近似

$$\begin{cases} u(x+\Delta x, y+\Delta y) = u(x, y) + u_x(x, y)\Delta x + u_y(x, y)\Delta y + \varepsilon_1 \\ v(x+\Delta x, y+\Delta y) = v(x, y) + v_x(x, y)\Delta x + v_y(x, y)\Delta y + \varepsilon_2 \end{cases}$$

$$\lim_{(\Delta x, \Delta y) \to (0,0)} \frac{\varepsilon_j}{\sqrt{(\Delta x)^2 + (\Delta y)^2}} = 0 \qquad (j = 1, 2)$$

を使うと

$$f(z+\Delta z) - f(z)$$
$$= u(x+\Delta x, y+\Delta y) - u(x, y) + i\{v(x+\Delta x, y+\Delta y) - v(x, y)\}$$

---

[1] これは $u$ を実部に，$v$ を虚部にとった場合の式であることに注意せよ．本書では，今後も $u$ は実部，$v$ は虚部を表すものとする．

$$= \{u_x(x,y)\,\Delta x + u_y(x,y)\,\Delta y + \varepsilon_1\}$$
$$+ i\{v_x(x,y)\,\Delta x + v_y(x,y)\,\Delta y + \varepsilon_2\}$$
$$= u_x(x,y)(\Delta x + i\Delta y) + iv_x(x,y)(\Delta x + i\Delta y) + \varepsilon_1 + i\varepsilon_2$$
$$= \{u_x(x,y) + iv_x(x,y)\}\Delta z + \varepsilon_1 + i\varepsilon_2$$

であるので(3番目の等式で(2.6)を用いた),

$$\frac{f(z+\Delta z) - f(z)}{\Delta z} = u_x(x,y) + iv_x(x,y) + \frac{\varepsilon_1 + i\varepsilon_2}{\Delta z}$$
$$\xrightarrow[\Delta z \to 0]{} u_x(x,y) + iv_x(x,y)$$

となる.よって $f(z)$ は複素微分可能である.これを定理としてまとめておこう.

**定理 2.1** 複素関数 $f(z) = u(x,y) + iv(x,y)$ が $z = x + yi$ で複素微分可能であるための必要十分条件は,$u(x,y)$, $v(x,y)$ が $(x,y)$ で全微分可能であって,コーシー・リーマンの方程式(2.6)を満たすことである.

今後,複素関数の正則性の判定に,この定理をよく用いるのだが,「全微分可能」というのは,あまり使い勝手の良い条件ではなく,もう少し扱いやすいものに置き換えたい.そこで,実2変数関数 $F(x,y)$ に対し,偏導関数 $F_x, F_y$ がともに存在して連続なら,$F(x,y)$ は全微分可能であることを思い出そう.これにより,定理2.1から次の系が得られる.

**系 2.2** 複素関数 $f(z) = u(x,y) + iv(x,y)$ に対し,$u(x,y)$, $v(x,y)$ の偏導関数 $u_x, u_y, v_x, v_y$ が存在して連続であり,コーシー・リーマンの方程式(2.6)を満たすなら,$f(z)$ は正則である.このとき導関数 $f'(z)$ は(2.4)あるいは(2.5)で求められる.

**例1**

関数
$$f(z) = x^3 - 3xy^2 + (3x^2 y - y^3)i$$
が正則であることを,系2.2を用いて確かめる.$f(z)$ の実部と虚部はそれぞれ

$u(x,y) = x^3 - 3xy^2$, $v(x,y) = 3x^2y - y^3$ である．このとき，
$$u_x = 3x^2 - 3y^2, \qquad u_y = -6xy$$
$$v_x = 6xy, \qquad v_y = 3x^2 - 3y^2$$
であるので，コーシー・リーマンの方程式 $u_x = v_y$, $u_y = -v_x$ が満たされる．また，これらの偏導関数はすべて連続である．よって $f(z)$ は正則であり，その導関数は $f'(z) = u_x + iv_x = 3x^2 - 3y^2 + 6xyi$ である．◆

**問題 1** 次の複素関数は正則関数であるか．正則関数ならその導関数を求めよ．
（1） $f(z) = x - yi$ 　　　（2） $g(z) = \sin x \cosh y + i \cos x \sinh y$

$f(z) = u(x,y) + iv(x,y)$ が正則で，$u, v$ が $C^2$ 級（つまり 2 階までの偏導関数がすべて存在して連続）なら，コーシー・リーマンの方程式により
$$\left( \frac{\partial^2}{\partial x^2} + \frac{\partial^2}{\partial y^2} \right) u = 0, \qquad \left( \frac{\partial^2}{\partial x^2} + \frac{\partial^2}{\partial y^2} \right) v = 0$$
が成り立つ．これを（2 次元の）**ラプラス方程式**という．一般に，ラプラス方程式の解であるような関数を**調和関数**という．さらに，2 つの調和関数 $u, v$ がコーシー・リーマンの方程式 (2.6) を満たすとき，$v$ は $u$ の**共役調和関数**であるという[2]．

1 つの調和関数 $u$ が与えられたとき，コーシー・リーマンの方程式を用いて，$u$ の共役調和関数 $v$ が積分計算で構成できる．

**例 2**
$u(x,y) = x^3 - 3xy^2$ のとき，$u_x = 3x^2 - 3y^2$, $u_y = -6xy$, $u_{xx} = 6x$, $u_{yy} = -6x$ であるので，$u_{xx} + u_{yy} = 0$ が成り立ち，$u(x,y)$ は調和関数である．$u(x,y)$ の共役調和関数 $v(x,y)$ は
$$v_x = -u_y = 6xy, \qquad v_y = u_x = 3x^2 - 3y^2$$

---
[2] コーシー・リーマンの方程式 (2.6) は $u$ と $v$ について対称でないので，$v$ が $u$ の共役調和関数であることと，$u$ が $v$ の共役調和関数であることとは同値でない（章末の練習問題 **1** を参照）．『$v$ は $u$ の共役調和関数』というとき，$u, v$ はそれぞれ ある正則関数の実部と虚部になっている．

を満たす．1つ目の方程式を（$y$ を定数と見て）$x$ で積分すると $v(x,y) = 3x^2y + \varphi(y)$（ただし $\varphi(y)$ は $y$ を変数とするある1変数関数）と表される．これを2つ目の方程式に代入すると，

$$v_y = 3x^2 + \varphi'(y) = 3x^2 - 3y^2 \iff \varphi'(y) = -3y^2$$
$$\iff \varphi(y) = -y^3 + C \quad （C は定数）$$

となるので，$v(x,y) = 3x^2y - y^3 + C$ である．

このとき，$f(z) = u(x,y) + iv(x,y)$ とおくと，

$$f(z) = x^3 - 3xy^2 + (3x^2y - y^3)i + Ci$$

となるが，これは例1で正則なことを確かめた関数と定数差 $Ci$ を除いて一致している．◆

**問題 2** $u(x,y) = x^2 - y^2$ が調和関数であることを確かめ，その共役調和関数を求めよ．

複素微分の定義は実変数関数の微分の定義と形式的に同じであるから（(2.1), (2.2)；p.13），実変数関数の微分に関する性質のうち，定義から直接得られるものは複素微分についても成り立つ．それらを列挙しておこう．

**命題 2.3** 点 $z_0$ で複素微分可能な複素関数 $f(z)$ は $z_0$ で連続である．

**命題 2.4** 正則関数 $f(z), g(z)$ と定数 $\alpha \in \mathbf{C}$ に対して，$f(z) + g(z)$，$\alpha f(z)$，$f(z)g(z)$，$f(z)/g(z)$（ただし $g(z) \neq 0$），および $f(g(z))$ は正則であり，次が成り立つ．

(1) （線形性） $\{f(z) + g(z)\}' = f'(z) + g'(z)$
$$\{\alpha f(z)\}' = \alpha f'(z)$$

(2) （積の微分） $\{f(z)g(z)\}' = f'(z)g(z) + f(z)g'(z)$

(3) （商の微分） $g(z) \neq 0$ ならば

$$\left\{\frac{f(z)}{g(z)}\right\}' = \frac{f'(z)g(z) - f(z)g'(z)}{g(z)^2}$$

(4) （合成関数の微分） $\{f(g(z))\}' = f'(g(z))g'(z)$

## 2.2 初等関数

前節で正則関数の定義と基本的性質を見た．ではどのようなものが正則関数であろうか．この節では，多項式，有理関数，三角関数，指数・対数関数というおなじみの実変数関数が自然に複素変数の関数に拡張でき，正則関数であることを見ていく[3]．

### 2.2.1 多項式，有理関数

正則関数の例として，最も簡単なものは単項式 $z^n$（$n$ は非負整数）である．実際，2項定理を使えば

$$\lim_{\Delta z \to 0} \frac{(z+\Delta z)^n - z^n}{\Delta z}$$
$$= \lim_{\Delta z \to 0} \frac{1}{\Delta z}\left\{ nz^{n-1}\Delta z + \frac{n(n-1)}{2}z^{n-2}(\Delta z)^2 + \cdots + nz(\Delta z)^{n-1} + (\Delta z)^n \right\}$$
$$= \lim_{\Delta z \to 0} \left\{ nz^{n-1} + \frac{n(n-1)}{2}z^{n-2}\Delta z + \cdots + nz(\Delta z)^{n-2} + (\Delta z)^{n-1} \right\}$$
$$= nz^{n-1}$$

により，$z^n$ は $\mathbf{C}$ 上正則である．

次に，多項式 $a_k z^k + a_{k-1} z^{k-1} + \cdots + a_1 z + a_0$（$a_j \in \mathbf{C}$）は単項式の定数倍の有限和なので，単項式が正則であることと命題2.4により，$\mathbf{C}$ 上で正則である．

さらに，有理関数，つまり多項式 $P(z)$ と，恒等的には0でない多項式 $Q(z)$ により $\dfrac{P(z)}{Q(z)}$ と表される関数は，多項式が正則であることと命題2.4により，$Q(z)$ が0にならない点で正則である．

---

[3] 複素関数 $f(z)$ のグラフを描こうとすると，変数 $z$ が動く複素平面1枚と，関数 $f(z)$ の値が動く複素平面1枚が必要となり，合わせて実4次元の空間を持ち出さねばならない．これではグラフの形は，よくわからないであろう．

## 2.2.2 指数関数

次に複素変数の指数関数 $e^z$ を考える．実変数の指数関数にとって最も大切な性質は，**指数法則** $e^{a+b} = e^a e^b$ であるので，これが成り立つように複素変数の指数関数を定めよう．指数法則が成り立つなら，$z = x + yi$（$x, y \in \mathbf{R}$）に対し，$e^z = e^{x+yi} = e^x e^{yi}$ となるので，純虚数の指数 $e^{yi}$ を定めればよい．1.2 節で複素数の積を考えたとき，加法定理から

$$(\cos\theta + i\sin\theta)(\cos\phi + i\sin\phi) = \cos(\theta + \phi) + i\sin(\theta + \phi)$$

を導いた．この等式は

$$e^{i\theta} = \cos\theta + i\sin\theta \tag{2.7}$$

としたとき，$e^{i\theta}e^{i\phi} = e^{i(\theta+\phi)}$ が成り立つことを意味する．そこで，複素変数の**指数関数** $e^z$ を

$$e^z = e^{x+yi} = e^x(\cos y + i\sin y) \quad (z = x + yi,\ x, y \in \mathbf{R}) \tag{2.8}$$

で定める．また，(2.7) を**オイラーの公式**という．このように定義した複素指数関数は，指数法則

$$e^{z+w} = e^z e^w \quad (z, w \in \mathbf{C}) \tag{2.9}$$

を満たす．

**例 1**

$$e^{\log 2 + \pi i/4} = e^{\log 2}\left(\cos\frac{\pi}{4} + i\sin\frac{\pi}{4}\right) = 2\left(\frac{1}{\sqrt{2}} + i\frac{1}{\sqrt{2}}\right) = \sqrt{2} + \sqrt{2}\,i. \quad \blacklozenge$$

**問題 1** 次の複素数を $a + bi$（$a, b \in \mathbf{R}$）の形に表せ．ここで $\exp X = e^X$ であり，式 $X$ が複雑なとき，この表記法を使う．

(1) $e^{\pi i/2}$ (2) $e^{-\log 3 + \pi i}$ (3) $\exp\left(\frac{1}{2}\log 2 + \frac{5\pi}{4}i\right)$

**命題 2.5** 指数関数 $e^z$ は $\mathbf{C}$ 上の正則関数であり，その微分は

$$(e^z)' = e^z \tag{2.10}$$

である．

## 2.2 初等関数

**【証明】** 正則であることをいうために,まず $e^z$ がコーシー・リーマンの方程式を満たすことを確かめる.(2.8) により,$e^z$ の実部と虚部をそれぞれ $u = u(x,y) = e^x \cos y$, $v = v(x,y) = e^x \sin y$ とおくと,

$$u_x = e^x \cos y, \qquad u_y = -e^x \sin y$$
$$v_x = e^x \sin y, \qquad v_y = e^x \cos y$$

であるので,確かに $u_x = v_y$, $u_y = -v_x$ が成り立つ.さらに $u_x, u_y, v_x, v_y$ は連続なので,系 2.2 により $e^z$ は正則である.

また一般に,正則関数 $f(z) = u + iv$ に対して,$f'(z) = u_x + iv_x$ であるので((2.4) 式を参照),

$$(e^z)' = e^x \cos y + ie^x \sin y = e^x e^{yi} = e^z$$

である. □

実変数の三角関数 $\cos y$, $\sin y$ の周期は $2\pi$ であるので,(2.8) により複素指数関数 $e^z$ は $2\pi i$ を周期とする周期関数 ( $e^{z+2\pi i} = e^z$ ) である.また,(2.8) により,複素数 $z$ に対して

$$|e^z| = e^{\operatorname{Re} z} \tag{2.11}$$

であることもわかる.

### 2.2.3 三角関数

オイラーの公式 (2.7) の $\theta$ を $-\theta$ で置き換えると,$e^{-i\theta} = \cos(-\theta) + i\sin(-\theta) = \cos\theta - i\sin\theta$ であるので,

$$\cos\theta = \frac{e^{i\theta} + e^{-i\theta}}{2}, \qquad \sin\theta = \frac{e^{i\theta} - e^{-i\theta}}{2i} \qquad (\theta \in \mathbf{R})$$

が成り立つ.上式の右辺の変数 $\theta$ を複素数 $z$ に置き換えた

$$\cos z = \frac{e^{iz} + e^{-iz}}{2}, \qquad \sin z = \frac{e^{iz} - e^{-iz}}{2i} \qquad (z \in \mathbf{C}) \tag{2.12}$$

を,複素変数の**余弦関数** $\cos z$ と**正弦関数** $\sin z$ と定める.明らかに $\sin 0 = 0$, $\cos 0 = 1$ である.

**命題 2.6** $\cos z$, $\sin z$ は $\mathbf{C}$ 上の正則関数であり，
$$(\cos z)' = -\sin z, \qquad (\sin z)' = \cos z \qquad (2.13)$$
が成り立つ.

これは，命題 2.5 と (2.12) からすぐにわかる.

また，$e^z$ が周期 $2\pi i$ の周期関数なので，$\cos z$, $\sin z$ は周期 $2\pi$ の周期関数である．複素変数における指数関数の指数法則と (2.12) を使えば，複素変数における三角関数の加法定理
$$\begin{aligned}\cos(z \pm w) &= \cos z \cos w \mp \sin z \sin w \\ \sin(z \pm w) &= \sin z \cos w \pm \cos z \sin w\end{aligned} \qquad (2.14)$$
（どちらも複号同順）が得られる.

**問題 2** 指数法則 (2.9) と $\cos z$, $\sin z$ の定義式 (2.12) を用いて (2.14) を示せ.

正弦，余弦以外の三角関数も，実変数のときと同様に定義する．例えば，$\tan z = \dfrac{\sin z}{\cos z}$, $\cot z = \dfrac{\cos z}{\sin z}$ である.

複素三角関数の定義 (2.12) と同様にして，$\cosh x = \dfrac{e^x + e^{-x}}{2}$, $\sinh x = \dfrac{e^x - e^{-x}}{2}$ も
$$\cosh z = \frac{e^z + e^{-z}}{2}, \qquad \sinh z = \frac{e^z - e^{-z}}{2} \qquad (z \in \mathbf{C}) \qquad (2.15)$$
により複素変数の**双曲線関数**に拡張される．複素三角関数の定義式 (2.12) と (2.15) を見比べればわかるように，複素変数の三角関数と双曲線関数は本質的に同じもので，
$$\cosh z = \cos(iz), \qquad \sinh z = -i\sin(iz)$$
という関係にある．これと三角関数の加法定理から，双曲線関数の加法定理
$$\begin{aligned}\cosh(z \pm w) &= \cosh z \cosh w \pm \sinh z \sinh w \\ \sinh(z \pm w) &= \sinh z \cosh w \pm \cosh z \sinh w\end{aligned} \qquad (2.16)$$

（どちらも複号同順）が得られる．また，$z = x + yi$ のとき，
$$\cos z = \cos x \cosh y - i \sin x \sinh y$$
$$\sin z = \sin x \cosh y + i \cos x \sinh y \qquad (2.17)$$
である．

## 2.2.4 対数関数

次に複素変数の対数関数を導入しよう．実変数のとき，対数関数は指数関数の逆関数として，$x > 0$ のとき
$$\log x = y \iff e^y = x$$
によって定義された．複素変数のときにも同じようにして，$z \neq 0$ のとき，
$$\log z = w \iff e^w = z$$
によって対数関数 $\log z$ を定義したい．ここで $z = x + yi$，$w = u + vi$ とおくと，(2.11) により，まず
$$|e^w| = |z| \iff e^u = |e^{u+vi}| = |z| \iff u = \log|z|$$
が得られる．これにより
$$e^{vi} = \frac{e^w}{e^u} = \frac{z}{|z|} = \cos(\arg z) + i \sin(\arg z) = e^{i \arg z}$$
なので，
$$\log z = u + vi = \log|z| + i \arg z \qquad (z \neq 0)$$
とするのがよいだろう．しかし，$z$ が原点 0 の周りを 1 周して同じ $z$ に戻っても，1 周するたびに $\arg z$ の値は $2\pi$ だけずれるので，$\log z$ の値はただ 1 つには決まらず，$2\pi i$ の整数倍だけの不定性がある．このように，1 つの $z$ に対して複数個の関数値 $f(z)$ が対応するような関数を**多価関数**という．多価関数としての**対数関数**を
$$\log z = \log|z| + i \arg z \qquad (z \neq 0) \qquad (2.18)$$
で表す．

多価関数を 1 価関数，つまり値が 1 つに決まるような通常の関数にする際には，変数が動く範囲を制限すればよい．対数関数の場合，例えば $\arg z$

の範囲を $-\pi < \arg z \leq \pi$ や $0 \leq \arg z < 2\pi$ などに制限すれば1価になる．とくに，$-\pi < \arg z \leq \pi$ のものを $\log z$ の**主値**といい，$\text{Log}\, z$ で表す．

### 例 2

$$\text{Log}(1-i) = \log \sqrt{2} - \frac{\pi}{4}i \quad \blacklozenge$$

実変数の対数関数では $\log(xy) = \log x + \log y$ が成り立つが，複素変数の主値 Log では，一般には成り立たない．例えば $z = -\frac{1}{2} + \frac{\sqrt{3}}{2}i = e^{\frac{2\pi}{3}i}$, $w = i = e^{\frac{\pi}{2}i}$ のとき，$zw = -\frac{\sqrt{3}}{2} - \frac{1}{2}i = e^{-\frac{5\pi}{6}i}$ なので，主値をとると $\text{Log}(zw) = -\frac{5\pi}{6}i$ であるが，$\text{Log}\, z + \text{Log}\, w = \frac{2\pi}{3}i + \frac{\pi}{2}i = \frac{7\pi}{6}i$ であり，両者は一致しない．これは複素変数の対数関数の多価性によるもので，$\text{Log}(zw)$ に $2\pi i$ を加えれば，$\text{Log}\, z + \text{Log}\, w$ と等しくなる．

**問題 3** 次の複素数を $a + bi$ ($a, b \in \mathbf{R}$) の形に表せ．
(1) $\text{Log}(2i)$　　　(2) $\text{Log}(-1 + \sqrt{3}\, i)$
(3) $\text{Log}\{2i(-1 + \sqrt{3}\, i)\}$

主値では偏角の範囲を $-\pi < \arg z \leq \pi$ としたが，状況に応じて角 $\theta_0$ を選んで，$\theta_0 < \arg z \leq \theta_0 + 2\pi$ あるいは $\theta_0 \leq \arg z < \theta_0 + 2\pi$ の範囲にとっても1価関数になる．このように，1価関数となる範囲に制限したものを $\log z$ の1つの**分枝**という．主値も分枝の1つである．

$\log z$ に現れる $\log |z|$ は $z\, (\neq 0)$ の（実数値）連続関数である．一方，偏角 $\arg z$ は $2\pi$ の整数倍だけ不定性があるが，適当な分枝を考えれば，これも $z$ の連続関数である．よって複素変数の対数関数 $\log z$（の適当な分枝）は，$\mathbf{C} - \{0\}$（$\mathbf{C}$ から 0 を除いた集合．差集合の記号については 184 ページ参照）の各点で連続な関数である．

## 2.2 初等関数

**命題 2.7** 対数関数 $\log z$ は $z \in \mathbf{C} - \{0\}$ で正則であり，
$$(\log z)' = \frac{1}{z} \tag{2.19}$$
が成り立つ．

**【証明】** 実変数関数の逆関数の微分と同じ方法で証明する．上で説明したように，分枝を適当に取れば，$\log z$ は点 $z(\neq 0)$ で連続である．ここで $w = \log z$, $w + \Delta w = \log(z + \Delta z)$ とおくと，$z = e^w$, $z + \Delta z = e^{w + \Delta w}$ であり，対数関数の連続性により，$\Delta z \to 0$ のとき $\Delta w \to 0$ である．よって
$$\frac{\log(z + \Delta z) - \log z}{\Delta z} = \frac{\Delta w}{e^{w + \Delta w} - e^w} \xrightarrow{\Delta z \to 0} \frac{1}{(e^w)'} = \frac{1}{e^w} = \frac{1}{z}$$
により (2.19) が得られた． □

### 2.2.5 一般のべき関数

複素定数 $\alpha$（整数とは限らない）に対し，一般のべき関数 $z^\alpha$ を定義しよう．実変数の一般のべき関数は，$x$ が正の数で $a$ が実数のとき，
$$x^a = e^{a \log x} \tag{2.20}$$
を満たす．すでに複素変数の指数関数と対数関数を知っているので，(2.20) をそのまま複素数に拡張して，複素数 $\alpha$ と $z \in \mathbf{C} - \{0\}$ に対し
$$z^\alpha = e^{\alpha \log z} \tag{2.21}$$
とし，これを複素変数に対する一般の**べき関数**と定義する．ここで
$$\log z = \log|z| + i \arg z$$
に現れる $\arg z$ の取り方には，$2\pi$ の整数倍の不定性があった．これがべき関数 $z^\alpha$ にどう影響するかを見ておこう．

指数 $\alpha$ が整数 $n$ のときは，$e^{n \cdot 2\pi i} = 1$ であるので，$e^{n \log z} = e^{n \log|z| + in \arg z}$ の値は $\arg z$ に $2\pi$ の整数倍を加えても変わらない．つまり $\arg z$ の取り方は，$e^{n \log z}$ の値に影響を及ぼさない．このとき，$n \log|z| = \log|z|^n = \log|z^n|$ と $n \arg z = \arg(z^n)$ が成り立つので（(1.7) 参照；p.7），

$e^{n\log z} = e^{\log|z^n|} e^{i\arg(z^n)} = |z^n| e^{i\arg(z^n)}$ となり，(2.21) の右辺は有理関数としての $z^n$ と一致する[4]．しかし，指数 $\alpha$ が整数以外のときには，$\log z$ の多価性により (2.21) も多価関数となることに注意する．

**例 3**

$z^\alpha$ において，$z = -1$, $\alpha = \dfrac{1}{2}$ のときを考える．多価関数として $\log(-1) = (2k+1)\pi i$ （$k$ は整数）であるので，$(-1)^{\frac{1}{2}} = e^{\frac{1}{2}\log(-1)} = e^{(k+\frac{1}{2})\pi i}$ は，$k$ が偶数のとき $i$，奇数のとき $-i$ であり，値が対数関数の分枝の取り方に依存する．◆

べき関数を 1 価関数にするには，$\log z$ の分枝を 1 つ指定すればよい．このとき，$z^\alpha$ の値も 1 つに確定する．とくに $\log z$ の分枝として主値 $\mathrm{Log}\, z$ を採用したときの $e^{\alpha \mathrm{Log}\, z}$ （$-\pi < \arg z \le \pi$）を $z^\alpha$ の**主値**という．

**例 4**

$\mathrm{Log}\, i = \log|i| + i(\arg i) = \dfrac{\pi}{2} i$ により，$i^i$ の主値は $e^{i\mathrm{Log}\, i} = e^{-\frac{\pi}{2}}$ である．◆

**問題 4** べき関数は主値を考えるとして，
(1) 複素数 $(-1)^{1+i}$ を $a + bi$（$a, b \in \mathbf{R}$）の形に表せ．
(2) $|(-1-i)^i|$ と $\arg(-1-i)^i$ を求めよ．

**命題 2.8** $\alpha$ を複素数とする．一般のべき関数 $z^\alpha$ は $z \in \mathbf{C} - \{0\}$ で正則であり，
$$z^\alpha{}' = \alpha z^{\alpha-1} \tag{2.22}$$
が成り立つ．

**【証明】** 定義式 $z^\alpha = e^{\alpha \log z}$ を微分すると
$$(z^\alpha)' = (e^{\alpha \log z})' = \alpha \frac{1}{z} e^{\alpha \log z} = \alpha e^{-\log z} e^{\alpha \log z} = \alpha e^{(\alpha-1)\log z} = \alpha z^{\alpha-1}$$
である（合成関数の微分法と $z = e^{\log z}$ を用いた）．□

---
[4] $|z^n| e^{i\arg(z^n)}$ は $z^n$ の極形式である．

## 2.2.6 逆三角関数

余弦関数 $w = \cos z$ を $z$ について解いたものを $z = \arccos w$ と書く．余弦関数の定義 (2.12) より，

$$w = \cos z = \frac{e^{iz} + e^{-iz}}{2} \iff (e^{iz})^2 - 2we^{iz} + 1 = 0$$

なので，右側の等式を $e^{iz}$ に関する 2 次方程式と見て解くと $e^{iz} = w + \sqrt{w^2 - 1}$（ただし，$\sqrt{w^2 - 1}$ は一般のべき関数の適当な分枝）である．これを $z$ について解くと，$z = -i\log(w + \sqrt{w^2 - 1})$ となる．変数 $z, w$ を入れ換えると，余弦関数の逆関数 $\arccos z$ は

$$\arccos z = -i\log(z + \sqrt{z^2 - 1})$$

と表される．同様の計算により，正弦関数 $\sin z$ の逆関数 $\arcsin z$ と正接関数 $\tan z$ の逆関数 $\arctan z$ は，

$$\arcsin z = -i\log(iz + \sqrt{1 - z^2}), \qquad \arctan z = \frac{1}{2i}\log\frac{1 + iz}{1 - iz} \tag{2.23}$$

と表される．これらを**逆三角関数**という．これらはすべて多価関数である．

**問題 5** $(\arcsin z)' = \dfrac{1}{\sqrt{1 - z^2}}$, $(\arctan z)' = \dfrac{1}{1 + z^2}$ であることを示せ．

# 第 2 章 練習問題

**1.** $v$ が $u$ の共役調和関数であるとき，$-u$ は $v$ の共役調和関数であることを示せ．

**2.** 次の関数 $u(x, y)$ が調和関数であることを確かめ，これを実部とするような正則関数 $f(z) = u(x, y) + iv(x, y)$ を求めよ．
 （1） $u(x, y) = x^3 y - xy^3$ 　　　　（2） $u(x, y) = \cosh x \cos y$

**3.** $z = x + yi$（$x, y \in \mathbf{R}$）のとき，次を示せ．
 （1） $|\cos z|^2 = \cos^2 x + \sinh^2 y = -\sin^2 x + \cosh^2 y$

（2） $|\sin z|^2 = \sin^2 x + \sinh^2 y = -\cos^2 x + \cosh^2 y$

**4.** $x$ が 0 でない実数のとき, $\displaystyle\lim_{\varepsilon \to +0} \frac{1}{2\pi i}\{\mathrm{Log}(-x+\varepsilon i) - \mathrm{Log}(-x-\varepsilon i)\}$ を求めよ.

**5.** 次の計算の誤りを指摘せよ.

$i$ は $-1$ の平方根 $\sqrt{-1}$ のことであり, $\sqrt{1} = 1$ なので,
$$\frac{1}{i} = \frac{\sqrt{1}}{\sqrt{-1}} = \sqrt{\frac{1}{-1}} = \sqrt{-1} = i \quad \text{よって, } i^2 = 1.$$

# 第 3 章

## 正則関数の積分

　第 2 章では，複素変数と相性の良い関数として，複素微分可能な関数 ( 正則関数 ) を考えた．この章では正則関数と相性の良い積分を定義し，まずその基本的性質について述べる．次に位相，つまり図形の形状や性質に関する用語を導入した上で，複素解析で最も重要なコーシーの積分定理を述べる．正則関数の美しい性質は，ほとんどこの定理より導かれる．

## 3.1 複素線積分

2.1節の冒頭で述べたように，複素関数 $f(z)$ は，$z = x + yi$ を変数とする関数であるので，$f(z) = f(x, y)$ と表せば（複素数値の）実2変数関数とみなすことができる．2変数関数の積分として $\iint_D f(x, y)\, dx\, dy$（重積分）があるが，これは正則関数と相性が良いとはいえない．複素解析では一般の2変数関数ではなく，複素変数 $z$ を使えば1変数関数的に振る舞う2変数関数を扱うのだが，重積分は「1変数的」な積分ではないからである．

そこでもっと「1変数的」な，別の積分を考えよう．

実1変数関数の定積分 $\int_a^b f(x)\, dx$ では，積分変数 $x$ は数直線上を $a$ から $b$ まで動く．この積分区間を，複素平面上の曲線に置き換えてみよう．複素数 $\alpha, \beta$ があるとき，複素関数 $f(z)$ を $\alpha$ から $\beta$ まで積分するには，図3.1のように，複素平面上で，$\alpha$ を始点とし，$\beta$ を終点とするような向きのついた曲線 $C$ をとり，変数 $z$ を $C$ に沿って動かして積分するとよい[1]．

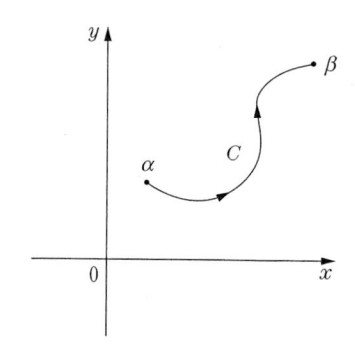

図3.1 複素平面上の曲線

計算を実行するために，曲線 $C$ の**パラメータ表示**

$$C: z(t) = x(t) + y(t)i \quad (a \leq t \leq b), \quad z(a) = \alpha, \quad z(b) = \beta \tag{3.1}$$

を用いる．あまりおかしな曲線を考えても建設的ではないので，まず曲線 $C$

---

[1] これは「ベクトル解析」に出てくる「ベクトル場の線積分」の複素関数版である．「ベクトル解析」については，本シリーズでも『理工系の数理 ベクトル解析』が刊行される予定になっている．

は滑らかとする．ここで曲線 $C$ が滑らかとは，(3.1) の関数 $x(t)$, $y(t)$ が $a \leq t \leq b$ 上 $C^1$ 級[2]であり，$z(t)$ の微分 $z'(t) = x'(t) + y'(t)i$ が常に 0 でない[3]ことをいう．

以上の準備の下で，滑らかな曲線 (3.1) に沿った $f(z)$ の (**複素**) **線積分**を

$$\int_C f(z)\,dz = \int_a^b f(z(t))\,z'(t)\,dt \qquad (3.2)$$

で定める．右辺の被積分関数 $f(z(t))z'(t)$ は複素数値であるが，変数 $t$ は実数なので，右辺の積分は実 1 変数関数としての積分である．

**例 1**

$e^{it} = \cos t + i \sin t$ であるので ( (2.7) 参照；p. 20 )，
$$C: \quad z(t) = a + re^{it} \qquad (0 \leq t \leq 2\pi)$$
は，点 $a$ を中心とする半径 $r$ の円周上を反時計回りに 1 周する曲線のパラメータ表示である．$n$ を整数としたとき，$f(z) = (z-a)^n$ の $C$ に沿った線積分は

$$\int_C (z-a)^n\,dz = \int_0^{2\pi} (a + re^{it} - a)^n (a + re^{it})'\,dt$$
$$= ir^{n+1} \int_0^{2\pi} e^{i(n+1)t}\,dt$$

である．ところで，一般に $a$ が 0 でない実数なら

$$\int e^{iat}\,dt = \int (\cos at + i \sin at)\,dt$$
$$= \frac{1}{a}(\sin at - i\cos at) = \frac{1}{ia}(\cos at + i\sin at)$$
$$= \frac{1}{ia}e^{iat} \qquad (\text{積分定数を省略}) \qquad (3.3)$$

である．つまり，$e^{iat}$ の積分は実変数の指数関数と同様に計算してよい．よって，$n \neq -1$ のときは

---

[2) 各点で微分可能であり，導関数が連続なこと．細かいことだが，端点 $a, b$ でそれぞれ右側，左側微分可能であることも条件に含める．
[3) パラメータ $t$ を動かすとき，点 $z(t)$ が曲線 $C$ 上で止まらないことを意味する．

$$\int_C (z-\alpha)^n \, dz = i r^{n+1} \int_0^{2\pi} e^{i(n+1)t} \, dt$$
$$= i r^{n+1} \left[ \frac{1}{i(n+1)} e^{i(n+1)t} \right]_0^{2\pi} = 0$$

であり，$n = -1$ のときは

$$\int_C (z-\alpha)^{-1} \, dz = i r^0 \int_0^{2\pi} e^{i \cdot 0 \cdot t} \, dt = i \int_0^{2\pi} dt = 2\pi i$$

である．◆

**例 2**

点 1 を始点とし，点 $1 + 2i$ を終点とする線分を $C$ としたときの線積分 $\int_C (z - \bar{z}) \, dz$ を求めよう．

線分 $C$ は $z(t) = 1 + ti$（$0 \leq t \leq 2$）とパラメータ表示できるので，

$$\int_C (z - \bar{z}) \, dz = \int_0^2 \{(1 + ti) - (1 - ti)\}(1 + ti)' \, dt = -2 \int_0^2 t \, dt = -4$$

である．◆

**問題 1** 次の複素線積分を求めよ．

(1) $\int_{C_1} \bar{z} \, dz$；  $C_1$ は 0 を始点とし，$1 + i$ を終点とする線分

(2) $\int_{C_2} z^3 \, dz$；  $C_2$ は円周 $|z| = 2$ の $\operatorname{Im} z \geq 0$ の部分．向きは反時計回り

## 3.2 複素線積分の性質

複素線積分の基本的な性質を見ていこう．

### 3.2.1 パラメータ表示の仕方によらないこと

複素平面上の曲線 $C$ をパラメータ表示する方法はいくらでもあるが，その表示法は人為的なもので，曲線 $C$ に本来備わっているものではない．そのため，線積分は，パラメータ表示の仕方によらずに，曲線 $C$ と関数 $f(z)$ だけで決まってほしいが，これは次の命題によって保証される．

## 3.2 複素線積分の性質

**命題 3.1** 複素線積分は曲線のパラメータ表示の仕方によらない．正確にいうと次のようになる： 向きのついた曲線 $C$ が
$$z(t) = x(t) + y(t)i \quad (a \leq t \leq b)$$
とパラメータ表示されているとする．区間 $a' \leq s \leq b'$ を $a \leq t \leq b$ へ写す単調増加な $C^1$ 級関数 $t = \varphi(s)$ があって，$\varphi(a') = a$, $\varphi(b') = b$ を満たすなら，
$$w(s) = z(\varphi(s)) \quad (a' \leq s \leq b')$$
も曲線 $C$ のパラメータ表示である．このとき，
$$\int_a^b f(z(t))\, z'(t)\, dt = \int_{a'}^{b'} f(w(s))\, w'(s)\, ds \quad (3.4)$$
が成り立つ．

**【証明】** 合成関数の微分法により，$w'(s) = \{z(\varphi(s))\}' = z'(\varphi(s))\,\varphi'(s)$ なので，
$$\int_{a'}^{b'} f(w(s))\, w'(s)\, ds = \int_{a'}^{b'} f(z(\varphi(s)))\, z'(\varphi(s))\, \varphi'(s)\, ds$$
であるが，置換積分法により（$t = \varphi(s)$ とおく），これは (3.4) の左辺に等しい． □

**問題 1** $-1$ を始点とし，$1$ を終点とする線分に沿った $z^2$ の線積分を，次の二通りのパラメータ表示を用いて計算し，値が等しいことを確かめよ．

(1) $z(t) = t \quad (-1 \leq t \leq 1)$ (2) $z(t) = \sin t \quad \left(-\dfrac{\pi}{2} \leq t \leq \dfrac{\pi}{2}\right)$

### 3.2.2 逆向きの曲線

複素線積分は向きのついた曲線 $C$ に沿った積分である．曲線 $C$ の始点と終点を入れ換え，向きを逆にした曲線を $-C$ で表す．

**命題 3.2** $\displaystyle\int_{-C} f(z)\, dz = -\int_C f(z)\, dz$

**【証明】** 曲線 $C$ のパラメータ表示が

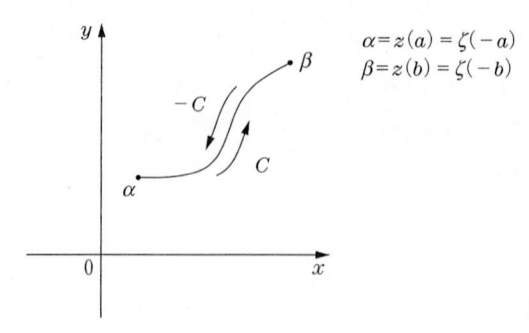

$$\alpha = z(a) = \zeta(-a)$$
$$\beta = z(b) = \zeta(-b)$$

図 3.2

$$z(t) = x(t) + y(t)i \quad (a \leq t \leq b) \qquad (3.5)$$

で与えられているとき，逆向きの曲線 $-C$ は

$$\zeta(\tau) = z(-\tau) = x(-\tau) + y(-\tau)i \quad (-b \leq \tau \leq -a)$$

とパラメータ表示される[4]．よって，

$$\int_{-C} f(z)\,dz = \int_{-b}^{-a} f(\zeta(\tau))\,\zeta'(\tau)\,d\tau = \int_{-b}^{-a} f(z(-\tau))\,(-z'(-\tau))\,d\tau$$

であるが，$s = -\tau$ とおいて置換積分すると，これは

$$\int_{b}^{a} f(z(s))\,z'(s)\,ds = -\int_{a}^{b} f(z(s))\,z'(s)\,ds = -\int_{C} f(z)\,dz$$

に等しい． □

**注意 1** この証明を見れば，曲線 $C$ のパラメータ表示が (3.5) で与えられているとき，

$$\int_{-C} f(z)\,dz = \int_{b}^{a} f(z(t))\,z'(t)\,dt$$

であることがわかる．つまり，$C$ に沿った線積分の積分範囲が $a$ から $b$ であるとき，$-C$ に沿った線積分は，変数の動く範囲を逆に $b$ から $a$ として計算すればよい．

**問題 2** 問題 1 の線分を逆向きにとったものをパラメータ表示し，それに沿った $z^2$ の線積分を求めよ．

---

[4] 逆向きの曲線 $-C$ を表すには，(3.5) のパラメータ $t$ を $b$ から $a$ に動かせばよい（注意 1 を参照）．しかし，向きづけられた曲線をパラメータ表示する際には，パラメータの動く区間において，小さい方の端を始点に，大きい方の端を終点に対応させるので，ここではこのようなパラメータ表示を使っている．

## 3.2.3 曲線の分割と結合

点 $\alpha$ を始点とし，点 $\beta$ を終点とする滑らかな曲線 $C$ 上に点 $\gamma$ をとる．このとき $\alpha$ を始点，$\gamma$ を終点とする曲線を $C_1$ とし，$\gamma$ を始点，$\beta$ を終点とする曲線を $C_2$ とする．このとき次が成り立つ．

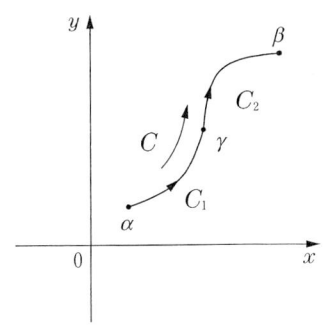

図 3.3 曲線の分割

**命題 3.3**
$$\int_C f(z)\,dz = \int_{C_1} f(z)\,dz + \int_{C_2} f(z)\,dz$$

【証明】 曲線 $C$ のパラメータ表示が $z(t) = x(t) + y(t)i$ （$a \leq t \leq b$）で与えられているとき，$z(c) = \gamma$ となるような $c \in [a,b]$ をとることにより，$C_1, C_2$ のパラメータ表示

$$C_1 : z(t)\ (a \leq t \leq c), \qquad C_2 : z(t)\ (c \leq t \leq b)$$

が得られる．よって，

$$\int_C f(z)\,dz = \int_a^b f(z(t))z'(t)\,dt$$
$$= \int_a^c f(z(t))z'(t)\,dt + \int_c^b f(z(t))z'(t)\,dt$$
$$= \int_{C_1} f(z)\,dz + \int_{C_2} f(z)\,dz \qquad \square$$

上では，曲線を 2 つに分けることを考えたが，逆に 2 つの曲線をつなぎ合わせることも考えられる．つまり，曲線 $C_1$ の終点と曲線 $C_2$ の始点が一致しているとき，これらをつなぎ合わせれば，始点が $C_1$ の始点であり，終点

が $C_2$ の終点であるような曲線ができる．これを $C_1 + C_2$ で表す．

このとき，もし $C_1 + C_2$ が滑らかな曲線ならば，命題 3.3 より $C_1 + C_2$ に沿った線積分は，$C_1$ に沿った線積分と $C_2$ に沿った線積分の和に等しい．一方，$C_1, C_2$ は滑らかだが，$C_1 + C_2$ は滑らかでないなら（図 3.4 参照），

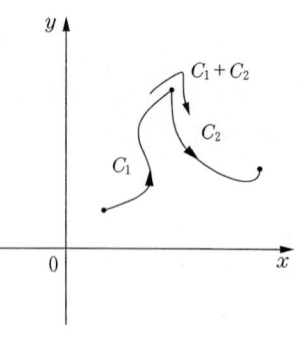

$$\int_{C_1+C_2} f(z)\,dz = \int_{C_1} f(z)\,dz + \int_{C_2} f(z)\,dz$$

図 3.4 曲線の結合

と定めれば，$C_1 + C_2$ に沿った線積分が定義できる．このようにして，**区分的に滑らかな曲線**，つまり滑らかな曲線を有限個つなぎ合わせた曲線に対しても，それに沿った線積分が定義される．そこで以下本書において「**曲線**」とは，区分的に滑らかな曲線を表すこととする．

**問題 3** 次の線積分を求めよ．

$$\int_C z^2\,dz \, ; \quad C \text{ は } 0 \text{ (始点)}, 1, 1+i \text{ (終点) を順に結ぶ折れ線}$$

### 3.2.4 積分値の評価

一般に，複素数値をとる実 1 変数関数 $f(t)$ の $a \leq t \leq b$ おける定積分について，次の不等式が成り立つ．

$$\left| \int_a^b f(t)\,dt \right| \leq \int_a^b |f(t)|\,dt$$

これを複素線積分の場合に適用すると，曲線 $C$ が $z(t)$（$a \leq t \leq b$）と表されているとき，

$$\left| \int_C f(z)\,dz \right| = \left| \int_a^b f(z(t))\,z'(t)\,dt \right| \leq \int_a^b |f(z(t))|\,|z'(t)|\,dt$$

となる．ここで曲線 $C$ 上の微小変化 $dz = z'(t)\,dt$ の大きさ $|z'(t)|\,dt$ を $|dz|$ と書いて，この不等式を

## 3.2 複素線積分の性質

$$\left|\int_C f(z)\,dz\right| \le \int_C |f(z)|\,|dz| \tag{3.6}$$

と表す．複素線積分の計算では，このような積分値の評価を頻繁に使う．

### 例 1

曲線 $C$ のパラメータ表示が $z(t) = x(t) + y(t)i$ $(a \le t \le b)$ のとき，

$$\int_C |dz| = \int_a^b |z'(t)|\,dt = \int_a^b \sqrt{x'(t)^2 + y'(t)^2}\,dt$$

であるが，この右辺は曲線 $C$ の弧長にほかならない．◆

(3.6) と三角不等式を用いれば

$$\left|\int_C \{f(z) + g(z)\}\,dz\right| \le \int_C |f(z) + g(z)|\,|dz|$$

$$\le \int_C |f(z)|\,|dz| + \int_C |g(z)|\,|dz|$$

が成り立つ．こちらも複素線積分の評価によく使われる不等式である．

**問題 4** $C: z(t) = re^{it}$ $(0 \le t \le \pi/2)$, $f(z) = z^2$ のとき，次を求めよ．

$$\left|\int_C f(z)\,dz\right|,\quad |f(z)|,\quad |dz|,\quad \int_C |f(z)|\,|dz|$$

### 3.2.5 積分路の変更

始点と終点が一致するような曲線

$$C:\ z(t)\ (a \le t \le b),\quad z(a) = z(b)$$

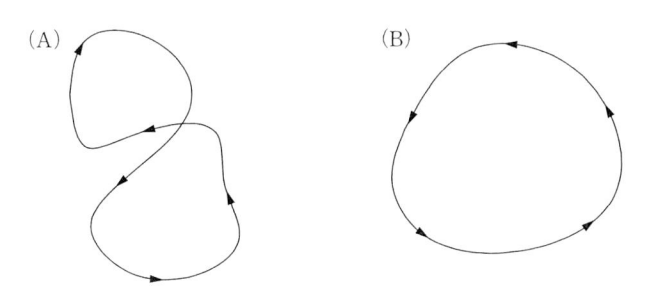

図 3.5 (A) 閉曲線，(B) 単純閉曲線

を**閉曲線**という．閉曲線の中には，図3.5の (A) のように自己交叉するものもあれば，図 (B) のように自己交叉しないものもある．後者のような閉曲線，つまり $z(t_1) = z(t_2)$ （$t_1, t_2 \in [a, b], t_1 \leq t_2$）ならば，$t_1 = t_2$ であるか，$t_1 = a$ かつ $t_2 = b$ となるような閉曲線を**単純閉曲線**という．

単純閉曲線は，図 (B) のように，平面を内部と外部の2つの領域(43ページまたは191ページ参照)に分ける[5]．これは直観的には明らかに思えるが，きちんと証明するのは実は難しい．

単純閉曲線の向きは，とくに断らない限り，曲線で囲まれた内部を左側に見て進む向きを正の向きとし，その逆を負の向きとする．これは単位円 $|z| = 1$ を $z = e^{it}$（$0 \leq t \leq 2\pi$）とパラメータ表示したとき，$t$ が増える方向（反時計回り）を正とするのに合わせたものである．

円 $|z - \alpha| = r$ を正の向きに1周する曲線は，単純閉曲線である．この曲線に沿った線積分を，$\int_{|z-\alpha|=r} f(z)\, dz$ のように書くことも多い．

**問題5** 次の曲線のうち，閉曲線であるものと単純閉曲線であるものはどれか．また，単純閉曲線であるものの向きは正か負か．

（1） $z(t) = 2e^{it}$ （$0 \leq t \leq 3\pi$）

（2） $z(t) = 3e^{it}$ （$-\pi \leq t \leq 3\pi$）

（3） $z(t) = 2i + 4e^{-it}$ （$0 \leq t \leq 2\pi$）

（4） $z(t) = 2i - 4e^{it}$ （$0 \leq t \leq 2\pi$）

正則関数の線積分を計算する際，頻繁に**積分路の変更**が利用される．

図3.6のように，閉曲線 $C$ に橋（図では直線になっているが，直線でなくてもかまわない）を渡し，上と下の閉曲線 $C_1, C_2$ を作る．このとき橋渡しした部分に注目すると，$C_1$ と $C_2$ ではちょうど逆向きになっているので，$C_1$ と $C_2$ に沿った線積分のうち，この橋渡しの部分は，命題3.2により，互いに他の $-1$ 倍になる．よって，足し合わせると打ち消し合うので，命題3.3により

---

[5] 図 (A) の閉曲線は，平面を3つの領域に分けている．

## 3.2 複素線積分の性質

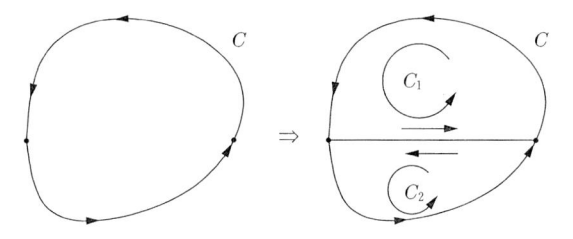

図 3.6 積分路の分割

$$\int_C f(z)\,dz = \int_{C_1} f(z)\,dz + \int_{C_2} f(z)\,dz$$

が成り立つ．これによって $C$ に沿った線積分を，$C_1, C_2$ に沿った線積分に分割できる．

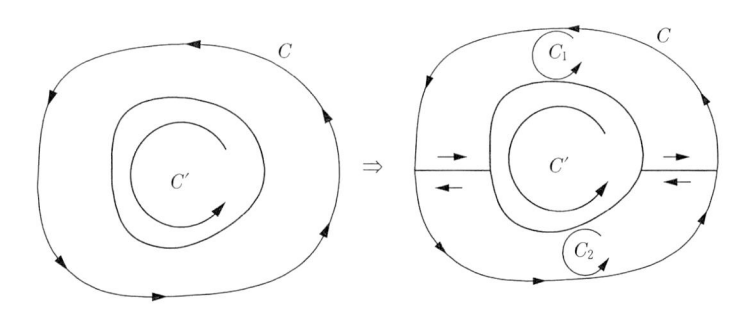

図 3.7 積分路の変更

同様の議論を図 3.7 に適用してみよう．

このときも，右図の $C_1$ と $C_2$ が重なる部分の線積分は，積分路がちょうど逆向きになっているので打ち消し合い，残りは $C$ と $-C'$ に沿った線積分になるので，

$$\int_{C_1} f(z)\,dz + \int_{C_2} f(z)\,dz = \int_C f(z)\,dz - \int_{C'} f(z)\,dz$$

が成り立つ．とくに，左辺の 2 つの積分値がともに 0 なら（複素積分ではこのようなことがよく起こる）

$$\int_C f(z)\,dz = \int_{C'} f(z)\,dz$$

となり，$C$ に沿った線積分を $C'$ に沿った線積分に変更できる．

積分路の変更の例として，もう1つ，単純ではない閉曲線の分割をあげておこう．図 3.8 の左図のような，単純でない閉曲線があるとき，これを右図のように2つの単純閉曲線をつなぎ合わせたものと見ることもできる．このように，単純とは限らない閉曲線に沿って線積分するときには，いくつかの単純閉曲線に分割することで，単純閉曲線に対する計算規則が適用できる．

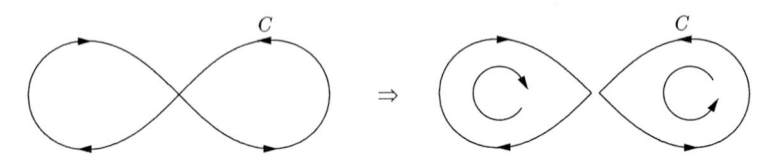

図 3.8 単純でない閉曲線の分割

### 3.2.6 積分と極限の順序交換

2つの極限操作の順序はいつでも交換できるわけではない．積分はリーマン和の極限として定義されるので，関数列 $f_1(z), f_2(z), \cdots, f_n(z), \cdots$ に対して

$$\lim_{n \to \infty} \int_C f_n(z)\,dz = \int_C \lim_{n \to \infty} f_n(z)\,dz$$

が成り立つとは限らない．

これが成り立つための十分条件で有用なものを紹介しておこう．関数列 $f_1(z), f_2(z), \cdots, f_n(z), \cdots$ が集合 $S \subset \mathbf{C}$ 上 $f(z)$ に**一様収束**するとは，

$$\sup_{z \in S} |f(z) - f_n(z)| \xrightarrow[n \to \infty]{} 0$$

が成り立つことをいう（sup（上限）については，194 ページを参照）．このとき各 $z \in S$ に対して $\lim_{n \to \infty} f_n(z) = f(z)$ となるが，それだけではない．集合 $S$ 上の関数列 $\{f_n\}$ が関数 $f$ に収束するとき，点 $z \in S$ によって $f_n(z)$ が $f(z)$ に収束する速さに違いがあるが，他の点と比較して収束が極

端に遅い点がないことも要求したのが，一様収束である．

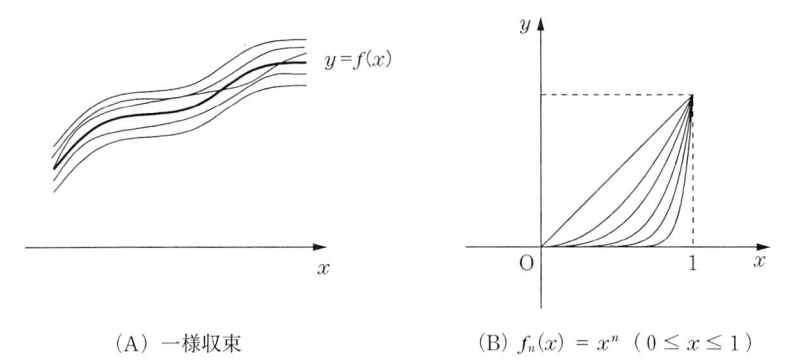

(A) 一様収束　　　　　　　(B) $f_n(x) = x^n\ (0 \leq x \leq 1)$

図 3.9　実 1 変数関数の一様収束のイメージ　(A)：収束の速さに大差がない．(B)：$x=1$ の近くでとても遅く収束し，一様収束しない．

実変数の場合でも複素変数の場合でも，連続関数の列 $\{f_n\}$ が一様収束するなら，極限の関数 $f$ も連続である（図 3.9 (A) のように）．

線積分と極限の順序交換を保証する次の命題は有用である．

**命題 3.4**（線積分と極限の順序交換）　連続な複素関数の列 $f_1(z), f_2(z), \cdots, f_n(z), \cdots$ が，曲線 $C$ 上で $f(z)$ に一様収束するとき，
$$\lim_{n \to \infty} \int_C f_n(z)\ dz = \int_C f(z)\ dz \tag{3.7}$$
が成り立つ．

【証明】　上限の定義より，すべての $z \in C$ に対して
$$|f(z) - f_n(z)| \leq \sup_{\zeta \in C} |f(\zeta) - f_n(\zeta)| \tag{3.8}$$
が成り立ち，上限は定値であるので，
$$\left| \int_C \{f(z) - f_n(z)\}\ dz \right| \underset{(3.6)}{\leq} \int_C |f(z) - f_n(z)|\, |dz|$$
$$\underset{(3.8)}{\leq} \left( \sup_{\zeta \in C} |f(\zeta) - f_n(\zeta)| \right) \int_C |dz|$$
$$= \left( \sup_{\zeta \in C} |f(\zeta) - f_n(\zeta)| \right) \times (C\ \text{の弧長})$$

であり，関数列の一様収束性から，右辺は $n \to \infty$ のとき 0 に収束する．よって，

$$\int_C f(z)\,dz = \lim_{n \to \infty} \int_C f_n(z)\,dz$$

が成り立つ． □

## 3.3 複素平面の位相に関する用語

これまで微分積分を学んだ際に，関数の定義域や値域については，あまり細かいことを気にせずにいた人も多いと思うが，複素解析では，例えば 2.2 節に出てきた対数関数や一般のべき関数のように，定義域や値域に注意を払わなければならない関数が多くでてくる．複素線積分でも，被積分関数がどのような集合上で正則かが結果に大きく影響してくるため，定義域を正しくとらえることは重要である．

正則関数の積分の理論は本質的には単純明快なのだが，関数の定義域の形状や積分路となる曲線の形状が結果に大きく影響するため，定理の記述がしばしば煩雑になる．これは複素解析をやる上で避けられないことで，位相，つまり集合の形状や性質に関する言葉を導入する必要があるが，それに深入りすると，複素解析の本筋から外れた道をしばらく歩き続けることになってしまう．

そこで，位相に関する用語のきちんとした定義や解説は，付録の A.2 で行うことにし，ここでは厳密な議論はせずに，本書を読み進める上で最低限必要な用語のイメージをつかんでもらうことにする．

まず，円板に関する用語を導入する．点 $a \in \mathbf{C}$ を中心とする，半径 $r$ の円板 $|z - a| < r$（円周 $|z - a| = r$ 上の点は含まない）を**開円板**といい，$B_r(a)$ で表す．開円板は，今後しばしば現れる．

数学では，**領域**という言葉は，ある特別な性質をもつ集合を指す．とりあえずは，図 3.10 のような集合をイメージしてもらえばよい．

## 3.3 複素平面の位相に関する用語

しかしこれでは，あまりにも漠然としている．定理の証明などで，領域の性質を使うところがあるので，領域の定義を，厳密ではない言い方で述べておく：

(1) ひとかたまりである（数学用語では「連結」という）．

(2) 領域内の任意の点 $\alpha$ に対し，半径 $r\,(>0)$ を十分小さくとれば，開円板 $B_r(\alpha)$ は，この領域にすっぽり収まる（数学用語では「開集合」という）．

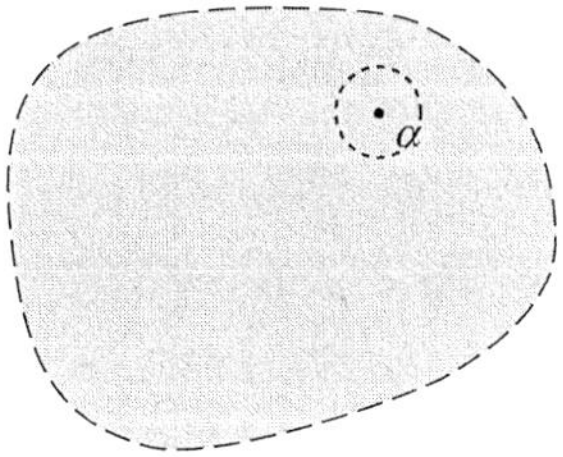

図 3.10 領域のイメージ

**境界**という言葉が何を意味するか，直観的には明らかだと思うので，ここでは説明しない．きちんとした定義は 186 ページにある．集合 $S$ の境界を $\partial S$ という記号で表す．

開円板 $B_r(\alpha)$ の境界は，円周 $|z-\alpha|=r$ である．開円板 $B_r(\alpha)$ と，その境界 $|z-\alpha|=r$ を合わせた集合

$$\{z \in \mathbf{C} \mid |z-\alpha| \leq r\}$$

を**閉円板**といい，$\overline{B}_r(\alpha)$ で表す．

開円板に境界を付け加えることにより，閉円板ができた．これと同じように，一般に集合 $S$ があるとき，その境界 $\partial S$ を付け加えた集合 $S \cup \partial S$ を，$S$ の**閉包**といい，$\overline{S}$ で表す：$\overline{S} = S \cup \partial S$．

定理や命題の条件を述べる際に，「$f(z)$ は領域 $D$ の閉包 $\overline{D}$ 上正則」という言い方をすることがある．これは（大雑把にいうと），「$\overline{D}$ を少しふくらませたところで $f(z)$ は正則」という意味である．これだけ書くと，何なのかよくわからないと思うが，最初はあまり気にせず，読み流してくれてよい．どのような状況でこの用語が必要になるのかについて，188 ページで説明したので，気になる人は，そこを読んで欲しい．

## 3.4 コーシーの積分定理

3.1節で曲線に沿った複素線積分を定義し，その基本的性質を見た．これは曲線 $C$ の取り方に依存しており，次の例のように，始点と終点が同じ曲線 $C_1, C_2$ があるとき，一般には $\int_{C_1} f(z)\, dz$ と $\int_{C_2} f(z)\, dz$ の値は異なる．

**例 1**

0 を始点とし，$1+i$ を終点とする2つの曲線
$$C_1: z(t) = t + ti \quad (0 \leq t \leq 1), \qquad C_2: z(t) = t + t^2 i \quad (0 \leq t \leq 1)$$
をとる．$f(z) = z + \bar{z}$ のとき，
$$\int_{C_1} (z+\bar{z})\, dz = \int_0^1 \{(t+ti)+(t-ti)\}(t+ti)'\, dt$$
$$= \int_0^1 2(1+i)t\, dt$$
$$= \left[(1+i)t^2\right]_0^1 = 1+i$$
だが，
$$\int_{C_2} (z+\bar{z})\, dz = \int_0^1 \{(t+t^2 i)+(t-t^2 i)\}(t+t^2 i)'\, dt$$
$$= \int_0^1 2t(1+2ti)\, dt$$
$$= \left[t^2 + \frac{4i}{3}t^3\right]_0^1 = 1 + \frac{4}{3}i$$
であり，2つの線積分の値は異なる．◆

では，複素線積分の値が積分路によらないのはどのようなときであろうか．一般に，複素変数の連続関数 $f(z)$ に対し，$F'(z) = f(z)$ となる正則関数 $F(z)$ があるとき，これを $f(z)$ の**原始関数**という．原始関数が存在すれば，実変数関数のときと同様に，線積分は始点と終点における原始関数の値で決まる．

## 3.4 コーシーの積分定理

**命題 3.5** $f(z)$ を領域 $D$ 上の連続関数とし，$D$ 上の正則関数 $F(z)$ であって $F'(z) = f(z)$ を満たすものがあるとする．このとき $\alpha \in D$ を始点とし，$\beta \in D$ を終点とする $D$ 内の曲線 $C$ に対し，

$$\int_C f(z)\, dz = F(\beta) - F(\alpha)$$

が成り立つ．とくに $C$ が閉曲線なら $\alpha = \beta$ なので，

$$\int_C f(z)\, dz = 0$$

である．

**【証明】** 曲線 $C$ が $z(t) = x(t) + y(t)i$ ($a \leq t \leq b$) とパラメータ表示されているとする．$F(z) = u(x,y) + iv(x,y)$ ($u, v$ は実数値関数) としたとき，2 変数関数の合成関数の微分法より，

$$\begin{aligned}
\frac{d}{dt} F(z(t)) &= \frac{d}{dt} \{ u(x(t), y(t)) + iv(x(t), y(t)) \} \\
&= u_x x' + u_y y' + iv_x x' + iv_y y' \\
&= (u_x + iv_x) x' + i(-iu_y + v_y) y'
\end{aligned}$$

である．ここで $F(z)$ は正則なので，(2.4), (2.5) により $F'(z) = u_x + iv_x = -iu_y + v_y$ である．よって，結局

$$\frac{d}{dt} F(z(t)) = F'(z(t)) x'(t) + F'(z(t)) y'(t) i = f(z(t)) z'(t)$$

が成り立つ．以上により

$$\begin{aligned}
\int_C f(z)\, dz &= \int_a^b f(z(t)) z'(t)\, dt = \int_a^b \frac{d}{dt} F(z(t))\, dt \\
&= \Big[ F(z(t)) \Big]_a^b = F(z(b)) - F(z(a)) = F(\beta) - F(\alpha)
\end{aligned}$$

である． □

### 例 2

命題 3.5 を使って 3.1 節の例 1 の $\displaystyle\int_{|z-\alpha|=r} (z-\alpha)^n\, dz = \begin{cases} 0 & (n \neq -1) \\ 2\pi i & (n = -1) \end{cases}$

を確かめよう.

$n \neq -1$ のとき,$F(z) = \dfrac{(z-\alpha)^{n+1}}{n+1}$ とすると,これは $F'(z) = (z-\alpha)^n$ を満たし,積分路の円周 $|z-\alpha| = r$ を含む領域 $\mathbf{C} - \{\alpha\}$ で定義された正則関数である($n \geq 0$ なら $\mathbf{C}$ 全体で正則).よって,命題により $\displaystyle\int_{|z-\alpha|=r} (z-\alpha)^n \, dz = 0$ である.

一方,$n = -1$ のとき,$(z-\alpha)^{-1}$ の原始関数として $\log(z-\alpha)$ が候補にあがるが,対数関数は多価関数であり,$\alpha$ を中心とする円上を 1 周すると値が $2\pi i$ だけ増えてしまう.したがって,積分路 $|z-\alpha| = r$ を含む領域 $D$ をどうとっても,$\log(z-\alpha)$ は $D$ 全体で<u>1 価正則</u>になり得ず,この命題は使えない.実際,このときの積分値は 0 でない. ◆

この例の($n \neq -1$ の場合の)関数に対しては,原始関数を簡単に見つけることができ,その結果,閉曲線に沿った線積分の値が 0 になった.では一般の正則関数に対しては,どうだろうか.$f(z)$ が正則であれば,後に述べる条件を満たすような閉曲線に沿った線積分の値は 0 になる.それがコーシーの積分定理なのだが,まず積分路が長方形の周の場合を扱う.

**定理 3.6**(長方形積分路に対するコーシーの積分定理) $a \leq x \leq b$, $c \leq y \leq d$ で表される長方形を $R$ とし,その境界を $\partial R$ とする.長方形 $R$ 上正則な関数 $f(z)$ に対し,

$$\int_{\partial R} f(z) \, dz = 0$$

が成り立つ.

【証明】 正則関数 $f(z)$ を

$f(z) = u(x, y) + i v(x, y)$ ($u, v$ はそれぞれ $f(z)$ の実部と虚部)

と表す.$f(z)$ は正則なので,定理 2.1 により,$u, v$ は $x, y$ 双方について偏微分可能であり,コーシー・リーマンの方程式 $u_x = v_y$,$u_y = -v_x$ を満たす(定理 2.1 参照;p. 16).ここでは簡単のため,$u_x, u_y, v_x, v_y$ がす

## 3.4 コーシーの積分定理

べて連続な場合について定理を示すことにする[6]. この仮定なしでも証明できるが, 議論がやや難しくなるので, その証明は付録の A.3 にまわすことにする.

右図のように, 長方形 $R$ の 4 頂点を A, B, C, D とすると, $\partial R$ のパラメータ表示は

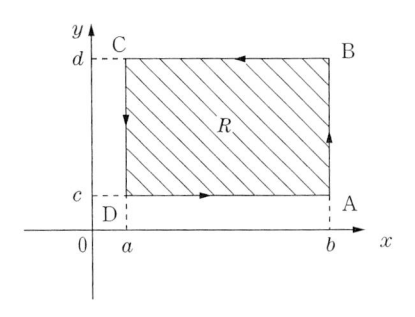

図 3.11

$$\text{AB}: z(t) = b + ti \quad (t\ \text{は}\ c\ \text{から}\ d)$$
$$\text{BC}: z(s) = s + di \quad (s\ \text{は}\ b\ \text{から}\ a)$$
$$\text{CD}: z(t) = a + ti \quad (t\ \text{は}\ d\ \text{から}\ c)$$
$$\text{DA}: z(s) = s + ci \quad (s\ \text{は}\ a\ \text{から}\ b)$$

となる (3.2 節の注意 1 を参照).

まず, AB と CD に沿った線積分を計算する.

$$\int_{\text{AB}} f(z)\,dz + \int_{\text{CD}} f(z)\,dz$$
$$= \int_c^d f(b+ti)\,d(b+ti) + \int_d^c f(a+ti)\,d(a+ti)$$
$$= i\int_c^d \{f(b+ti) - f(a+ti)\}\,dt$$

ここで, 仮定より $u_x, v_x$ は連続なので, 微分積分学の基本定理[7]により

$$i\{f(b+ti) - f(a+ti)\} = iu(b,t) - v(b,t) - iu(a,t) + v(a,t)$$
$$= \Big[iu(s,t) - v(s,t)\Big]_{s=a}^{b}$$
$$= \int_a^b \{iu_x(s,t) - v_x(s,t)\}\,ds$$

---

6) 以下の証明は, ベクトル解析における「グリーンの定理」の証明と, 本質的に同じである.
7) 「実 1 変数関数の微分と積分は逆演算」というよく知られた事実. 被積分関数が連続でないと適用できないことがあり, この証明では $u_x, u_y, v_x, v_y$ の連続性を仮定した.

である．これらをまとめると
$$\int_{\mathrm{AB}} f(z)\,dz + \int_{\mathrm{CD}} f(z)\,dz = \int_c^d dt \int_a^b \{i u_x(s,t) - v_x(s,t)\}\,ds$$
となることがわかった．同様に計算すると，
$$\int_{\mathrm{BC}} f(z)\,dz + \int_{\mathrm{DA}} f(z)\,dz = -\int_a^b \{f(s+di) - f(s+ci)\}\,ds$$
$$= \int_a^b ds \int_c^d \{-u_y(s,t) - i v_y(s,t)\}\,dt$$
であるので，
$$\int_{\partial R} f(z)\,dz = \int_{\mathrm{AB}} f(z)\,dz + \int_{\mathrm{BC}} f(z)\,dz + \int_{\mathrm{CD}} f(z)\,dz + \int_{\mathrm{DA}} f(z)\,dz$$
$$= \int_a^b ds \int_c^d \{i u_x(s,t) - v_x(s,t) - u_y(s,t) - i v_y(s,t)\}\,dt$$
となるが，コーシー・リーマンの方程式 $u_x = v_y$, $u_y = -v_x$ により，最後の積分の被積分関数は $0$ である[8]．よって，$\int_{\partial R} f(z)\,dz = 0$ が成り立つ．□

**注意 1** 脚注 8 にも書いたが，長方形内の各点で $f(z)$ が正則でないと，この定理を使うことができない．長方形の周に沿った線積分の値を考えているのに，長方形の中での $f(z)$ の正則性が影響するという，一見不思議なことが起こっているのである．

この定理を使って，開円板上の正則関数には原始関数が存在し，開円板上の閉曲線に対してコーシーの積分定理が成り立つことを示す．

**定理 3.7**（円板におけるコーシーの積分定理） 開円板 $B_r(a)$ 上で $f(z)$ は正則とすると，$B_r(a)$ に含まれる任意の閉曲線 $C$ に対して
$$\int_C f(z)\,dz = 0$$
が成り立つ．

**【証明】** $f(z)$ の原始関数が存在すれば，命題 3.5 (p. 45) によりこの定理が

---

8) 長方形領域に対する重積分になっているので，長方形の各点で $f(z)$ は正則でなければならない．

## 3.4 コーシーの積分定理

成り立つので，原始関数を構成できればよい．

右図のように，開円板の中心 $\alpha = a + bi$ を始点とし，$a + yi$ を経て $z = x + yi \in B_r(\alpha)$ に至る折れ線を $C_1$ とし，$\alpha$ を始点とし，$x + bi$ を経て $z$ に至る折れ線を $C_2$ とする．このとき，$C_1$ と $C_2$ で囲まれる長方形は，必ず開円板 $B_r(\alpha)$ に含まれるので，$f(z)$ はこの長方形を含む領域で正則である．よって定理 3.6 により

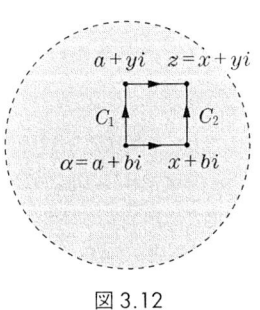

図 3.12

$$\int_{C_2+(-C_1)} f(z)\, dz = 0 \iff \int_{C_1} f(z)\, dz = \int_{C_2} f(z)\, dz$$

が成り立つ．この右側の積分の値は終点 $z$ に依存するので，$z$ を変数と見た関数と考えてよい．これを $F(z)$ とおく．また，$f(z)$ を $f(x, y)$ とも書く．$C_1$ は $z(s) = a + si$ ($b \leq s \leq y$) と $z(t) = t + yi$ ($a \leq t \leq x$) をつなぎ合わせたものなので，

$$\begin{aligned}\frac{\partial}{\partial x} F(z) &= \frac{\partial}{\partial x} \int_{C_1} f(z)\, dz \\ &= \frac{\partial}{\partial x}\left(\int_b^y f(a, s)\, d(si) + \int_a^x f(t, y)\, dt\right) \\ &= f(x, y) = f(z)\end{aligned}$$

が成り立つ．ここで，3番目の等式では，「実1変数関数の不定積分を微分すると元の関数に戻る」ことを使った．同様に $C_2$ をパラメータ表示して計算すると，

$$\frac{\partial}{\partial y} F(z) = \frac{\partial}{\partial y} \int_{C_2} f(z)\, dz = if(x, y)$$

となるので，2つを合わせると

$$\frac{\partial}{\partial x} F(z) = -i\frac{\partial}{\partial y} F(z) = f(x, y) = f(z)$$

が成り立つ．$F(z) = u(x, y) + iv(x, y)$ と書いたとき，この等式は

$$u_x + v_x i = -u_y i + v_y = f(z) \iff \begin{cases} u_x = v_y = \operatorname{Re} f(z) \\ v_x = -u_y = \operatorname{Im} f(z) \end{cases}$$

となり，$u, v$ はコーシー・リーマンの関係式を満たす．また，$f(z)$ は正則，よって連続なので，この等式は $u, v$ の偏導関数が連続であることも示している．したがって，系 2.2 (p.16) により，$F(z)$ は $B_r(a)$ 上正則であり，

$$F'(z) = u_x + v_x i = f(z)$$

より，$F(z)$ は $f(z)$ の原始関数である． □

この定理 3.7 を用いて，積分路の変更について説明しよう．

$\alpha$ を始点とし，$\beta$ を終点とする図 3.13 のような曲線 $C, C'$ があるとき，これらで囲まれた領域を $D$ とし，$\overline{D}$ ($D$ の閉包，43 ページまたは 188 ページ参照) を含む領域 $D'$ で $f(z)$ は正則であるとする．つまり，$f(z)$ が正則であるような領域内で，曲線 $C$ を $C'$ に連続変形 (曲線を切らずに動かす) できるような状況を考える．

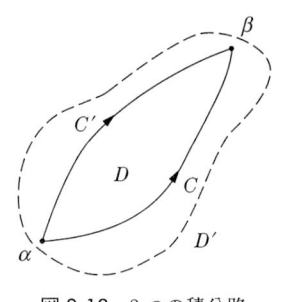

図 3.13　2 つの積分路　　　図 3.14　網目に分ける

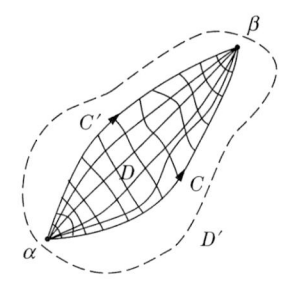

このとき，もし $\overline{D}$ を含む ある開円板上でも $f(z)$ が正則なら，定理 3.7 により

$$\int_{C+(-C')} f(z)\, dz = 0 \iff \int_C f(z)\, dz = \int_{C'} f(z)\, dz \quad (3.9)$$

## 3.4 コーシーの積分定理

が成り立つが，$D'$ の形によっては，$\overline{D} \subset B_r(a) \subset D'$ を満たし，$f(z)$ が正則であるような開円板 $B_r(a)$ はとれないかもしれない．

このようなときには，図 3.14 のように網目状に線を引き，領域 $D$ を小さな部分に分けて考える．十分小さく分けると，各々の小部分に対し，これを含む開円板で，$D'$ の中に収まるものがとれる．すると，各小部分に対しては定理 3.7 が適用できて，小部分の周に沿った線積分は 0 となる．

一方，これらの線積分をすべて足し合わせると，新たに引いた網目部分では互いに逆向きの線積分同士が打ち消し合うので，外周の $C + (-C')$ に沿った線積分だけが残る．よって，このときも (3.9) が成り立つ．

このような方針で，次の命題が証明できる．

**命題 3.8** 関数 $f(z)$ は複素平面の領域 $D$ 上正則とする．下の (1), (2) のいずれかの条件が満たされるとき，
$$\int_C f(z)\, dz = \int_{C'} f(z)\, dz$$
が成り立つ．

(1) $\alpha \in D$ を始点とし，$\beta \in D$ を終点とするような $D$ 内の 2 つの曲線 $C, C'$ があり，$D$ 内で $C$ を $C'$ に連続変形できる．

(2) $D$ 内に 2 つの閉曲線 $C, C'$ があり，$D$ 内で $C$ を，向きを含めて $C'$ に連続変形できる．

この命題は，$f(z)$ の正則性を保ったまま積分路を連続変形する条件下で，計算に都合の良い積分路が選べることを意味している．なお，(2) は図 3.7 (p. 39) のような状況について述べたものである．

**例 3**

$C$ を半円 $z(t) = ae^{it}$（$0 \leq t \leq \pi$）としたとき，このパラメータ表示を使って $\int_C \cos z\, dz$ を計算するのは難しい．しかし $\cos z$ は $\mathbf{C}$ 上正則なので，例えば線分 $C' : z(t) = -t$（$-a \leq t \leq a$）に積分路を変更すれば，容易に計算できる．◆

**注意2** 被積分関数 $f(z)$ が正則でない点を通過するような積分路の変更は許されない．

例として $f(z) = \dfrac{1}{z}$ を考えよう．この関数は 0 を除く複素平面上で正則だが，0 では正則でない．0 を中心とする半径 $r$ の円 $C$ の虚部が正の部分 $C_1: z(t) = re^{it}$ ($0 \leq t \leq \pi$) に沿って $f(z)$ を線積分すると

$$\int_{C_1} \frac{dz}{z} = \int_0^\pi \frac{1}{re^{it}} (re^{it})' \, dt$$
$$= \int_0^\pi i \, dt = \pi i$$

となる．ここで $f(z)$ が正則でない点 0 を無視して，円 $C$ の虚部が負の部分 $C_2: z(t) = e^{-it}$ ($0 \leq t \leq \pi$) に積分路を変形すると，

$$\int_{C_2} \frac{dz}{z} = \int_0^\pi \frac{1}{re^{-it}} (re^{-it})' \, dt = \int_0^\pi (-i) \, dt$$
$$= -\pi i$$

となり，始点と終点が一致するにもかかわらず，$C_1$ に沿った線積分とは値が異なってしまう．

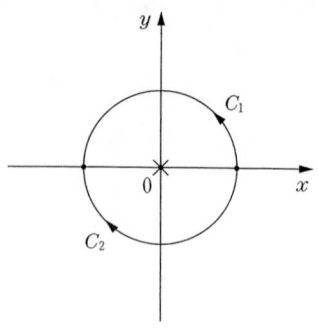

図 3.15 非正則点をはさむ曲線

## 3.5 コーシーの積分公式

いよいよコーシーの積分公式を述べるときがきた．この公式により正則関数に関する様々な性質が導かれる．

**定理 3.9**（コーシーの積分公式） 関数 $f(z)$ が閉円板 $\overline{B}_r(a)$ 上正則で[9]，点 $z$ が円板の内部にあるなら（つまり $|z - a| < r$ なら），

$$f(z) = \frac{1}{2\pi i} \int_{|\zeta - a| = r} \frac{f(\zeta)}{\zeta - z} \, d\zeta \tag{3.10}$$

が成り立つ．

【証明】 変数 $\zeta$ に関する関数 $\dfrac{f(\zeta)}{\zeta - z}$ は，$\overline{B}_r(a)$ から $z$ を除いた集合上で正則なので，3.4 節で述べたように，そこでは積分路の変更ができる．定理の

---

9)「閉円板上正則」という言い回しについては，188 ページを参照．

## 3.5 コーシーの積分公式

証明のために，$r'$ を十分小さな正の数として，$z$ を中心とする半径 $r'$ の円 $C_{r'} : \zeta = z + r'e^{it}$ ($0 \leq t \leq 2\pi$) に積分路を変更しておく．

関数 $f$ は $z$ で正則，よって連続なので，
$$f(\zeta) = f(z) + \varepsilon$$
としたとき，$\lim_{\zeta \to z} \varepsilon = 0$ である．このように書くと，
$$\int_{C_{r'}} \frac{f(\zeta)}{\zeta - z} d\zeta = \int_{C_{r'}} \frac{f(z) + \varepsilon}{\zeta - z} d\zeta = f(z) \int_{C_{r'}} \frac{d\zeta}{\zeta - z} + \int_{C_{r'}} \frac{\varepsilon}{\zeta - z} d\zeta$$
である (積分変数は $\zeta$ なので，$f(z)$ は積分の外に出すことができる)．右辺の第 1 項の積分は，3.1 節の例 1 (p. 31) により
$$f(z) \int_{C_{r'}} \frac{d\zeta}{\zeta - z} = 2\pi i f(z)$$
である．第 2 項については，
$$\left| \int_{C_{r'}} \frac{\varepsilon}{\zeta - z} d\zeta \right| \leq \int_0^{2\pi} \frac{|\varepsilon|}{|r'e^{it}|} |ir'e^{it}| \, dt \leq \left( \sup_{\zeta \in C_{r'}} |\varepsilon| \right) \int_0^{2\pi} dt = 2\pi \sup_{\zeta \in C_{r'}} |\varepsilon|$$
である．変数 $\zeta$ が $C_{r'}$ 上にあるなら，$r' \to 0$ のとき $\zeta \to z$ なので，$\varepsilon \to 0$ が成り立つ．よって，$r'$ を 0 に近づけることで，上式の右辺をいくらでも 0 に近づけることができるので，
$$\frac{1}{2\pi i} \int_{|\zeta - a| = r} \frac{f(\zeta)}{\zeta - z} d\zeta = \frac{1}{2\pi i} \int_{C_{r'}} \frac{f(\zeta)}{\zeta - z} d\zeta = \frac{1}{2\pi i} 2\pi i f(z) = f(z)$$
である． □

### 例 1

$f(z) = z^n$ ($n$ は 0 以上の整数) は複素平面全体で正則なので，点 $a$ を内部に含む円 $C$ をとれば，コーシーの積分公式により
$$\frac{1}{2\pi i} \int_C \frac{z^n}{z - a} dz = f(a) = a^n \tag{3.11}$$
となる．(3.11) の左辺の積分計算を実行することでこれを確かめてみよう．
$$\frac{z^n}{z - a} = \frac{z^n - a^n}{z - a} + \frac{a^n}{z - a} = \sum_{k=0}^{n-1} a^{n-1-k} z^k + \frac{a^n}{z - a} \tag{3.12}$$
である．右辺は $\mathbf{C} - \{a\}$ で正則なので，積分路を $|z - a| = 1$ に変更し，3.1 節の例 1 の結果を使うと

$$\int_C \sum_{k=0}^{n-1} \alpha^{n-1-k} z^k \, dz = 0, \qquad \int_C \frac{\alpha^n}{z-\alpha} \, dz = \int_{|z-\alpha|=1} \frac{\alpha^n}{z-\alpha} \, dz = 2\pi i \alpha^n$$

である．よって，確かに

$$\frac{1}{2\pi i} \int_C \frac{z^n}{z-\alpha} \, dz = \frac{1}{2\pi i} \times 2\pi i \alpha^n = \alpha^n$$

が成り立つ．◆

この例ではコーシーの積分公式が正しいことを実感するために (3.11) の左辺を真面目に計算したが，普通はそうしない．コーシーの積分公式を使って (3.11) のようにいきなり $\alpha^n$ と答える方が格段に楽だからである．

定理 3.9 では，積分路を円 $|\zeta - \alpha| = r$ としたが，積分路の変更を考えれば，もっと一般の閉曲線についても，コーシーの積分公式が成り立つ．これを系として述べておこう．

**系 3.10**（**コーシーの積分公式**）　関数 $f(z)$ は領域 $D$ で正則とする．領域 $D$ に含まれる閉円板 $\bar{B}_r(\alpha)$ があり，点 $z$ はこの円板の内部に含まれるとする．このとき，$D$ 内の閉曲線 $C$ が，$D - \{z\}$ において $\bar{B}_r(\alpha)$ の境界の円に連続変形できるなら，

$$f(z) = \frac{1}{2\pi i} \int_C \frac{f(\zeta)}{\zeta - z} \, d\zeta \tag{3.13}$$

が成り立つ．

## 3.6　リューヴィルの定理

コーシーの積分公式は非常に応用範囲の広い定理である．この節ではリューヴィルの定理を紹介し，これを用いて代数学の基本定理を示す．

実変数関数では，変数 $x$ が $\mathbf{R}$ 全体を動くとき，$f(x)$ の値が無限大に発散せず，有限の範囲に収まるものが多数ある．例として $f(x) = e^{-x^2}$ を考えよう．これは $x = 0$ のとき最大値 1 をとり，$x$ が $\mathbf{R}$ 上を動くとき，$0 < f(x) \leq 1$ の範囲に値をとる．

## 3.6 リューヴィルの定理

しかし，$e^{-x^2}$ の変数 $x$ を複素変数 $z$ で置き換えた $f(z) = e^{-z^2}$ では，$z$ が虚軸に沿って無限遠に行くとき $f(iy) = e^{-(iy)^2} = e^{y^2} \xrightarrow[y \to \pm\infty]{} \infty$ となり，無限大に発散する．

この例のように，変数が複素平面全体を動くときには，定数でない正則関数の値は有限の範囲に収まり得ないことが一般に成り立つ．

**定理 3.11**（リューヴィルの定理） 複素平面 $\mathbf{C}$ 全体で正則な関数 $f(z)$ の値が有限の範囲に収まるなら，つまり ある正の定数 $M$ があって，すべての $z \in \mathbf{C}$ に対して $|f(z)| \leq M$ が成り立つなら，$f(z)$ は定数関数である．

【証明】 これを示すには，関数 $f(z)$ の値が，特別な点での値，例えば原点での値 $f(0)$ に常に一致することを示せばよい．

そこで点 $z$ に対し，$|z| < R/2$ が成り立つように $R$ を大きくとり，原点 $0$ を中心とする半径 $R$ の円 $\zeta(t) = Re^{it}$（$0 \leq t \leq 2\pi$）を $C_R$ とすると，コーシーの積分公式により

$$f(z) - f(0) = \frac{1}{2\pi i} \int_{C_R} \frac{f(\zeta)}{\zeta - z} d\zeta - \frac{1}{2\pi i} \int_{C_R} \frac{f(\zeta)}{\zeta - 0} d\zeta$$

$$= \frac{1}{2\pi i} \int_{C_R} f(\zeta) \left( \frac{1}{\zeta - z} - \frac{1}{\zeta} \right) d\zeta$$

$$= \frac{1}{2\pi i} \int_{C_R} \frac{z f(\zeta)}{\zeta(\zeta - z)} d\zeta$$

である．ここで定理の仮定より $|f(\zeta)| \leq M$ であることを使うと

$$|f(z) - f(0)| \leq \frac{|z|}{2\pi} \int_{C_R} \frac{|f(\zeta)|}{|\zeta(\zeta - z)|} |d\zeta|$$

$$\leq \frac{|z| M}{2\pi} \int_0^{2\pi} \frac{1}{|Re^{it}(Re^{it} - z)|} |iRe^{it}| dt$$

$$= \frac{|z| M}{2\pi} \int_0^{2\pi} \frac{1}{|Re^{it} - z|} dt$$

である．ここで $|z| < R/2$ を満たすように $R$ をとったので

$$|Re^{it} - z| \geq |R| - |z| > \frac{R}{2} \iff \frac{1}{|Re^{it} - z|} < \frac{2}{R}$$

が成り立つ．よって

$$\begin{aligned}|f(z) - f(0)| &\leq \frac{|z|M}{2\pi} \int_0^{2\pi} \frac{1}{|Re^{it} - z|} dt \\ &< \frac{|z|M}{2\pi} \int_0^{2\pi} \frac{2}{R} dt \\ &= \frac{2|z|M}{R}\end{aligned}$$

となるが，$R$ は $|z| < R/2$ を満たせば何でもよいので，$R \to \infty$ の極限を考えると，$|f(z) - f(0)| = 0$，つまり $f(z) = f(0)$ であることがわかる．□

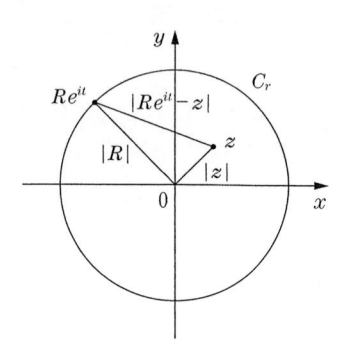

図 3.16 $|Re^{it} - z|$ の評価

リューヴィルの定理を使うと，1.1 節で述べた代数学の基本定理が証明される．

**定理 3.12**（代数学の基本定理） $n$ を正の整数とする．複素係数の $n$ 次多項式

$$f(z) = z^n + a_{n-1}z^{n-1} + \cdots + a_1 z + a_0 \quad (a_{n-1}, \cdots, a_0 \in \mathbf{C})$$

に対し，$f(\alpha) = 0$ となる複素数 $\alpha$ が存在する．よって，代数方程式 $f(z) = 0$ は複素数の範囲で，重複を込めて $n$ 個の解をもつ．

**【証明】** $f(\alpha) = 0$ となる $\alpha \in \mathbf{C}$ がないと仮定して矛盾を導く．このとき，常に $f(z) \neq 0$ なので，$\dfrac{1}{f(z)}$ は複素平面全体で定義された正則関数である．よって，とくに $\mathbf{C}$ 全体で連続である．ここで

$$\lim_{z \to \infty} |f(z)| = \lim_{z \to \infty} |z|^n \left| 1 + \frac{a_{n-1}}{z} + \cdots + \frac{a_0}{z^n} \right| = \infty$$

により，$z \to \infty$ のとき $\dfrac{1}{f(z)}$ は 0 に収束するため，$\dfrac{1}{f(z)}$ の連続性から，

$\left|\dfrac{1}{f(z)}\right| \leq M$ となる正の定数 $M$ が存在することがわかる．よって，リューヴィルの定理より，$\dfrac{1}{f(z)}$ は定数関数であることになる．しかしこれは，$f(z)$ を次数が正の多項式とした定理の仮定に反する．よって $f(\alpha)=0$ となる複素数 $\alpha$ が少なくとも 1 つは存在する．

このとき因数定理[10]により，$f(z)=(z-\alpha)f_1(z)$ となる $n-1$ 次多項式 $f_1(z)$ が存在する．定理（の前半）を $f_1(z)$ に適用すれば，$f_1(\alpha')=0$ となる複素数が存在するので，$f_1(z)=(z-\alpha')f_2(z)$ と因数分解できる．

これを繰り返せば，$f(z)$ は $n$ 個の 1 次式の積に因数分解でき，$f(z)=0$ は $n$ 個の解をもつことがわかる． □

## 第 3 章 練習問題

**1.** 4 点 $0, 1, 1+i, i$ を頂点とする長方形の周を $C$ とする．ただし $C$ の向きは正の向き（反時計回り）とする．このとき，次の線積分を求めよ．

 (1) $\displaystyle\int_C \mathrm{Re}\,z\,dz$ (2) $\displaystyle\int_C |z|^2\,dz$

**2.** $C$ が単純閉曲線のとき，線積分 $I=\dfrac{1}{2i}\displaystyle\int_C \bar{z}\,dz$ を考える．

 (1) $C$ が $z(t)=x(t)+y(t)i$（$a\leq t\leq b$）と表されているとき，$I$ を $x(t),y(t)$ を用いて表せ．

 (2) $I$ は $C$ で囲まれた部分の面積に等しい．$C$ が円のとき，これを確かめよ．

**3.** 次の線積分を求めよ．

 (1) $\displaystyle\int_{|z|=1}\dfrac{e^z}{z(z-4)}\,dz$ (2) $\displaystyle\int_{|z-2|=3}\dfrac{1}{z(z-4)}\,dz$

---

[10] 多項式 $f(z)$ が $f(\alpha)=0$ を満たせば，$f(z)$ は $z-\alpha$ で割り切れる．

**4.** 単純閉曲線 $C$ が次の各式で与えられるとき，$\displaystyle\int_C \frac{1}{z^2-1}\,dz$ を求めよ．

   (1) $|z-1|=1$ 　　　　　(2) $|z-3i|=2$

   (3) $\dfrac{x^2}{9}+y^2=1$ 　　($x+yi=z$)

**5.** $a,b$ を正の実数とし，楕円 $z(t)=a\cos t+ib\sin t$ ($0\le t\le 2\pi$) を $C$ とする．

   (1) 積分路を変更することにより，$\displaystyle\int_C \frac{dz}{z}$ を求めよ．

   (2) $\displaystyle\operatorname{Im}\int_C \frac{dz}{z}$ を考えることで，$\displaystyle\int_0^{2\pi}\frac{1}{a^2\cos^2 t+b^2\sin^2 t}\,dt$ を求めよ．

# 第 4 章

# べ き 級 数

多項式 $a_0 + a_1 z + \cdots + a_n z^n$ は 19 ページで述べたように正則関数である．多項式の項を無限個にしたものをべき級数といい，収束するべき級数で表示できる複素関数を解析関数という．この章ではべき級数の基本的な性質について述べた後，$f(z)$ がべき級数展開可能なことと，$f(z)$ が正則なことは同値であることを見る．また，孤立特異点をもつような複素関数を，負べきも含む級数で表示することを考え，孤立特異点の近くにおける複素関数の振る舞いについて調べる．

# 第4章 べき級数

## 4.1 べき級数と収束半径

定点 $\alpha \in \mathbf{C}$ をとり,複素数の係数 $a_0, a_1, \cdots, a_n, \cdots$ を用いて

$$\sum_{n=0}^{\infty} a_n(z-\alpha)^n = a_0 + a_1(z-\alpha) + \cdots + a_n(z-\alpha)^n + \cdots \quad (4.1)$$

と表される級数を,$\alpha$ を中心とするべき級数という.これは多項式 $a_0 + a_1(z-\alpha) + \cdots + a_n(z-\alpha)^n$ の項を無限個にしたものと思える.ここで,極限値 $\lim_{k\to\infty} \sum_{n=0}^{k} a_n(z-\alpha)^n$ が存在するとき,べき級数 (4.1) は収束するといい,その極限値をべき級数 (4.1) の和という.極限値が存在しないとき,べき級数 (4.1) は発散するという.

例として $\sum_{n=0}^{\infty} z^n$ を考えよう.

初項 1,公比 $z$ の等比数列の第 $n+1$ 項までの和は

$$1 + z + z^2 + \cdots + z^n = \frac{1-z^{n+1}}{1-z}$$

であるが,これを

$$\frac{1}{1-z} = 1 + z + z^2 + \cdots + z^n + \frac{z^{n+1}}{1-z}$$

と書くと,$z$ が 0 に近いとき,$\frac{1}{1-z}$ という関数の $n$ 次近似式は $1 + z + z^2 + \cdots + z^n$ であり,近似の誤差は $\frac{z^{n+1}}{1-z}$ であることがわかる.ここで $|z| < 1$ なら,$n \to \infty$ としたとき,誤差項は 0 に収束するので,

$$\sum_{n=0}^{\infty} z^n = 1 + z + z^2 + \cdots + z^n + \cdots = \frac{1}{1-z} \quad (|z| < 1)$$

である.

なお,例えば $z = 1$ または $z = -1$ のとき,べき級数 $\sum_{n=0}^{\infty} z^n$ は収束しない.このように,べき級数を考えるときには,収束するか発散するかに注意を払う必要がある.

上の例では,0 を中心とする開円板 $|z| < 1$ 上に $z$ がいるときの関数の様子を,べき級数は表している.これを見れば,(4.1) において $\alpha$ を「中心」

と呼ぶ理由がわかるであろう．べき級数は，$a$ を基点として，その近くにある $z$ に対する値を定めるものなのである．

中心が $a$ のべき級数 $\sum_{n=0}^{\infty} a_n(z-a)^n$ に対し，$w = z - a$ とすれば，$0$ を中心とするべき級数 $\sum_{n=0}^{\infty} a_n w^n$ が得られる．このように，中心が $0$ でないときは，必要に応じて中心をずらして考えればよいので，べき級数について論じるときは中心が $0$ の場合を考えれば十分である．

まずは，べき級数の性質として，和と定数倍について見ておこう．

**命題 4.1** 収束するべき級数 $\sum_{n=0}^{\infty} a_n z^n$, $\sum_{n=0}^{\infty} b_n z^n$ があるとき，次が成り立つ．

(1) $\sum_{n=0}^{\infty}(a_n + b_n)z^n$ は収束し，$\sum_{n=0}^{\infty} a_n z^n + \sum_{n=0}^{\infty} b_n z^n$ に等しい．

(2) 定数 $c$ に対し $\sum_{n=0}^{\infty} c a_n z^n$ は収束し，$c \sum_{n=0}^{\infty} a_n z^n$ に等しい．

【証明】 (1) 2つのべき級数が収束するので，

$$\sum_{n=0}^{k}(a_n+b_n)z^n = \sum_{n=0}^{k} a_n z^n + \sum_{n=0}^{k} b_n z^n \xrightarrow[k \to \infty]{} \sum_{n=0}^{\infty} a_n z^n + \sum_{n=0}^{\infty} b_n z^n$$

により，$\sum_{n=0}^{\infty}(a_n+b_n)z^n$ は収束し，$\sum_{n=0}^{\infty} a_n z^n + \sum_{n=0}^{\infty} b_n z^n$ に等しい．

(2) の証明も同様． □

べき級数 $\sum_{n=0}^{\infty} a_n z^n$ の $z$ が収束範囲を動くとき，$\sum_{n=0}^{\infty} a_n z^n$ は $z$ を変数とする関数である．もし無限和 $\sum_{n=0}^{\infty}$ と微分「′」の順序を交換してよいなら，

$$\left( \sum_{n=0}^{\infty} a_n z^n \right)' = \sum_{n=0}^{\infty} a_n (z^n)' = \sum_{n=0}^{\infty} n a_n z^{n-1} \tag{4.2}$$

であるから，この関数は複素微分可能である．

微分の定義 (2.2) (p.13) とべき級数の定義 (4.1) を見れば，これらはともに極限操作である．一般に，2つの極限操作の順序交換はいつでもやってよいわけではないが，べき級数の場合，以下に説明する収束円板の中では，自由に (4.2) の順序交換ができる．

べき級数

$$\sum_{n=0}^{\infty} a_n z^n \qquad (4.3)$$

が**絶対収束**するとは，$\sum_{n=0}^{\infty} |a_n||z|^n$ が収束することをいう．絶対収束するとき，べき級数 (4.3) 自身も収束する．ここで，$\sum_{n=0}^{\infty} |a_n||z|^n$ が収束するような $|z|$ の値の上限（194 ページ参照）を，べき級数 (4.3) の**収束半径**という．収束半径が無限大なら，すべての $z \in \mathbf{C}$ に対して (4.3) は絶対収束する．一方，収束半径（$R$ とする）が正の有限の値なら，べき級数 (4.3) は，$|z| < R$ では絶対収束し，$|z| > R$ ならば発散する．なお，収束半径が 0 のときは，(4.3) は $z = 0$ で $a_0$ という値をとるが，$z$ が 0 でなければ発散する．

不等式 $|z| < R$ は，複素平面上で，原点を中心とする半径 $R$ の開円板 (p. 42) を表すので，「半径」という言葉を使うのである．またこのとき，円 $|z| = R$ を**収束円**，その内部 $|z| < R$ を**収束円板**という．

**注意 1** 収束円上，すなわち，$|z| = R$ のときの収束・発散については，べき級数によって異なり，一般的な形で述べることはできない．例えば，

(1) $\quad 1 + z + z^2 + \cdots + z^n + \cdots$ （2）$\quad 1 + \dfrac{z}{1} + \dfrac{z^2}{2} + \cdots + \dfrac{z^n}{n} + \cdots$

(3) $\quad 1 + \dfrac{z}{1^2} + \dfrac{z^2}{2^2} + \cdots + \dfrac{z^n}{n^2} + \cdots$

の収束半径は，以下で述べる命題 4.2 を用いて計算すると，すべて 1 である．

(1) $|z| = 1$ のとき，$\lim_{n \to \infty} |z^n| = 1$ なので，(1) は $|z| = 1$ を満たすすべての $z$ に対して発散する[1]．

(2) $z = 1$ で発散することは，高校で学んだ．難しくなるので説明は省くが，(2) は $|z| = 1$ かつ $z \neq 1$ なら収束することが証明できる[2]．

(3) $\sum_{n=1}^{\infty} \dfrac{1}{n^2}$ は収束するので（実は $\dfrac{\pi^2}{6}$ に等しい），(3) は $|z| = 1$ を満たすすべての $z$ に対して絶対収束する．

---

[1] べき級数 $\sum_{n=0}^{\infty} a_n z^n$ が収束するなら，$\lim_{n \to \infty} |a_n z^n| = 0$ が成り立つ．
[2] 例えば $z = -1$ のとき，(2) は $1 - \log 2$ に等しい．

## 4.1 べき級数と収束半径

収束半径の求め方として，よく使われるものを挙げておこう（上極限については 196 ページを参照）．

**命題 4.2** べき級数 $\sum_{n=0}^{\infty} a_n z^n$ の収束半径を $R$ とする．

(1) 上極限 $\varlimsup_{n\to\infty} \sqrt[n]{|a_n|}$ の値は $\dfrac{1}{R}$ に等しい．

もし，極限 $\lim_{n\to\infty} \sqrt[n]{|a_n|}$ が存在するなら，これは上極限と等しいので，このときは $\varlimsup$ を $\lim$ で置き換えてよい．

(2) 極限 $\lim_{n\to\infty} \dfrac{|a_{n+1}|}{|a_n|}$ が存在するなら，この値は $\dfrac{1}{R}$ に等しい．

いずれの場合でも，（上）極限の値が 0 のときは $R = \infty$ と解釈する．

### 例 1

(1) $\sum_{n=1}^{\infty} \dfrac{1}{n} z^n$ のとき，$a_n = \dfrac{1}{n}$ であるので，
$$\frac{|a_{n+1}|}{|a_n|} = \left|\frac{1/(n+1)}{1/n}\right| = \frac{n}{n+1} \xrightarrow[n\to\infty]{} 1$$
より収束半径 $R$ は $\dfrac{1}{R} = 1$ を満たす．つまり $R = 1$ である．

(2) $\sum_{n=0}^{\infty} 3^n z^{2n}$ の収束半径を，命題 4.2 (1) の方法で求めてみよう．

実数列 $\{c_n\}_{n=0}^{\infty}$ の上極限は，$b_k = \sup\{c_n \mid n \geq k\}$ で定義される数列 $\{b_k\}$ を用いて，$\varlimsup_{n\to\infty} c_n = \lim_{k\to\infty} b_k$ で定義されるのであった（196 ページ参照）．いまの場合，$a_{2n} = 3^n$, $a_{2n+1} = 0$ なので，$\sup_{n\geq k} \sqrt[n]{|a_n|} = \sqrt{3}$ である．したがって，$\varlimsup_{n\to\infty} \sqrt[n]{|a_n|} = \lim_{n\to\infty} \sqrt{3} = \sqrt{3}$ より，収束半径は $\dfrac{1}{\sqrt{3}}$ である．

(3) 次に，$\sum_{n=0}^{\infty} 3^n z^{2n}$ の収束半径を，命題 4.2 (2) の方法で求めてみよう．

この場合，$a_{2n} = 3^n$, $a_{2n+1} = 0$ ($n = 0, 1, 2, \cdots$) であるので，$\dfrac{|a_{2n+2}|}{|a_{2n+1}|}$ は定義されず，命題をそのまま使うことはできない．しかし $w = z^2$ とおけば，$w$ を変数とするべき級数 $\sum_{n=0}^{\infty} 3^n z^{2n} = \sum_{n=0}^{\infty} 3^n w^n$ が得られ，これの収束半径（$R'$ とする）は $\dfrac{|3^{n+1}|}{|3^n|} = 3 \xrightarrow[n\to\infty]{} 3$ により，$R' = \dfrac{1}{3}$ である．よって $z$ を変数とするべき級数

$\sum_{n=0}^{\infty} 3^n z^{2n}$ の収束半径 $R$ は,$R = \sqrt{R'}$ により $R = \sqrt{\frac{1}{3}} = \frac{1}{\sqrt{3}}$ である. ◆

**問題 1** 次のべき級数の収束半径を求めよ.

(1) $\sum_{n=1}^{\infty} nz^n$ 　　(2) $\sum_{n=0}^{\infty} \frac{(2n)!}{(n!)^2} z^n$ 　　(3) $\sum_{n=0}^{\infty} 8^n z^{3n}$

さて,肝心の極限操作の順序交換だが,先ほど述べたように,収束円板上では自由に交換してよい.

**定理 4.3** べき級数 $f(z) = \sum_{n=0}^{\infty} a_n z^n$ の収束半径が $R > 0$ であるとする.このとき,

(1) 収束円板上で $f(z)$ は連続である.

(2) (**項別微分**) 収束円板上で $f(z)$ は正則であり,導関数は項別微分により

$$f'(z) = \left(\sum_{n=0}^{\infty} a_n z^n\right)' = \sum_{n=1}^{\infty} n a_n z^{n-1} = \sum_{n=0}^{\infty} (n+1) a_{n+1} z^n \quad (4.4)$$

で与えられる.また,この右辺のべき級数の収束半径も $R$ である.よって,べき級数は収束円板上で何回でも微分可能である.

【**証明**】まず最初に (4.4) のべき級数の収束半径について確かめる.べき級数 $\sum_{n=1}^{\infty} n a_n z^{n-1}$ と $\sum_{n=1}^{\infty} n a_n z^n$ $\left(= z \sum_{n=1}^{\infty} n a_n z^{n-1}\right)$ は収束半径が同じなので,命題 4.2 (1) により,$\overline{\lim_{n \to \infty}} \sqrt[n]{n|a_n|}$ (後者のべき級数の収束半径) を求めればよい.ここで $\lim_{n \to \infty} \sqrt[n]{n} = 1$ なので (問題 2; p. 66)

$$\overline{\lim_{n \to \infty}} \sqrt[n]{n|a_n|} = \overline{\lim_{n \to \infty}} (\sqrt[n]{n} \sqrt[n]{|a_n|}) = (\lim_{n \to \infty} \sqrt[n]{n})(\overline{\lim_{n \to \infty}} \sqrt[n]{|a_n|}) = \overline{\lim_{n \to \infty}} \sqrt[n]{|a_n|}$$

である.よって,(4.4) の右辺のべき級数と $f(z)$ の収束半径は等しい.

(1) $f(z)$ が収束円板上の点 $z_0$ で連続であることを直接確かめよう.定数 $r$ を $|z_0| < r < R$ となるようにとる.このとき $|z| < r$ なら

## 4.1 べき級数と収束半径

$$|f(z)-f(z_0)| = \left|\sum_{n=0}^{\infty} a_n(z^n - z_0{}^n)\right| \quad (\because 命題 4.1)$$

$$\leq \sum_{n=0}^{\infty} |a_n||z^n - z_0{}^n|$$

$$= \sum_{n=1}^{\infty} |a_n||z-z_0||z^{n-1} + \cdots + z^{n-1-k}z_0{}^k + \cdots + z_0{}^{n-1}|$$

$$\leq \sum_{n=1}^{\infty} |a_n||z-z_0|(r^{n-1} + \cdots + r^{n-1}) \quad (\because |z|,|z_0| < r)$$

$$= |z-z_0| \sum_{n=1}^{\infty} n|a_n|r^{n-1}$$

であるが，(4.4) の右辺の収束半径が $R$ であり，$r < R$ であるので，上の式の最後の $\sum_{n=1}^{\infty} n|a_n|r^{n-1}$ は収束し，その値は $z$ によらない．よって，

$$0 \leq \lim_{z \to z_0} |f(z) - f(z_0)| \leq \lim_{z \to z_0} |z-z_0| \sum_{n=1}^{\infty} n|a_n|r^{n-1} = 0$$

となり，$f(z)$ は $z_0$ で連続である．

（2） $z \neq z_0$ に対して

$$\frac{f(z)-f(z_0)}{z-z_0} = \sum_{n=1}^{\infty} a_n(z^{n-1} + \cdots + z^{n-1-k}z_0{}^k + \cdots + z_0{}^{n-1})$$

である．上記 (1) の証明により，右辺は 0 を中心とする，収束半径が $R$ のべき級数であることがわかる．これを $g(z)$ とおくと，$g(z)$ は $z = z_0$ でも定義されている．よって (1) の結果を $g(z)$ に適用すると，$g(z)$ は収束円板上連続であるから，$f'(z_0) = \lim_{z \to z_0} \dfrac{f(z)-f(z_0)}{z-z_0}$ が存在し，$g(z_0) = \sum_{n=1}^{\infty} na_n z_0{}^{n-1}$ に等しいことがわかる．つまり $f(z)$ は収束円板上微分可能であり，その導関数は (4.4) で与えられることがわかった． □

## 例 2

$f(z) = \sum_{n=1}^{\infty} \dfrac{1}{n} z^n$ の収束半径は例 1 (1) により 1 である．よって，

$|z| < 1$ のとき， $f'(z) = \sum_{n=1}^{\infty} \dfrac{1}{n}(z^n)' = \sum_{n=1}^{\infty} z^{n-1} = \dfrac{1}{1-z}$

である．◆

第 4 章 べき級数

**問題 2** 以下の手順に従って，$\lim_{n\to\infty} \sqrt[n]{n} = 1$ を示せ．

（1） $\sqrt[n]{n} = 1 + h_n$ とおくと，$n > 1$ なら $h_n > 0$ であることは明らかである．このとき，$n = (1 + h_n)^n$ を 2 項展開することにより，
$$n > \frac{n(n-1)}{2} h_n{}^2$$
を示せ．

（2） $\lim_{n\to\infty} h_n{}^2 = 0$ を示せ（この結果，$\lim_{n\to\infty} \sqrt[n]{n} = 1$ である）．

定理 4.3 と収束半径の計算により，べき級数に対しては原始関数があることがすぐにわかる．

**命題 4.4** べき級数 $f(z) = \sum_{n=0}^{\infty} a_n z^n$ の収束半径は $R > 0$ であるとする．このとき $F(z) = \sum_{n=1}^{\infty} \frac{a_{n-1}}{n} z^n$ とすると，これも収束半径が $R$ のべき級数であり，$F'(z) = f(z)$ が成り立つ．

**問題 3** $f(z) = \sum_{m=0}^{\infty} \frac{(-1)^m}{(2m+1)!} z^{2m+1}$ の導関数と原始関数を求めよ．

最後に，2 つのべき級数の積は，1 つのべき級数で表せることを述べておく．

**命題 4.5** 2 つのべき級数 $\sum_{n=0}^{\infty} a_n z^n$，$\sum_{n=0}^{\infty} b_n z^n$ が $|z| < R$ で絶対収束するなら（つまり，収束半径がともに $R$ 以上なら），
$$\left(\sum_{n=0}^{\infty} a_n z^n\right)\left(\sum_{n=0}^{\infty} b_n z^n\right) = \sum_{n=0}^{\infty} c_n z^n, \quad \text{ただし，} c_n = \sum_{k=0}^{n} a_k b_{n-k}$$
が $|z| < R$ で成り立つ．

**【証明】** 左辺の 2 つの級数が絶対収束するとき，二重級数
$$\sum_{m,n} a_m b_n z^{m+n}$$
は左辺に等しく，和をとる順序に関係なく同じ値になることが知られている．そこで，$\begin{cases} n' = m + n \\ k = m \end{cases}$ として，$m$ と $n$ の和が $n'$ に等しい項の和をまず

計算し，その後で $n'$ について和をとると，$\begin{cases} 0 \le m < \infty \\ 0 \le n < \infty \end{cases} \Leftrightarrow \begin{cases} 0 \le n' < \infty \\ 0 \le k \le n' \end{cases}$
であるから，

$$\left(\sum_{n=0}^{\infty} a_n z^n\right)\left(\sum_{n=0}^{\infty} b_n z^n\right) = \sum_{m,n} a_m b_n z^{m+n} = \sum_{n'=0}^{\infty} \left(\sum_{k=0}^{n'} a_k b_{n'-k}\right) z^{n'}$$

である．右辺の式において $n'$ を $n$ で置き換えれば，証明したい式が得られる． □

**問題 4** $\left(\sum_{n=0}^{\infty} z^n\right)\left(\sum_{n=0}^{\infty} nz^n\right) = \sum_{n=0}^{\infty} c_n z^n$ となるような $c_n$（$n = 0, 1, 2, \cdots$）を求めよ．

## 4.2 正則関数のべき級数展開

60 ページでは，例として，べき級数 $\sum_{n=0}^{\infty} z^n$ から出発して，$|z| < 1$ のときにはこの和が収束して $\dfrac{1}{1-z}$（有理関数）に等しいことを見た．

ここでは逆に，与えられた複素関数をべき級数で表示することを考えよう．複素関数 $f(z)$ は開集合 $D$ 上で定義されているとする．点 $\alpha \in D$ の近くで，$f(z)$ が

$$f(z) = \sum_{n=0}^{\infty} a_n (z-\alpha)^n$$

のように，$\alpha$ を中心とする，収束半径が 0 ではないべき級数で表されるとき，$f(z)$ は $\alpha$ で**解析的**であるとか，$\alpha$ で**べき級数展開可能**であるという．さらに，$D$ の各点で解析的な関数を $D$ 上の**解析関数**という．解析関数は以下の性質をもつ．

**命題 4.6** （1） 解析関数の和，差，積は解析関数である．また，解析関数の定数倍も解析関数である．

（2） 解析関数は何回でも微分可能である．よって，とくに正則である．

（3） 解析関数 $f(z)$ の，点 $\alpha$ を中心とするべき級数展開 $f(z) = \sum_{n=0}^{\infty} a_n (z-\alpha)^n$ はただ 1 つに定まり，$a_n = \dfrac{1}{n!} f^{(n)}(\alpha)$ が成り立つ．

**【証明】** (1) 命題 4.1 と命題 4.5 からすぐにわかる.

(2) 収束円板上では $f(z) = \sum_{n=0}^{\infty} a_n (z-\alpha)^n$ は何回でも項別微分できる（定理 4.3 (2) を参照；p. 64）.

(3) 項別微分により $f(z)$ の $m$ 階導関数は

$$f^{(m)}(z) = \sum_{n=m}^{\infty} n(n-1)\cdots(n-m+1) a_n (z-\alpha)^{n-m}$$
$$= m!\, a_m + \frac{(m+1)!}{1!} a_{m+1}(z-\alpha) + \frac{(m+2)!}{2!} a_{m+2}(z-\alpha)^2 + \cdots$$

であるので，$z = \alpha$ とすれば $f^{(m)}(\alpha) = m!\, a_m$ が得られる．以上で (3) が示された． □

命題 4.6 により，解析関数 $f(z)$ は正則関数であり，$\alpha$ を中心とする $f(z)$ のべき級数展開は

$$f(z) = \sum_{n=0}^{\infty} \frac{1}{n!} f^{(n)}(\alpha)\, (z-\alpha)^n \tag{4.5}$$

である．これは実数値関数の**テイラー級数展開**を複素変数の関数に拡張したものにほかならない．

では，一般の正則関数 $f(z)$ をべき級数で表すことができるだろうか．答は肯定的である.

**定理 4.7** 複素関数 $f(z)$ が領域 $D$ で正則であることと，解析的であることは同値である．

**【証明】** まず，命題 4.6 (2) により，解析的ならば正則である.

逆を示すには，領域 $D$ 上の正則関数 $f(z)$ が，$D$ から任意に選んだ点 $\alpha$ を中心としてべき級数展開できることをいえばよい．そのためにコーシーの積分公式（(3.10)；p. 52）を使う．

点 $\alpha$ を中心とする半径 $r$ の円周 $|z-\alpha| = r$ を $C$ とすると，$r$ が十分小さければ，$C$ とその内部は領域 $D$ に含まれる．複素数 $z$ が $C$ の内部に含まれれば，コーシーの積分公式により

## 4.2 正則関数のべき級数展開

$$f(z) = \frac{1}{2\pi i} \int_C \frac{f(\zeta)}{\zeta - z} d\zeta$$

が成り立つ．この右辺を，$z$について，$a$を中心にべき級数展開する．ここで$z$は$C$の内部に含まれ，$\zeta$は$C$上の点なので $\left|\dfrac{z-a}{\zeta-a}\right| = \dfrac{|z-a|}{r} < 1$ である．よって，等比数列の和の公式により

$$\left|\frac{1}{\zeta-z} - \sum_{n=0}^{m} \frac{(z-a)^n}{(\zeta-a)^{n+1}}\right| = \left|\frac{1}{\zeta-z} - \frac{1}{\zeta-a} \frac{1-\left(\dfrac{z-a}{\zeta-a}\right)^{m+1}}{1-\dfrac{z-a}{\zeta-a}}\right|$$

$$= \left|\frac{\left(\dfrac{z-a}{\zeta-a}\right)^{m+1}}{\zeta-z}\right| \xrightarrow[m\to\infty]{} 0$$

が成り立つ．また，$\zeta$が$C$上を動くとき，$|f(\zeta)|$の値は有限の範囲に収まる[3]．よって，$\zeta$を変数とする関数列

$$f(\zeta) \sum_{n=0}^{m} \frac{(z-a)^n}{(\zeta-a)^{n+1}} \qquad (m=1,2,\cdots)$$

は$C$上 $f(\zeta) \sum_{n=0}^{\infty} \dfrac{(z-a)^n}{(\zeta-a)^{n+1}} = \dfrac{f(\zeta)}{\zeta-z}$ に一様収束する．そのため無限和と積分の順序交換が可能であり（命題 3.4 参照；p. 41）

$$f(z) = \frac{1}{2\pi i} \int_C \frac{f(\zeta)}{\zeta-z} d\zeta$$

$$= \frac{1}{2\pi i} \int_C f(\zeta) \left(\sum_{n=0}^{\infty} \frac{(z-a)^n}{(\zeta-a)^{n+1}}\right) d\zeta$$

$$= \sum_{n=0}^{\infty} \left(\frac{1}{2\pi i} \int_C \frac{f(\zeta)}{(\zeta-a)^{n+1}} d\zeta\right) (z-a)^n \qquad (4.6)$$

となるので，$f(z)$は$a$を中心としてべき級数展開が可能である． □

**問題 1** 公式 (4.5) と (2.13) (p. 22) を用いることにより，0 を中心とする $\cos z$, $\sin z$ のべき級数展開を求めよ．

---

[3]　$C$は複素平面上のコンパクト集合（189 ページ参照）であり，$|f(\zeta)|$は$C$上の実数値連続関数なので，定理 A.2 (p. 189) により $|f(\zeta)|$は$C$上で最大値と最小値をとる．よって，その値は有限の範囲に収まる．

正則関数とは各点で1階複素微分ができるような関数であった．実変数の場合，1階微分可能だが2階微分不可能な関数は存在する．しかし正則関数ではそのようなものはなく，1階微分可能であれば何回でも微分可能になることが，命題 4.6 と定理 4.7 よりわかる．また，(4.5) と (4.6) を比較すれば，正則関数の高階導関数を，積分を用いて表せることがわかる．これを系としてまとめておく．

**系 4.8** 領域 $D$ 上で正則な関数 $f(z)$ は $D$ 上何回でも複素微分可能である．とくに，$f^{(n)}(z)$ ($n = 1, 2, \cdots$) はすべて連続である．また，点 $z \in D$ を中心とする円 $C$ であって，$C$ とその内部が $D$ に含まれるようなものをとれば，高階導関数は

$$f^{(n)}(z) = \frac{n!}{2\pi i} \int_C \frac{f(\zeta)}{(\zeta - z)^{n+1}} d\zeta \qquad (4.7)$$

と表される．

【証明】 定理 4.7 により，正則関数は解析関数であるので，命題 4.6 (2) により何回でも微分可能である．また，複素微分可能な関数は連続なので（命題 2.3 を参照；p. 18），$f^{(n)}(z)$ はすべて連続である．さらに，命題 4.6 (3) と (4.6) から，正則関数の高階導関数の公式 (4.7) が得られる． □

べき級数展開の応用として，ロピタルの公式を紹介しておこう．これは，商の極限を計算する際に有用である．

**命題 4.9**（ロピタルの公式） $f(z)$ と $g(z)$ は $z = \alpha$ で解析的であるとする．もし $n = 0, 1, \cdots, m-1$ に対して $f^{(n)}(\alpha) = g^{(n)}(\alpha) = 0$ であり，$g^{(m)}(\alpha) \neq 0$ であるなら，

$$\lim_{z \to \alpha} \frac{f(z)}{g(z)} = \lim_{z \to \alpha} \frac{f^{(m)}(z)}{g^{(m)}(z)}$$

が成り立つ．

【証明】 $f(z)$ が恒等的に 0 ならば両辺とも 0 なので，$f(z)$ が恒等的に 0

## 4.2 正則関数のべき級数展開

でない場合を考えれば十分である．

関数 $g(z)$ の導関数に関する仮定と (4.5) により，$\alpha$ を中心とする $g(z)$ のべき級数展開は $m$ 乗の項から始まり，

$$g(z) = \sum_{n=m}^{\infty} b_n (z-\alpha)^n \quad (b_m \neq 0)$$

となる．同様に $f(z)$ を

$$f(z) = \sum_{n=n_0}^{\infty} a_n (z-\alpha)^n \quad (a_{n_0} \neq 0)$$

とべき級数展開したとき，仮定により $n_0 \geq m$ が成り立つ．このとき，

$$\begin{aligned}
\lim_{z \to \alpha} \frac{f(z)}{g(z)} &= \lim_{z \to \alpha} \frac{a_{n_0}(z-\alpha)^{n_0} + a_{n_0+1}(z-\alpha)^{n_0+1} + \cdots}{b_m(z-\alpha)^m + b_{m+1}(z-\alpha)^{m+1} + \cdots} \\
&= \lim_{z \to \alpha} \frac{a_{n_0}(z-\alpha)^{n_0-m} + a_{n_0+1}(z-\alpha)^{n_0-m+1} + \cdots}{b_m + b_{m+1}(z-\alpha) + \cdots} \\
&= \begin{cases} 0 & (n_0 > m \text{ のとき}) \\ a_m/b_m & (n_0 = m \text{ のとき}) \end{cases}
\end{aligned} \quad (4.8)$$

である．一方，項別微分により

$$f^{(m)}(z) = \sum_{n=n_0}^{\infty} \frac{n!}{(n-m)!} a_n (z-\alpha)^{n-m}$$

$$g^{(m)}(z) = \sum_{n=m}^{\infty} \frac{n!}{(n-m)!} b_n (z-\alpha)^{n-m}$$

であり，$n_0 \geq m$ であることに注意すれば，

$$\begin{aligned}
&\lim_{z \to \alpha} \frac{f^{(m)}(z)}{g^{(m)}(z)} \\
&= \lim_{z \to \alpha} \frac{\dfrac{n_0!}{(n_0-m)!} a_{n_0}(z-\alpha)^{n_0-m} + \dfrac{(n_0+1)!}{(n_0+1-m)!} a_{n_0+1}(z-\alpha)^{n_0+1-m} + \cdots}{m! b_m + \dfrac{(m+1)!}{1!} b_{m+1}(z-\alpha) + \cdots} \\
&= \begin{cases} 0 & (n_0 > m \text{ のとき}) \\ a_m/b_m & (n_0 = m \text{ のとき}) \end{cases}
\end{aligned} \quad (4.9)$$

となり，(4.8) と (4.9) は一致する．□

**問題 2** 次の極限を求めよ．

（1）$\displaystyle\lim_{z \to e^{2\pi i/n}} \dfrac{z - e^{2\pi i/n}}{z^n - 1}$  （2）$\displaystyle\lim_{z \to 0} \dfrac{e^z - 1 - \sin z}{z^2}$  （3）$\displaystyle\lim_{z \to i} \dfrac{\cosh\left(\dfrac{\pi}{2}z\right)}{\mathrm{Log}(-iz)}$

## 4.3 初等関数（その 2）

一般論が続いたので，ここで具体的な解析関数の例を見ておこう．

2.2 節では複素変数の初等関数を定義し，それらが正則であることを見た．複素変数の指数関数は，$z = x + yi$ のとき

$$e^z = e^x e^{yi} = e^x(\cos y + i \sin y) \qquad ((2.8)\text{再掲})$$

で定義されたが，この定義に違和感を覚えた人も多いのではないだろうか．なぜ $\cos y + i \sin y$ が指数関数なのだろうか，と．

そこで 0 を中心として複素変数の指数関数 (2.8) をべき級数展開してみよう．

$f(z) = e^z$ とおくと，$f'(z) = e^z$ であるから[4]，

$$f^{(n)}(z) = e^z \qquad (n = 0, 1, 2, \cdots)$$

が成り立つ．よって (4.5) (p.68) により，0 を中心とする $f(z) = e^z$ のべき級数展開は

$$e^z = \sum_{n=0}^{\infty} \dfrac{1}{n!} z^n \tag{4.10}$$

となる．これは，実変数の指数関数のべき級数展開と同じ形をしている．つまり，べき級数展開を通じて，実変数の $e^x$ が自然に複素変数の $e^z$ に拡張されるように，$e^z$ を (2.8) で定義したのである．

なお，命題 4.2 (2) を使えば，このべき級数の収束半径 $R$ は，

$$\dfrac{1}{R} = \lim_{n \to \infty} \dfrac{1/(n+1)!}{1/n!} = \lim_{n \to \infty} \dfrac{1}{n+1} = 0$$

より，$\infty$ である．

---

[4] $(e^z)' = e^z$ の導出に (2.8) の右辺が欠かせないことに注意せよ（命題 2.5 の証明を参照；p.21）

## 4.3 初等関数（その2）

他の初等関数について見ていこう．対数関数の主値 $\text{Log}\, z$ は $z = 0$ で定義されていないので，1 だけずらした $f(z) = \text{Log}(1 + z)$ の，0 を中心とするべき級数展開を考える．$\text{Log}(1 + z)$ は $z = 0$ で正則であり，

$$f'(z) = \frac{1}{1+z} = (1+z)^{-1}$$

であるので，高階微分は $n = 1, 2, \cdots$ のとき

$$f^{(n)}(z) = (-1)(-2)\cdots(-n+1)(1+z)^{-n} = (-1)^{n-1}(n-1)!(1+z)^{-n}$$

となる．よって，

$$f(0) = 0, \qquad f^{(n)}(0) = (-1)^{n-1}(n-1)! \quad (n = 1, 2, \cdots)$$

であるので，べき級数展開は

$$\text{Log}(1+z) = \sum_{n=1}^{\infty} \frac{(-1)^{n-1}}{n} z^n$$

となる．このべき級数の収束半径は 1 である．

一般のべき関数 $z^\alpha$ ($= e^{\alpha \log z}$) は，$\alpha \neq 0, 1, 2, \cdots$ のとき $z = 0$ で定義されていないので，1 だけずらした $f(z) = (1+z)^\alpha$ の主値の，0 を中心とするべき級数展開を考える．このとき (2.22) (p.26) を繰り返し使えば，

$$f^{(n)}(z) = \alpha(\alpha-1)\cdots(\alpha-n+1)(1+z)^{\alpha-n} \quad (n = 0, 1, 2, \cdots)$$

となる．ここで，主値を考えているので，$z = 0$ としたとき，$(1+0)^{\alpha-n} = 1$ である．よって，0 を中心とする $f(z)$ のべき級数展開は

$$(1+z)^\alpha = \sum_{n=0}^{\infty} \frac{\alpha(\alpha-1)\cdots(\alpha-n+1)}{n!} z^n \qquad (4.11)$$

である．とくに $\alpha$ が正の整数のとき，それを $m$ と書けば，$n \geq m+1$ ならば

$$\alpha(\alpha-1)\cdots(\alpha-n+1) = m(m-1)\cdots(m-m)\cdots(m-n+1) = 0$$

であり，$0 \leq n \leq m$ ならば，(4.11) の係数

$$\frac{m(m-1)\cdots(m-n+1)}{n!} = \frac{m!}{n!\,(m-n)!} = \binom{m}{n}$$

は 2 項係数であるので，(4.11) は

$$(1+z)^m = \sum_{n=0}^{m} \binom{m}{n} z^n$$

となる．右辺は $(1+z)^m$ の 2 項展開にほかならない．このときはすべての $z \in \mathbf{C}$ に対して右辺は収束するので，(4.11) の収束半径は $\infty$ である．一方，$\alpha \neq 0, 1, 2, \cdots$ のとき，命題 4.2 (2) (p. 63) を使えば，(4.11) の収束半径は 1 である．

とくに $\alpha = -1$ のとき，
$$(-1)(-1-1)\cdots(-1-n+1) = (-1)^n n!$$
であるので，
$$\frac{1}{1+z} = \sum_{n=0}^{\infty} (-1)^n z^n$$
であるが，これは 60 ページで例にあげた等比級数の和の公式にほかならない．

以上，最も基本的な初等関数のべき級数展開がでそろった．これらを用いて様々な解析関数のべき級数展開を求める方法を，以下の例で説明する．

まずは簡単な代入法の例をいくつかあげる．

### 例 1

(1) $e^{2z}$ は指数関数 $e^z$ に $2z$ を代入した関数であるので，$e^z$ のべき級数展開に $2z$ を代入すれば，0 を中心とする $e^{2z}$ のべき級数展開が得られる．
$$e^{2z} = \sum_{n=0}^{\infty} \frac{1}{n!}(2z)^n = \sum_{n=0}^{\infty} \frac{2^n}{n!} z^n$$

(2) 0 を中心とする $\dfrac{1}{3-2z^2}$ のべき級数展開は
$$\frac{1}{3-2z^2} = \frac{1}{3} \frac{1}{1+\left(-\frac{2}{3}z^2\right)} = \frac{1}{3} \sum_{n=0}^{\infty} (-1)^n \left(-\frac{2}{3}z^2\right)^n = \sum_{n=0}^{\infty} \frac{2^n}{3^{n+1}} z^{2n}$$

(3) 1 を中心とする $\dfrac{1}{z}$ のべき級数展開は
$$\frac{1}{z} = \frac{1}{1+(z-1)} = \sum_{n=0}^{\infty} (-1)^n (z-1)^n \qquad \blacklozenge$$

**問題 1** 次の関数の，与えられた点を中心とするべき級数展開を求めよ．

(1) $\dfrac{1}{z-2}$ $(z=-1)$ (2) $\mathrm{Log}\, z$ $(z=e)$

## 4.3 初等関数（その2）

もう少し複雑な場合として，2つの解析関数の和や差で表された関数のべき級数展開を考える．2つのべき級数の和や差を計算するには，ただ単に，同じべきの係数同士を加えたり引いたりすればよい（命題4.1を参照；p.61）．

### 例2

三角関数 $\cos z$ のべき級数展開を 4.2 節の問題1で求めているが，ここでは指数関数のべき級数展開を用いて計算してみよう．

(2.12) により

$$\cos z = \frac{e^{iz}+e^{-iz}}{2} = \frac{1}{2}\left(\sum_{n=0}^{\infty}\frac{1}{n!}(iz)^n + \sum_{n=0}^{\infty}\frac{1}{n!}(-iz)^n\right) \quad (4.12)$$

$$= \sum_{n=0}^{\infty}\frac{i^n+(-i)^n}{2}\frac{1}{n!}z^n$$

であるが，$n$ の偶・奇に従って

$$n=2m \text{ なら} \quad \frac{i^n+(-i)^n}{2} = \frac{(-1)^m+(-1)^m}{2} = (-1)^m$$

$$n=2m+1 \text{ なら} \quad \frac{i^n+(-i)^n}{2} = \frac{i(-1)^m-i(-1)^m}{2} = 0$$

であるので，

$$\cos z = \sum_{m=0}^{\infty}\frac{(-1)^m}{(2m)!}z^{2m} \quad (4.13)$$

となる[5]．同様にして

$$\sin z = \sum_{m=0}^{\infty}\frac{(-1)^m}{(2m+1)!}z^{2m+1} \quad (4.14)$$

である． ◆

**問題2** 0を中心とする $\cosh z$, $\sinh z$（(2.15)参照；p.22）のべき級数展開と収束半径を求めよ．

### 例3

0を中心とする $\dfrac{1}{z^2-3z+2}$ のべき級数展開を考える．

---

[5] べき級数とは (4.1) (p.60) の形の式のことなので，「$\cos z$ のべき級数展開」とある場合は，(4.12) のような形で放置せず，(4.13) のように1つのべき級数にまとめるべきである．

まず，
$$\frac{1}{z^2 - 3z + 2} = \frac{1}{(z-2)(z-1)} = -\frac{1}{z-1} + \frac{1}{z-2} = \frac{1}{1-z} - \frac{1}{2-z}$$
である．ここで
$$\frac{1}{1-z} = \sum_{n=0}^{\infty} z^n, \qquad \frac{1}{2-z} = \frac{1}{2}\frac{1}{1-(z/2)} = \sum_{n=0}^{\infty} \frac{1}{2^{n+1}} z^n$$
であるので，
$$\frac{1}{z^2 - 3z + 2} = \sum_{n=0}^{\infty} \left(1 - \frac{1}{2^{n+1}}\right) z^n \qquad ◆$$

**問題 3** 次の関数の，0 を中心とするべき級数展開を求めよ．
（1） $e^{2z} - e^{-3z}$  　　　　（2） $\mathrm{Log}(1+z) - \mathrm{Log}(1-z)$
（3） $\dfrac{z}{z^2 + z - 2}$

次に，積で表される関数を，1 つのべき級数で表すことを考える．

### 例 4

0 を中心とする $z^3 \cos(z^2)$ のべき級数展開を考える．
この関数の高階微分を直接計算するのは非常に困難であるが，$\cos(z^2)$ のべき級数展開と $z^3$ の積として考えれば，
$$z^3 \cos(z^2) = z^3 \sum_{n=0}^{\infty} \frac{(-1)^n}{(2n)!} (z^2)^{2n} = \sum_{n=0}^{\infty} \frac{(-1)^n}{(2n)!} z^{4n+3}$$
である． ◆

### 例 5

0 を中心とする $(1-2z)e^z$ のべき級数展開を考える．
まず，
$$(1-2z)e^z = e^z - 2ze^z = \sum_{n=0}^{\infty} \frac{1}{n!} z^n - \sum_{n=0}^{\infty} \frac{2}{n!} z^{n+1}$$
である．ここで，級数を 1 つにまとめるために，べきの指数を合わせよう．右辺の 2 つ目のべき級数において，$m = n+1$ とすると，和の範囲は $m = 1, 2, \cdots$ であるので，

$$(1-2z)e^z = \sum_{n=0}^{\infty} \frac{1}{n!}z^n - \sum_{m=1}^{\infty} \frac{2}{(m-1)!}z^m$$

となる．ここで和の変数を $n$ に統一すると

$$(1-2z)e^z = 1 + \sum_{n=1}^{\infty} \frac{1}{n!}z^n - \sum_{n=1}^{\infty} \frac{2}{(n-1)!}z^n$$
$$= 1 + \sum_{n=1}^{\infty} \frac{1-2n}{n!}z^n = \sum_{n=0}^{\infty} \frac{1-2n}{n!}z^n$$

である．◆

**問題 4** 次の関数の，0 を中心とするべき級数展開を求めよ．
(1) $z\sin(z^3)$ (2) $(1-z^2)\cos z$

さて，代入法の一種として，べき級数展開式の中にべき級数を代入する例を考えてみよう．

## 例 6

$z = 0$ を中心とする $\dfrac{1}{\cos z}$ の 4 次近似を考える．

$$\cos z = 1 - \frac{z^2}{2!} + \frac{z^4}{4!} - \cdots \quad \text{より} \quad \frac{1}{\cos z} = \frac{1}{1 - \left(\frac{z^2}{2!} - \frac{z^4}{4!} + \cdots\right)}$$

であるが，$z$ が十分 0 に近いとき，$\dfrac{z^2}{2!} - \dfrac{z^4}{4!} + \cdots$ も十分 0 に近いので，$\dfrac{1}{1-X}$ のべき級数展開 $\dfrac{1}{1-X} = 1 + X + X^2 + \cdots$ に $X = \dfrac{z^2}{2!} - \dfrac{z^4}{4!} + \cdots$ を代入すると

$$\frac{1}{\cos z} = \frac{1}{1 - \left(\frac{z^2}{2!} - \frac{z^4}{4!} + \cdots\right)}$$
$$= 1 + \left(\frac{z^2}{2!} - \frac{z^4}{4!} + \cdots\right) + \left(\frac{z^2}{2!} - \frac{z^4}{4!} + \cdots\right)^2 + \cdots$$
$$= 1 + \frac{z^2}{2!} + \left(-\frac{1}{4!} + \frac{1}{(2!)^2}\right)z^4 + \cdots$$
$$\fallingdotseq 1 + \frac{1}{2}z^2 + \frac{5}{24}z^4$$

となる．ただし，4 次近似を考えているので，上記の計算ではべき級数展開の $z^5$ 以降の項は誤差として「$\cdots$」の中に入れた．◆

先ほど簡単な積の例を見たが，今度はべき級数とべき級数の積を計算する．2つのべき級数の積は，命題 4.5 (p. 66) を使えば1つのべき級数で表される．

## 例 7

0 を中心とする $\tan z$ の5次近似を考える．
$\tan z = \sin z \times \dfrac{1}{\cos z}$ であるので，例 6 の結果を使うと

$$\tan z = \frac{\sin z}{\cos z} = \left(z - \frac{z^3}{3!} + \frac{z^5}{5!} - \cdots\right)\left(1 + \frac{z^2}{2} + \frac{5}{24}z^4 + \cdots\right)$$

$$= z + \left(\frac{1}{2} - \frac{1}{3!}\right)z^3 + \left(\frac{5}{24} - \frac{1}{3!}\frac{1}{2} + \frac{1}{5!}\right)z^5 + \cdots$$

$$\fallingdotseq z + \frac{1}{3}z^3 + \frac{2}{15}z^5$$

である．◆

**問題 5** 次の関数の，0 を中心とする3次近似を求めよ．

(1) $\dfrac{1}{1 - \sin z}$　　　(2) $\dfrac{e^z}{1 + z^2}$

べき級数の原始関数は命題 4.4 (p. 66) で求められる．これを使って対数関数の主値のべき級数展開を求めてみよう．

## 例 8

$(\log(1+z))' = \dfrac{1}{1+z}$ である．ここで $\dfrac{1}{1+z} = \sum\limits_{n=0}^{\infty} (-1)^n z^n$ であるので，命題 4.4 ( 項別積分による原始関数の構成 ) により

$$\sum_{n=0}^{\infty} \frac{(-1)^n}{n+1} z^{n+1} = \sum_{n=1}^{\infty} \frac{(-1)^{n-1}}{n} z^n$$

は $\dfrac{1}{1+z} = (\log(1+z))'$ の原始関数 ( の1つ ) であり，このべき級数の $z = 0$ における値は 0 である．一方，対数関数の主値 $\mathrm{Log}(1+z)$ の $z = 0$ における値は 0 であるので，

$$\mathrm{Log}(1+z) = \sum_{n=1}^{\infty} \frac{(-1)^{n-1}}{n} z^n$$

である．◆

**問題 6** $(\arctan z)' = \dfrac{1}{1+z^2}$ を用いることで,0 を中心とする $\arctan z$ のべき級数展開は

$$\arctan z = \sum_{n=0}^{\infty} \frac{(-1)^n}{2n+1} z^{2n+1} \tag{4.15}$$

であることを導け.ただし,$\arctan z$ の分枝として,$\arctan 0 = 0$ を満たすものをとる.

項別微分の例もあげておこう.

### 例 9

0 を中心とする $\sin z$ のべき級数展開を項別微分すると

$$\left(\sum_{n=0}^{\infty} \frac{(-1)^n}{(2n+1)!} z^{2n+1}\right)' = \sum_{n=0}^{\infty} \frac{(-1)^n}{(2n+1)!} (z^{2n+1})' = \sum_{n=0}^{\infty} \frac{(-1)^n}{(2n+1)!} (2n+1) z^{2n}$$
$$= \sum_{n=0}^{\infty} \frac{(-1)^n}{(2n)!} z^{2n}$$

となり,$\cos z = (\sin z)'$ のべき級数展開が得られる. ◆

**問題 7** 0 を中心とする $\dfrac{1}{1-z}$ のべき級数展開を既知として,項別微分により,0 を中心とする $\dfrac{1}{(1-z)^3}$ のべき級数展開を求めよ.

## 4.4 一致の定理

解析関数の顕著な性質として,一致の定理がある.連続関数の場合,ある点の近くで $f(x)$ と $g(x)$ が恒等的に等しくても,その点から遠いところでは $f(x) \neq g(x)$ となることはあり得る.例えば,2 つの連続関数

$$f(x) = 0, \qquad g(x) = \begin{cases} 0 & (x \leq 0) \\ x & (x > 0) \end{cases}$$

は,$x \leq 0$ では恒等的に等しいが,$x > 0$ では等しくない.

しかし,解析関数の場合には,ある点とその近くで等しければ,領域全体でも等しいのである.これを**一致の定理**という.

その証明のために，解析関数 $f(z)$ の値が 0 となる点 $z = \alpha$ の近くにおける $f(z)$ の挙動をまず調べよう．$f(\alpha) = 0$ のとき，$\alpha$ を中心とするべき級数展開

$$f(z) = \sum_{n=1}^{\infty} a_n (z-\alpha)^n$$

のすべての係数 $a_n$ が 0 ならば，$z = \alpha$ の近くで $f(z)$ は恒等的に 0 である．一方，$a_n \neq 0$ となる $n$ があるなら，そのような $n$ のうち最小のものを $n_0$ とする．このとき，$\alpha$ は $f(z)$ の $n_0$ 位の**零点**であるといい，$n_0$ を零点 $\alpha$ の**位数**という．恒等的に 0 である関数には，零点という言葉は使わない．

さて，$\alpha$ が $f(z)$ の $n_0$ 位の零点なら，

$$f(z) = (z-\alpha)^{n_0} f_1(z), \qquad f_1(z) = \sum_{n=n_0}^{\infty} a_n (z-\alpha)^{n-n_0}$$

と書けるが，$f_1(z)$ が解析関数であるから，$f_1(z)$ は $z = \alpha$ で連続であり，$f_1(\alpha) = a_{n_0} \neq 0$ なので，$z$ が $\alpha$ に十分近ければ $f_1(z) \neq 0$ である．

一方，$z$ が $\alpha$ と異なれば $(z-\alpha)^{n_0}$ も 0 でない．よって，$\alpha$ と異なる $z$ が $\alpha$ に十分近ければ，$f(z) = (z-\alpha)^{n_0} f_1(z)$ は 0 でない．

以上をまとめると，

**命題 4.10** 解析関数の零点は孤立している．つまり，解析関数 $f(z)$ が $f(\alpha) = 0$ を満たすが，$\alpha$ の近くで恒等的には 0 でないなら，$\varepsilon > 0$ を十分小さくとったとき，$0 < |z-\alpha| < \varepsilon$ を満たすすべての $z$ に対して $f(z) \neq 0$ である．

これを用いれば，上で述べた一致の定理が証明できる．

**定理 4.11**（一致の定理） 領域 $D$ 上の解析関数 $f(z), g(z)$ があり，$D$ 内のある点 $\alpha$ において $f(\alpha) = g(\alpha)$ が成り立つとする．このとき $\alpha$ のどんなに近くにも $f(z) = g(z)$ を満たす $z (\neq \alpha)$ があるなら，$f(z)$ と $g(z)$ は $D$ 全体で恒等的に等しい．

とくに，$\alpha$ の近くで恒等的に等しいなら，$D$ 全体でも恒等的に等しい．

## 4.4 一致の定理

【証明】 関数 $h(z) = f(z) - g(z)$ を考えると，これは $D$ 上の解析関数であり，$f(z) = g(z)$ は $h(z) = 0$ と同値である．よって，$\alpha$ のどんな近くにも $h(z) = 0$ を満たす $z \neq \alpha$ があるなら，$h(z)$ は $D$ 全体で恒等的に $0$ となることを示せばよい．

もし，$\alpha$ のどんな近くにも $h(z) = 0$ となる $z \neq \alpha$ があるなら，命題 4.10 により，少なくとも $\alpha$ の近くでは恒等的に $0$ である．

領域 $D$ の中に $h(\beta) \neq 0$ となる点 $\beta$ があるなら，矛盾が生じることを導こう．領域は連結なので (189 ページ参照)，$\alpha$ を始点とし，$\beta$ を終点とするような $D$ 内の連続曲線 $C: z(t)$ ($a \leq t \leq b$) をとることができる．

すると $z$ が $\alpha$ に近いときは $h(z) = 0$ であるが，$h(\beta) \neq 0$ なので，$h(z)$ の連続性から，

$$\begin{cases} a \leq t \leq c \text{ ならば } h(z(t)) = 0 \\ c < t \leq c' \text{ ならば } h(z(t)) \neq 0 \end{cases}$$

となるような $2$ つの数 $c < c'$ が $a$ と $b$ の間にある．

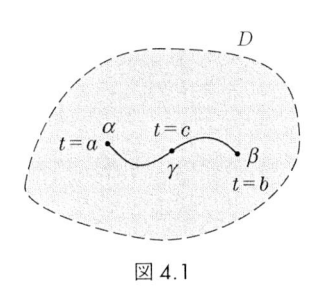

図 4.1

ここで $\gamma = z(c)$ とおくと，$\gamma$ の近くで解析関数 $h(z)$ は恒等的に $0$ ではないのに，点 $\gamma$ のいくらでも近くに $h(z) = 0$ となる点がある．これは命題 4.10 に反するので矛盾が生じた．よって，$h(z)$ は $D$ 全体で $0$ である． □

定義域が連結でないときには一致の定理は成り立たない．例えば，定義域が $|z| < 1$ と $|z| > 2$ という $2$ つの領域に分かれているとき，

$$f(z) = \begin{cases} 0 & (|z| < 1 \text{ のとき}) \\ 0 & (|z| > 2 \text{ のとき}) \end{cases} \qquad g(z) = \begin{cases} 0 & (|z| < 1 \text{ のとき}) \\ z & (|z| > 2 \text{ のとき}) \end{cases}$$

は $|z| < 1$ では恒等的に等しいが，定義域全体では等しくない．

さらりと書いてしまったので気付きにくいかもしれないが，「領域 $D$ 上の」という定理中の条件には「連結」という情報が含まれており，このよう

な例は排除されている．

## 4.5 最大値の原理

実変数関数では，変数が動く集合の内部で最大値をとることは頻繁に起こる．例えば，$x$ が $-1$ から $1$ まで動くとき，実 1 変数関数 $f(x) = -x^2$ が最大となるのは，変数の動く区間 $[-1, 1]$ の端ではなく，内部の $x = 0$ においてである．実 2 変数関数についても同様で，$(x, y)$ が円板 $x^2 + y^2 \leq 1$ 上を動くとき，$f(x, y) = e^{-x^2-y^2}$ は $(x, y) = (0, 0)$ で最大値をとる．しかし，定数関数以外の正則関数 $f(z)$ の絶対値 $|f(z)|$ に対してはこのようなことは起きず，最大値をとるなら，それは境界上の点においてである．

**定理 4.12**（**最大値の原理**）　領域 $D$ で正則な関数 $f(z)$ が定数関数でないなら，$|f(z)|$ は $D$ で最大値をとらない．

**【証明】**　定理の対偶を示す．つまり，$|f(z)|$ が $D$ の点 $z_0$ で最大値をとるとき，$f(z)$ は定数関数であることを示す．領域は開集合なので（185, 191 ページ参照），$r$ を十分小さくとれば，$z_0$ を中心とする半径 $r$ の円 $C_r$：$z(t) = z_0 + r e^{it}$（$0 \leq t \leq 2\pi$）および $C_r$ で囲まれた円板は $D$ に含まれる．このとき，仮定より $|f(z_0)| \geq |f(z_0 + r e^{it})|$ であるので，コーシーの積分公式により

$$|f(z_0)| = \left| \frac{1}{2\pi i} \int_{C_r} \frac{f(\zeta)}{\zeta - z_0} d\zeta \right| \leq \frac{1}{2\pi} \int_0^{2\pi} \frac{|f(z_0 + r e^{it})|}{|r e^{it}|} |i r e^{it}| \, dt$$

$$= \frac{1}{2\pi} \int_0^{2\pi} |f(z_0 + r e^{it})| \, dt \leq \frac{1}{2\pi} \int_0^{2\pi} |f(z_0)| \, dt$$

$$= |f(z_0)|$$

が成り立つ．最初と最後の式が等しいので，この計算の中の不等式はすべて等式でなければならない．とくに

$$|f(z_0 + r e^{it})| = |f(z_0)| \quad (0 \leq t \leq 2\pi)$$

である．ここで $r$ はいくらでも小さくできるので，$z_0$ に十分近いところで

## 4.5 最大値の原理

$|f(z)|$ は定数（$|f(z_0)|$）である．

もしこの定数が 0 ならば，$|f(z)| = 0$ により $f(z) = 0$ である．

次に，$|f(z)| = |f(z_0)| \neq 0$ のときを考える．$f(z) = u(x,y) + iv(x,y)$ とすると，

$$u^2 + v^2 = |f(z)|^2 = |f(z_0)|^2 \quad (\text{定数})$$

であるので，両辺を $x, y$ で偏微分してコーシー・リーマンの方程式 $u_x = v_y$, $u_y = -v_x$ を使うと

$$\begin{cases} uu_x + vv_x = 0 \\ uu_y + vv_y = 0 \end{cases} \iff \begin{cases} uu_x - vu_y = 0 \\ vu_x + uu_y = 0 \end{cases}$$

を得る．ここで仮定より $u^2 + v^2 = |f(z_0)|^2 \neq 0$ なので，この連立方程式は $u_x, u_y$ について $u_x = u_y = 0$ と解ける．よって $D$ の連結性（∵ $D$ は領域）により $u(x,y)$ は定数関数である．同様にして $v(x,y)$ も定数関数なので，$f(z) = u(x,y) + iv(x,y)$ は $z_0$ の近くで定数である．よって，一致の定理（定理 4.11）により，$f(z)$ は領域 $D$ 上で定数である．（これは，命題 A.3 (p. 191) の証明にもなっている．）したがって，領域 $D$ 上で $|f(z)|$ が最大値をとれるのは，$f(z)$ が定数関数のときである． □

この定理の主張は否定的に書いてあるが，最大値の原理を実際に使うときは肯定的な主張を使う場合が多いので，それを系として述べておく（閉包，有界，コンパクト集合という用語については，188 ～ 189 ページ参照）．

**系 4.13**（最大値の原理） $D$ を有界な領域とする．関数 $f(z)$ は $D$ で正則で，その閉包 $\overline{D}$ で連続であるとする．このとき，$\overline{D}$ の境界上に $|f(z)|$ が最大となる点がある．

**【証明】** $\overline{D}$ は有界な閉集合，つまりコンパクト集合なので，定理 A.2 (p. 189) により，$z$ が $\overline{D}$ 上を動くとき，$|f(z)|$ には最大値がある．

最大となる点が $D$ の境界上にあるなら何も示すことはない．もし $D$ 内で最大となるなら，定理 4.12 により $f(z)$ は定数関数であるので，$|f(z)|$ も

定数．よって，やはり境界上に最大値をとる点がある． □

**例 1**

開円板 $|z| < 1$ を $D$ とすると，その閉包 $\overline{D}$ は閉円板 $|z| \leq 1$ である．このとき，正則関数 $f(z) = z^2 - z$ に対し，$|f(z)|$ の $\overline{D}$ における最大値を考えよう．

まず $z \in D$ ならば，$|z| < 1$ であるので，三角不等式により

$$|f(z)| = |z^2 - z| \leq |z|^2 + |z| < 1^2 + 1 = 2 \tag{4.16}$$

である．ここで (4.16) と同様にして，$\overline{D}$ 上では $|f(z)| \leq 2$ が成り立つことがわかるが，$f(z) = z^2 - z = 2 \Leftrightarrow z = -1, 2$ であるので，$|f(z)|$ の $\overline{D}$ 上の最大値は 2 であり，最大値を与える点は $D$ の境界上の点 $z = -1$ のみである． ◆

**注意 1** 最小値については，定理 4.12 に対応するものは，一般には成り立たない．例えば，例 1 の関数 $f(z) = z^2 - z$ に対し，$|f(z)|$ は点 $z = 0$ で最小値 0 をとるが，$z = 0$ は $D$ の境界上の点ではない．

しかし，正則関数 $f(z)$ が領域 $D$ 上で 0 にならないなら，最小値についても定理 4.12 に対応するものが成り立つ．これを説明しよう．まず，$g(z) = \dfrac{1}{f(z)}$ とおくと，$f(z)$ が $D$ 上で 0 にならないことにより，$g(z)$ も $D$ 上で正則である．よって，定理 4.12 により，$|g(z)|$ は $D$ で最大値をとらない．ところが，$|g(z)| = \dfrac{1}{|f(z)|}$ が最大になることと $|f(z)|$ が最小になることは同値である．よって，$|f(z)|$ は $D$ で最小値をとらない．

## 4.6 ローラン展開

4.2 節において，正則関数はべき級数展開可能であることを見た．べき級数展開を有限項で切ると，例えば

$$f(z) \fallingdotseq f(a) + f'(a)(z - a) + \frac{1}{2} f''(a)(z - a)^2$$

のように，点 $a$ の近くにおいて，$f(z)$ を多項式という扱いやすい関数で近似した式が得られる．では，ある点で正則でない関数に対しても，扱いやすい関数で近似することは考えられないだろうか．

例として，$z = 0$ の近くにおける $f(z) = \dfrac{1}{z - z^2}$ の挙動を見てみよう．

## 4.6 ローラン展開

この関数は $z=0$ で発散し,正則でないので $z=0$ を中心としたべき級数展開はできないが,部分分数分解と等比級数の和の公式により

$$f(z) = \frac{1}{z(1-z)} = \frac{1}{z} + \frac{1}{1-z} = \frac{1}{z} + 1 + z + \cdots + z^n + \cdots \quad (4.17)$$

と表される.これにより,例えば $z=0$ での発散の様子は $1/z$ と似ている,といった $f(z)$ の挙動がよくわかる.べき級数展開と (4.17) との違いは,$z$ の負べきの項 $1/z = z^{-1}$ の有無である.

上の例では,$f(z)$ は $z=0$ の近くで,0 を除いて定義されていた.このように,複素関数 $f(z)$ が $z=\alpha$ の近くで,$\alpha$ を除いて定義されていて正則であるとき,つまりある正の数 $R$ があって $0 < |z-\alpha| < R$(開円板から中心 $\alpha$ を除いたもの)で正則なとき,$\alpha$ を $f(z)$ の**孤立特異点**という.

### 例 1

(1) $z=0$ は $f(z) = \dfrac{1}{z}$ の孤立特異点である.

(2) $z = 0, \pm\pi, \pm 2\pi, \cdots$ は $f(z) = \dfrac{1}{\sin z}$ の孤立特異点である.

(3) $f(z) = \log z$ のとき.対数関数の多価性により,正の数 $R$ をどうとっても,$\log z$ は $0 < |z| < R$ で 1 価正則にならない.よって,$z=0$ は $\log z$ の孤立特異点ではない.$f(z) = z^\alpha$(ただし,$\alpha$ は整数でない)についても同様.◆

孤立特異点の近くにおける $f(z)$ の性質を調べるために,負べきまで許したべき級数展開を考えよう.

$\alpha$ が $f(z)$ の孤立特異点であり,$f(z)$ が $0 < |z-\alpha| < R$ で正則であるとする.図 4.2 (A) のように,領域 $0 < |z-\alpha| < R$ の中で,$\alpha$ を中心とする 2 つの円 $C_1, C_2$ をとり,$z$ は $C_1$ と $C_2$ の間にあるとする.このとき,$z$ を中心とし,$C_1$ と $C_2$ の間に収まった円 $C$ で $z$ を巻くようなものをとると,コーシーの積分公式により

$$f(z) = \frac{1}{2\pi i} \int_C \frac{f(\zeta)}{\zeta - z} d\zeta \quad (4.18)$$

が成り立つ.ここで $C_1$ と $C_2$ を図 4.2 (B) のように線で結び,上と下の単

86    第4章　べき級数

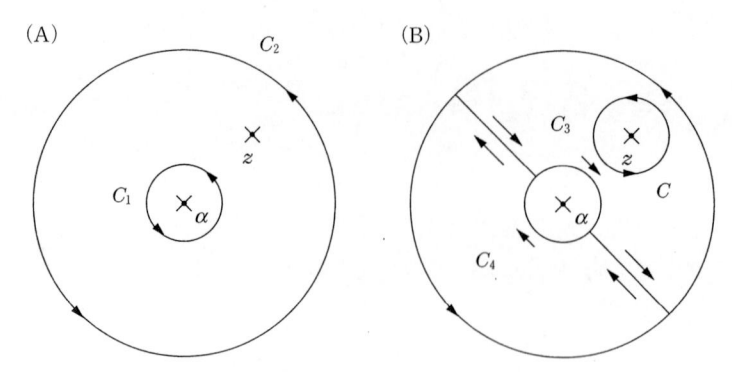

図 4.2　ローラン展開のための積分路

純閉曲線をそれぞれ $C_3, C_4$ とすると，積分路の変更により

$$-\int_{C_1} \frac{f(\zeta)}{\zeta - z} d\zeta + \int_{C_2} \frac{f(\zeta)}{\zeta - z} d\zeta = \int_{C_3} \frac{f(\zeta)}{\zeta - z} d\zeta + \int_{C_4} \frac{f(\zeta)}{\zeta - z} d\zeta \quad (4.19)$$

が成り立つ．ここで $C_4$ の内部では $\dfrac{f(\zeta)}{\zeta - z}$ が正則なので (変数は $\zeta$)，

$$\int_{C_4} \frac{f(\zeta)}{\zeta - z} d\zeta = 0 \quad (4.20)$$

である．一方，積分路の変更により $C$ と $C_3$ に沿った線積分は値が等しいので，(4.18), (4.19), (4.20) により

$$f(z) = \frac{1}{2\pi i} \int_{C_3} \frac{f(\zeta)}{\zeta - z} d\zeta = -\frac{1}{2\pi i} \int_{C_1} \frac{f(\zeta)}{\zeta - z} d\zeta + \frac{1}{2\pi i} \int_{C_2} \frac{f(\zeta)}{\zeta - z} d\zeta$$
$$(4.21)$$

が成り立つ．

次に，(4.21) の円 $C_2$ に沿った線積分を書き換えてみよう．積分変数 $\zeta$ が $C_2$ 上にいるとき，図 4.2 (A) より $|\zeta - \alpha| > |z - \alpha|$ が成り立つので，定理 4.7 の証明により，$C_2$ に沿った線積分は，べき級数

$$\frac{1}{2\pi i} \int_{C_2} \frac{f(\zeta)}{\zeta - z} d\zeta = \sum_{n=0}^{\infty} a_n (z - \alpha)^n, \quad a_n = \frac{1}{2\pi i} \int_{C_2} \frac{f(\zeta)}{(\zeta - \alpha)^{n+1}} d\zeta$$
$$(4.22)$$

で表される．

(4.21) の円 $C_1$ に沿った線積分も同様に書き換えてみよう．$z$ は円 $C_1$ の外側にあるので，$\zeta$ が $C_1$ 上にあるとき，$|z-\alpha| > |\zeta-\alpha| \Leftrightarrow \left|\dfrac{\zeta-\alpha}{z-\alpha}\right| < 1$ である．よって，等比級数の和の公式より

$$\frac{1}{\zeta-z} = -\frac{1}{(z-\alpha)-(\zeta-\alpha)} = -\frac{1}{z-\alpha}\frac{1}{1-\dfrac{\zeta-\alpha}{z-\alpha}} = -\sum_{n=0}^{\infty}\frac{(\zeta-\alpha)^n}{(z-\alpha)^{n+1}}$$

となり ( 定理 4.7 の証明参照 )，無限和と積分の順序交換により

$$-\frac{1}{2\pi i}\int_{C_1}\frac{f(\zeta)}{\zeta-z}d\zeta = \frac{1}{2\pi i}\int_{C_1}f(\zeta)\sum_{n=0}^{\infty}\frac{(\zeta-\alpha)^n}{(z-\alpha)^{n+1}}d\zeta$$
$$= \sum_{n=0}^{\infty}\left(\frac{1}{2\pi i}\int_{C_1}f(\zeta)(\zeta-\alpha)^n\,d\zeta\right)(z-\alpha)^{-n-1}$$

となる．和の変数 $n$ を 1 つずらせば，これは

$$-\frac{1}{2\pi i}\int_{C_1}\frac{f(\zeta)}{\zeta-z}d\zeta = \sum_{n=1}^{\infty}a_{-n}(z-\alpha)^{-n},$$
$$a_{-n} = \frac{1}{2\pi i}\int_{C_1}f(\zeta)(\zeta-\alpha)^{n-1}\,d\zeta \tag{4.23}$$

となる．ここで $f(z)$ は $0 < |z-\alpha| < R$ において正則なので，2 つの積分路 $C_1, C_2$ を同一の円周 $|z-\alpha| = r$ ( ただし $0 < r < R$ ) に置き換えても (4.22), (4.23) の $a_n, a_{-n}$ の値は変わらない．このように積分路を変更すれば，(4.22) の $a_n$ の式と (4.23) を，統一的に表すことができる．

以上により次が得られた．

**定理 4.14**（ローラン級数展開）　ある正の数 $R$ に対し，$0 < |z-\alpha| < R$ で正則な関数 $f(z)$ があるとき，

$$f(z) = \sum_{n=-\infty}^{\infty}a_n(z-\alpha)^n \tag{4.24}$$

$$a_n = \frac{1}{2\pi i}\int_{|\zeta-\alpha|=r}\frac{f(\zeta)}{(\zeta-\alpha)^{n+1}}d\zeta \quad (n = 0, \pm 1, \pm 2, \cdots) \tag{4.25}$$

と表される．ただし，$r$ は $0 < r < R$ を満たす任意の定数である．

(4.24) の右辺の形の級数を $\alpha$ を中心とする**ローラン級数**という．べき級数展開のとき（命題 4.6 (3)；p.67）と同様に，$\alpha$ を中心とするローラン級数展開は関数 $f(z)$ に対してただ 1 つに定まる．

(4.24) の負べきの部分 $\sum_{n=1}^{\infty} a_{-n}(z-\alpha)^{-n}$ を $f(z)$ の $\alpha$ における**主要部**という．$\alpha$ における主要部が 0 でなく，有限個の項の和

$$\frac{a_{-n}}{(z-\alpha)^n} + \cdots + \frac{a_{-1}}{z-\alpha}, \quad a_{-n} \neq 0 \quad (n \geq 1)$$

であるとき，$\alpha$ は $f(z)$ の $n$ 位の**極**であるといい，$n$ を極 $\alpha$ の**位数**という．

$\alpha$ における主要部が無限和であるとき，つまり $a_{-n} \neq 0$ となるような $n$ が無限個あるとき，$\alpha$ を $f(z)$ の**真性特異点**であるという．

**例 2**

(1) $f(z) = \dfrac{4z^5 - 3z^4 - 2z^3 + z^2 - 3z + 1}{z^3}$ のとき，

$$f(z) = \frac{1}{z^3} - \frac{3}{z^2} + \frac{1}{z} - 2 - 3z + 4z^2$$

なので，0 における $f(z)$ の主要部は $\dfrac{1}{z^3} - \dfrac{3}{z^2} + \dfrac{1}{z}$ であり，0 は $f(z)$ の 3 位の極である．

(2) 指数関数のべき級数展開 $e^z = \sum_{n=0}^{\infty} \dfrac{1}{n!} z^n$ の収束半径は $\infty$ であるので，$e^{1/z} = \sum_{n=0}^{\infty} \dfrac{1}{n!} z^{-n}$ が $0 < |z|$ を満たす $z$ に対して成り立ち，これが 0 を中心とする $e^{1/z}$ のローラン級数展開である．よって，0 は $e^{1/z}$ の真性特異点である． ◆

**問題 1** 次の関数の，0 を中心とするローラン級数展開を求めよ．

(1) $\dfrac{1}{z^3 - 2z^2}$ （2） $\dfrac{\cos z}{z^5}$ （3） $\sin \dfrac{1}{z}$

定理 4.14 を $f(z) = \dfrac{\sin z}{z}$ に適用してみよう．この関数は $z \neq 0$ で正則である．分母に $z$ があるので，$z = 0$ では定義されていない．0 を中心とする半径 1 の円を $C$ とすると，$f(z)$ に対する 0 を中心とするローラン級数展開の $z^n$ の係数は

$$a_n = \frac{1}{2\pi i} \int_C \frac{(\sin z)/z}{z^{n+1}} \, dz = \frac{1}{2\pi i} \int_C \frac{\sin z}{z^{(n+1)+1}} \, dz$$

であり，右辺は $0$ における $\sin z$ のローラン級数展開の $z^{n+1}$ の係数に等しい．ここで $\sin z = \sum_{m=0}^{\infty} \frac{(-1)^m}{(2m+1)!} z^{2m+1}$ より

$$a_n = \begin{cases} 0 & (n \text{ は負の整数または正の奇数}) \\ \dfrac{(-1)^m}{(2m+1)!} & (n = 2m, \ m = 0, 1, 2, \cdots) \end{cases}$$

となり，$0$ を中心とする $\dfrac{\sin z}{z}$ のローラン級数展開は

$$\frac{\sin z}{z} = \sum_{m=0}^{\infty} \frac{(-1)^m}{(2m+1)!} z^{2m}$$

である．ここでは定理 4.14 を使ったが，この結果は，正弦関数のべき級数展開 $\sin z = \sum_{m=0}^{\infty} \frac{(-1)^m}{(2m+1)!} z^{2m+1}$ の両辺を $z$ で割った

$$\frac{\sin z}{z} = \frac{1}{z} \sum_{m=0}^{\infty} \frac{(-1)^m}{(2m+1)!} z^{2m+1} = \sum_{m=0}^{\infty} \frac{(-1)^m}{(2m+1)!} z^{2m}$$

としても得られる．

　上式の右辺に注目してほしい．これは $0$ を中心とする収束べき級数であり，$0$ で解析的（よって正則）である．このように $f(z)$ が孤立特異点 $a$ で定義されていない（あるいは正則でない）場合でも，$f(a)$ の値をうまく補えば（あるいは変更すれば），$f(z)$ を $a$ においても正則にできることがある．このようなとき，$a$ は $f(z)$ の**除去可能特異点**であるという．一見すると正則に見えないが，うまく補正すれば正則にできるので，特異性（正則でないこと）を取り除ける点なのである．

**問題 2** 次の関数の孤立特異点をすべてあげよ．またその孤立特異点は極，真性特異点，除去可能特異点のいずれであるか，また極ならばその位数を答えよ．

（1）$\dfrac{1}{z^3(z^2+3)^4}$ 　　　　（2）$\dfrac{z^3+343}{z+7}$

孤立特異点として「極，真性特異点，除去可能特異点」の 3 種類がでてきたが，これらの点の近くにおける関数の振る舞いは大きく異なっている．

まず，極における $f(z)$ の挙動を見てみよう．$\alpha$ が $f(z)$ の $n$ 位の極のとき，$\alpha$ の近くで $f(z)$ は

$$f(z) = \frac{a_{-n}}{(z-\alpha)^n} + \frac{a_{-n+1}}{(z-\alpha)^{n-1}} + \cdots + \frac{a_{-1}}{z-\alpha} + f_1(z)$$

のように，有理関数と正則関数 $f_1(z)$ の和で表される（$f_1(z)$ はローラン展開 (4.24) の $n = 0, 1, 2, \cdots$ の項の和）．$\lim_{z \to \alpha} f_1(z) = f_1(\alpha)$ なので，主要部の有理関数に注目すると

$$\left| \frac{a_{-n}}{(z-\alpha)^n} + \frac{a_{-n+1}}{(z-\alpha)^{n-1}} + \cdots + \frac{a_{-1}}{z-\alpha} \right|$$
$$= \frac{1}{|z-\alpha|^n} \left| a_{-n} + a_{-n+1}(z-\alpha) + \cdots + a_{-1}(z-\alpha)^{n-1} \right|$$
$$\xrightarrow[z \to \alpha]{} \infty$$

により，極において $|f(z)|$ は無限大に発散する．このように，極の近くにおける $f(z)$ の振る舞いは有理関数と似ている．そこで，関数 $f(z)$ が領域 $D$ で極を除いて正則なとき（つまり $D$ 内で $f(z)$ が正則でない点は $f(z)$ の極しかないとき），$f(z)$ は $D$ 上**有理型**であるという．有理関数はもちろん **C** 上有理型である．関数 $1/\sin z$ は有理関数ではないが，**C** 上有理型である（章末の練習問題 **5**）．

次に真性特異点における $f(z)$ の挙動であるが，これは単純ではない．本書では証明しないが，次のことが知られている．

**定理 4.15** ある $r$ に対して $0 < |z - \alpha| < r$ で正則な関数 $f(z)$ があり，$\alpha$ が $f(z)$ の真性特異点のとき，$z$ を $\alpha$ にうまく近づけていけば，$f(z)$ をどのような値にも収束させられるし，$\infty$ にも発散させられる．

最後に，除去可能特異点では，関数の値をうまく決めれば正則にできるので，その近くでは，$f(z)$ の値は有限の範囲に収まる．実はこの逆もいえる．

**命題 4.16** 点 $\alpha$ は正則関数 $f(z)$ の孤立特異点であるとする．このとき，$\alpha$ の近くで $f(z)$ の値が有限の範囲に収まる，つまり『$0 < |z-\alpha| < r \Rightarrow |f(z)| \leq M$』が成り立つような定数 $r > 0$ と定数 $M$ があるなら，$\alpha$ は $f(z)$ の除去可能特異点である．

**【証明】** $\alpha$ を中心とし，十分小さな正数 $\varepsilon$ を半径とするような円 $C: z(t) = \alpha + \varepsilon e^{it}$（$0 \leq t \leq 2\pi$）をとると，命題の仮定より $|f(\alpha + \varepsilon e^{it})| \leq M$ が成り立つ．ここで (4.25) によりローラン級数展開の負べきの項の係数を評価すると

$$\begin{aligned}
|a_{-n}| &= \left| \frac{1}{2\pi i} \int_C f(z) (z-\alpha)^{n-1} dz \right| \\
&\leq \frac{1}{2\pi} \int_0^{2\pi} |f(\alpha + \varepsilon e^{it})| |\varepsilon e^{it}|^{n-1} |i\varepsilon e^{it}| dt \\
&\leq \frac{M}{2\pi} \int_0^{2\pi} \varepsilon^n dt \\
&= M\varepsilon^n
\end{aligned}$$

である．ここで $\varepsilon$ を，より小さな $\varepsilon'$ に置き換えても，同じ $M$ に対して $|f(\alpha + \varepsilon' e^{it})| \leq M$ であるので，$0 \leq |a_{-n}| \leq M(\varepsilon')^n$ が成り立つ．よって $\varepsilon$ を $0$ に近づけることを考えれば，$a_{-n} = 0$ であることがわかる．以上により，$f(z)$ の主要部は $0$ なので，$a_0$ の値をうまく補えば，$f(z)$ が $z = \alpha$ で正則となるようにできる．つまり $\alpha$ は $f(z)$ の除去可能特異点である． $\square$

# 第 4 章 練習問題

**1.** 等式
$$\left( \sum_{m=0}^{\infty} \frac{1}{m!} z^m \right) \left( \sum_{n=0}^{\infty} \frac{1}{n!} w^n \right) = \sum_{n=0}^{\infty} \frac{1}{n!} (z+w)^n$$
を示せ（これにより指数法則 $e^z e^w = e^{z+w}$ がべき級数の計算で示されたことになる）．

**2.** $a \neq 0, 1, 2, \cdots$ のとき, 0 を中心とする $(1+z)^a$ のべき級数展開 (4.11) の収束半径が 1 であることを確かめよ.

**3.** 逆三角関数 $\arcsin z$ の分枝として, $\arcsin 0 = 0$ を満たすものをとる. 27 ページの問題 5 により, $(\arcsin z)' = \dfrac{1}{\sqrt{1-z^2}}$ である.

（1） (4.11) を用いて, 0 を中心とする $\dfrac{1}{\sqrt{1-z^2}}$ のべき級数展開を求めよ.

（2） 命題 4.4 を用いることにより, $z = 0$ を中心とする $\arcsin z$ のべき級数展開を求めよ.

**4.** 関数 $f(z)$ は, 有界な領域 $D$ で正則であり, その閉包 $\overline{D}$ で連続とする.

（1） 境界 $\partial D$ 上 $|f(z)|$ が 0 ならば, $f(z)$ は $D$ 全体で 0 であることを示せ.

（2） 境界 $\partial D$ 上 $|f(z)|$ が 0 でない定数 $a$ であり, 領域 $D$ に $f(z)$ の零点がないならば, $f(z)$ は定数関数であることを示せ.

**5.** 関数 $\dfrac{1}{\sin z} - \dfrac{1}{z}$ の孤立特異点をすべてあげ, それが極, 真性特異点, 除去可能特異点のいずれであるかを答えよ.

**6.** （定理 4.15 の具体例） $f(z) = \sin\dfrac{1}{z}$ とすると, 0 は $f(z)$ の真性特異点である. $a$ を任意に与えられた定数とする.

（1） $z$ に関する方程式 $\sin z = a$ を解け.

（2） 0 に収束し, $\sin\dfrac{1}{a_n} = a$ を満たすような点列 $a_1, a_2, \cdots, a_n, \cdots$ を構成せよ.

**7.** 次の推論の誤りを指摘し, その原因を述べよ.

$f(z) = \dfrac{1}{1-z}$ とすると, これは $f(z) = \sum_{n=0}^{\infty} z^n$ と表される. よって, $z = \dfrac{1}{w-2}$ とおくと, $f\left(\dfrac{1}{w-2}\right) = \dfrac{w-2}{w-3} = \sum_{n=0}^{\infty}(w-2)^{-n}$ であるので, $w = 2$ は $\dfrac{w-2}{w-3}$ の真性特異点である.

# 第 5 章

## 留 数 解 析

---

　実 1 変数関数の定積分を計算するには，不定積分を求めてから端点での値を代入するのが常套手段である．しかしこれは不定積分がよく知られた関数で書ける場合にしか通用せず，被積分関数がそれほど複雑ではなくても，不定積分が具体的に書き下せないことは頻繁に発生する．そのようなときでも，これまでに学んできた正則関数の性質を使えば，定積分の値が求まる場合がある．実変数の積分値を求めるのに，複素変数の関数を経由すると一気に見通しが開けるのである．

　本章では，この計算法の基礎となる留数について述べた後，計算例で典型的な手法を解説する．なお，本章に現れる単純閉曲線の向きは，特に断らない限り，常に正の向き (38 ページ参照) にとるものとする．

## 5.1　留数

$\alpha$ を中心とするローラン級数展開（定理 4.14）

$$f(z) = \sum_{n=-\infty}^{\infty} a_n (z-\alpha)^n$$

$$a_n = \frac{1}{2\pi i} \int_{|\zeta-\alpha|=r} \frac{f(\zeta)}{(\zeta-\alpha)^{n+1}} d\zeta \quad (n = 0, \pm 1, \pm 2, \cdots)$$

を思い出そう．この公式のうち，$(z-\alpha)^{-1}$ の係数 $a_{-1}$ を $\alpha$ における $f(z)$ の**留数**といい，$\operatorname*{Res}_{z=\alpha} f(z)$ で表す：

$$\operatorname*{Res}_{z=\alpha} f(z) = a_{-1} = \frac{1}{2\pi i} \int_{|z-\alpha|=r} f(z)\, dz \tag{5.1}$$

(5.1) を見ればわかるように，$f(z)$ を点 $\alpha$ の周りで円周上を 1 周線積分すると，留数の $2\pi i$ 倍になる．もっと一般に，次の定理が成り立つ．

**定理 5.1**（**留数定理**）　単純閉曲線 $C$ で囲まれる領域を $D$ とする．関数 $f(z)$ は $D$ に含まれる点 $\alpha_1, \cdots, \alpha_k$ を除き，閉包 $\overline{D}$ で正則とする．このとき

$$\int_C f(z)\, dz = 2\pi i \sum_{j=1}^{k} \operatorname*{Res}_{z=\alpha_j} f(z) \tag{5.2}$$

が成り立つ．

**【証明】**　正の数 $r$ をとり，各 $\alpha_j$ を中心とする半径 $r$ の円 $|z-\alpha_j|=r$ を $C_j$ とする．このとき $r$ が十分小さければ $C_j$ は $D$ に含まれ，$C_j$ 同士は交わらず，$C_j$ の内部には $\alpha_j$ 以外の特異点は含まれない．すると，$C$ の内側であって，すべての $C_j$ の外側にあるところで，$f(z)$ は正則であるので，積分路を変更することにより

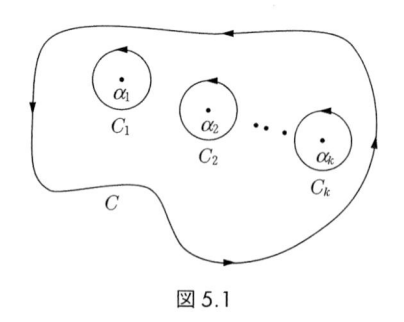

図 5.1

$$\int_C f(z)\,dz = \sum_{j=1}^{k} \int_{C_j} f(z)\,dz$$

となる[1]．右辺の積分 $\int_{C_j} f(z)\,dz$ は (5.1) により $2\pi i \operatorname*{Res}_{z=a_j} f(z)$ に等しいので，(5.2) が成り立つ． □

## 例 1

$f(z) = \dfrac{1}{z^2+1}$ とすると，これは $z = \pm i$ を除いて正則である．

後でもっと簡単な方法を紹介するが，ここでは真面目に $f(z)$ のローラン級数展開を求めることで，$z = i$ における留数を求めてみよう．$f(z)$ を $(z-i)^n$ という形の式の和で表したいので，

$$\frac{1}{z^2+1} = \frac{1}{(z-i)(z+i)} = \frac{1}{2i}\left(\frac{1}{z-i} - \frac{1}{z+i}\right)$$

$$\frac{1}{z+i} = \frac{1}{(2i)+(z-i)} = \frac{1}{2i}\frac{1}{1+\dfrac{z-i}{2i}} = \frac{1}{2i}\sum_{n=0}^{\infty} \frac{(-1)^n(z-i)^n}{(2i)^n}$$

と変形すると[2]，$z = i$ を中心とする $f(z)$ のローラン級数展開は

$$f(z) = \frac{1}{2i}\frac{1}{z-i} - \sum_{n=0}^{\infty} \frac{(-1)^n(z-i)^n}{(2i)^{n+2}}$$

となる．よって $\operatorname*{Res}_{z=i} f(z) = \dfrac{1}{2i}$ である．同様にして $\operatorname*{Res}_{z=-i} f(z) = -\dfrac{1}{2i}$ であることがわかる．次に，留数定理を用いて，単純閉曲線に沿った $f(z)$ の線積分をいくつか求めてみよう．

（1）$i$ を中心とする半径 $1/2$ の円 $|z-i| = 1/2$ を考える．この円の内部にある $f(z)$ の特異点は $z = i$ だけなので，留数定理により

$$\int_{|z-i|=1/2} \frac{1}{z^2+1}\,dz = 2\pi i \operatorname*{Res}_{z=i} \frac{1}{z^2+1} = 2\pi i \times \frac{1}{2i} = \pi$$

である．

---

[1] これを厳密に証明することは実は難しいが，直観的に正しいとして，ここでは認めることにする．実際に留数定理を使う際には，このように変更できることが，簡単にわかる場合が多い．

[2] 1行目の式から，特異点 $z = i$ における $f(z)$ の主要部は $\dfrac{1}{2i}(z-i)^{-1}$ であることがわかる．そこで残りの $-\dfrac{1}{2i}\dfrac{1}{z+i}$ を，$z = i$ を中心にべき級数展開すればよい．

(2) 原点を中心とする半径2の円 $|z|=2$ の内部には, $f(z)$ の2つの特異点 $z=\pm i$ が両方とも含まれるので,

$$\int_{|z|=2}\frac{1}{z^2+1}\,dz = 2\pi i\Big(\operatorname*{Res}_{z=i}\frac{1}{z^2+1}+\operatorname*{Res}_{z=-i}\frac{1}{z^2+1}\Big)$$
$$= 2\pi i\Big(\frac{1}{2i}-\frac{1}{2i}\Big)=0$$

である.

(3) 1を中心とする半径1の円 $|z-1|=1$ を考えると, この円の内部には $f(z)$ の特異点 $z=\pm i$ は含まれないので,

$$\int_{|z-1|=1}\frac{1}{z^2+1}\,dz = 0$$

である. ◆

**問題1** 次の関数の, ( ) 内の点における留数を求めよ.

(1) $\dfrac{1}{z^2-z}$ ($z=1$ と $z=0$)   (2) $\sin\dfrac{1}{z}$ ($z=0$)

定理5.1では $C$ を正の向きの単純閉曲線とした. ではもっと一般の閉曲線ではどうなるだろうか. 定理5.1の証明を見れば, 積分路 $C$ を変更して, $f(z)$ の特異点のまわりを正の向きに回る円に分けることによって留数定理の公式が得られている. このことを念頭に置けば, 例えば図5.2の積分路 $C$ は, 孤立特異点 $\alpha_1$ を正の向きに2周, $\alpha_2$ を負の向きに1周しているので,

$$\int_C f(z)\,dz = 2\pi i\Big(2\operatorname*{Res}_{z=\alpha_1}f(z)-\operatorname*{Res}_{z=\alpha_2}f(z)\Big)$$

となることがわかる. 一般の閉曲線についても同様である.

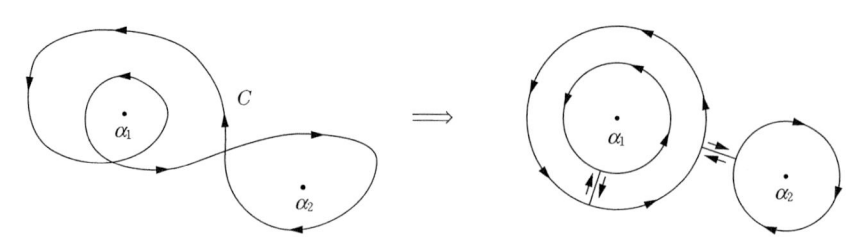

図5.2 単純閉曲線でない積分路

**問題 2** 方程式 $|z^2 - 2| = 2$ で表されるレムニスケートに図のように向きを付けたものを $C$ とする．このとき次の線積分を求めよ．

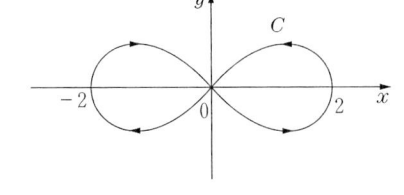

（1） $\displaystyle\int_C \frac{1}{z^2 - 1}\, dz$

（2） $\displaystyle\int_C \frac{1}{z^2 + 1}\, dz$

図 5.3　レムニスケート

例 1 (p. 95) では真面目にローラン級数展開を求めた上で留数を得たが，特異点が極のとき，つまりローラン級数展開の主要部が有限和のときには，留数をもっと簡単に求められる．

まず，$a$ が $f(z)$ の 1 位の極であるとしよう．このとき $a$ を中心とする $f(z)$ のローラン級数展開は

$$f(z) = \frac{a_{-1}}{z - a} + a_0 + a_1(z - a) + a_2(z - a)^2 + \cdots$$

の形であるので，

$$\lim_{z \to a}(z - a)f(z) = \lim_{z \to a}\{a_{-1} + a_0(z - a) + a_1(z - a)^2 + \cdots\} = a_{-1}$$

によって留数 $a_{-1}$ が求められる．もっと一般に，$a$ が $f(z)$ の $n$ 位の極ならば，

$$f(z) = \frac{a_{-n}}{(z - a)^n} + \cdots + \frac{a_{-1}}{z - a} + a_0 + a_1(z - a) + \cdots$$

であるので，

$$(z - a)^n f(z) = a_{-n} + \cdots + a_{-1}(z - a)^{n-1} + a_0(z - a)^n + \cdots$$

である．よって，

$$\frac{d^{n-1}}{dz^{n-1}}(z - a)^n f(z) = (n-1)!\, a_{-1} + \frac{n!}{1!} a_0 (z - a) + \cdots$$

$$\xrightarrow[z \to a]{} (n-1)!\, a_{-1}$$

とすれば，留数 $a_{-1}$ を抽出することができる．これを命題としてまとめておこう．

**命題 5.2** $z = \alpha$ が $f(z)$ の $n$ 位の極であるとき,
$$\operatorname*{Res}_{z=\alpha} f(z) = \frac{1}{(n-1)!} \lim_{z \to \alpha} \frac{d^{n-1}}{dz^{n-1}} (z-\alpha)^n f(z) \tag{5.3}$$
が成り立つ. とくに, $\alpha$ が 1 位の極であるときは,
$$\operatorname*{Res}_{z=\alpha} f(z) = \lim_{z \to \alpha} (z-\alpha) f(z)$$
が成り立つ.

## 例 2

(1) 例 1 の関数 $f(z)$ は,
$$f(z) = \frac{1}{z^2+1} = \frac{1}{(z-i)(z+i)}$$
と書けるので, 特異点 $z = \pm i$ はともに 1 位の極である. よって,
$$\operatorname*{Res}_{z=i} \frac{1}{z^2+1} = \lim_{z \to i} \frac{z-i}{z^2+1} = \lim_{z \to i} \frac{1}{z+i} = \frac{1}{2i}$$
$$\operatorname*{Res}_{z=-i} \frac{1}{z^2+1} = \lim_{z \to -i} \frac{z+i}{z^2+1} = \lim_{z \to -i} \frac{1}{z-i} = -\frac{1}{2i}$$
である.

(2) $f(z) = \dfrac{z}{(z-2)^2}$ とすると, これは $z = 2$ に 2 位の極をもつ. よって命題により
$$\operatorname*{Res}_{z=2} \frac{z}{(z-2)^2} = \frac{1}{(2-1)!} \lim_{z \to 2} \frac{d^{2-1}}{dz^{2-1}} (z-2)^2 \frac{z}{(z-2)^2}$$
$$= \lim_{z \to 2} 1 = 1$$
である. ◆

**注意 1** (2) の $f(z)$ を部分分数に分解すると,
$$\frac{z}{(z-2)^2} = \frac{2+(z-2)}{(z-2)^2} = \frac{2}{(z-2)^2} + \frac{1}{z-2}$$
これは $f(z)$ のローラン級数展開にほかならないので, 留数, つまり $(z-2)^{-1}$ の係数は 1 であることが, 命題 5.2 を用いなくても得られる.

**問題 3** 次の関数の, ( ) 内の点における留数を求めよ.

(1) $\dfrac{z-2}{z^2(z-1)^3}$ ($z=0$ と $z=1$)　　(2) $\dfrac{z}{(z^2+1)^3}$ ($z=i$)

## 5.2 定積分の計算

前節で見たように，もし留数が簡単に求められるなら，積分計算をしなくても閉曲線に沿った線積分の値がわかる．この一見単純な原理は意外なほど多くの応用がある．実 1 変数関数 $f(x)$ の不定積分が容易に求まらない場合でも，$f(x)$ と相性の良い正則関数 $g(z)$ を考え，うまくとった単純閉曲線に沿って $g(z)$ を線積分し，必要なら極限をとることにより，$f(x)$ の定積分 $\int_a^b f(x)\,dx$ の値が求められることがある．

ここで，どう「うまく」$g(z)$ や単純閉曲線をとるかが問題である．こうすれば絶対大丈夫，という決まった方法はないが，

（1） 積分路の単純閉曲線は，$g(z)$ の特異点を通らないようにとり，

（2） あれこれ計算をした結果，求めたい積分 $\int_a^b f(x)\,dx$ が残り，

（3） 余計な部分に沿った線積分の値は 0 に収束し，

（4） 計算が煩雑になりすぎないように，できれば小さくとる，

というのが基本方針である．

本節では，いくつか典型的な場合を紹介するので，まずこれらの場合をきちんと習得して欲しい．そうすれば自分で問題を解く際にも，あれこれ試行錯誤して上手に $g(z)$ や積分路を選択できるようになるであろう．

### 5.2.1 $\cos x$ と $\sin x$ の有理関数の定積分

$F(X, Y)$ が $X, Y$ に関する有理関数 ( つまり多項式の分数式 ) のとき，定積分 $\int_0^{2\pi} F(\cos\theta, \sin\theta)\,d\theta$ を計算したい．

この場合，$t = \tan\dfrac{\theta}{2}$ とおくと，$t$ に関する有理関数の積分になるので，原理的には不定積分が求まるのだが，計算量が非常に多くなり，煩雑である．積分区間が $0 \leq \theta \leq 2\pi$ であるときには，次のように留数計算に持ち込むと簡単になる場合が多い．

$$\cos\theta = \frac{e^{i\theta}+e^{-i\theta}}{2}, \quad \sin\theta = \frac{e^{i\theta}-e^{-i\theta}}{2i}$$ より $z=e^{i\theta}$ とおくと, $0 \leq \theta \leq 2\pi$ での積分は, 単位円 $|z|=1$ に沿った線積分になる. このとき,

$$\cos\theta = \frac{z+z^{-1}}{2}, \qquad \sin\theta = \frac{z-z^{-1}}{2i}, \qquad dz = ie^{i\theta}d\theta = iz\,d\theta$$

となるので,

$$\int_0^{2\pi} F(\cos\theta, \sin\theta)\,d\theta = \int_{|z|=1} F\left(\frac{z+z^{-1}}{2}, \frac{z-z^{-1}}{2i}\right)\frac{dz}{iz} \tag{5.4}$$

と変形できる. この右辺を, 留数定理を用いて計算するとよい.

## 例 1

積分 $\int_0^{2\pi} \dfrac{1}{3+\cos\theta}\,d\theta$ を (5.4) に従って変形すると

$$\int_0^{2\pi} \frac{1}{3+\cos\theta}\,d\theta = \int_{|z|=1} \frac{1}{3+(z+z^{-1})/2}\frac{dz}{iz} = \frac{2}{i}\int_{|z|=1}\frac{dz}{z^2+6z+1}$$

となる.

$$z^2+6z+1 = 0 \iff z = -3 \pm 2\sqrt{2}$$

より, $\dfrac{1}{z^2+6z+1} = \dfrac{1}{\{z-(-3+2\sqrt{2})\}\{z-(-3-2\sqrt{2})\}}$ の特異点は $z = -3 \pm 2\sqrt{2}$ であり, ともに被積分関数の 1 位の極である. ここで, これらの極が, 単位円 $|z|=1$ の中にあるかどうかを調べよう.

$$|-3+2\sqrt{2}| = \left|\frac{-1}{3+2\sqrt{2}}\right| < 1, \qquad |-3-2\sqrt{2}| > 1$$

であるから, 積分路 $|z|=1$ の中にある特異点は $z = -3+2\sqrt{2}$ のみである. この点における留数は, 命題 5.2 により

$$\operatorname*{Res}_{z=-3+2\sqrt{2}} \frac{1}{z^2+6z+1} = \lim_{z\to -3+2\sqrt{2}} \frac{z-(-3+2\sqrt{2})}{\{z-(-3+2\sqrt{2})\}\{z-(-3-2\sqrt{2})\}}$$

$$= \frac{1}{4\sqrt{2}}$$

である. 以上により

$$\int_0^{2\pi} \frac{1}{3+\cos\theta}\,d\theta = \frac{2}{i}\int_{|z|=1}\frac{dz}{z^2+6z+1} = \frac{2}{i}\times 2\pi i \operatorname*{Res}_{z=-3+2\sqrt{2}} \frac{1}{z^2+6z+1}$$

$$= \frac{2}{i}\times 2\pi i \times \frac{1}{4\sqrt{2}} = \frac{\pi}{\sqrt{2}} \qquad \blacklozenge$$

## 5.2.2 有理関数の無限区間上の定積分

有理関数 $f(x)$ の無限区間上の積分 $\int_0^\infty f(x)\,dx$, $\int_{-\infty}^\infty f(x)\,dx$ を計算するには，積分路の一部が実軸となるような単純閉曲線をうまくとって線積分を行い，留数計算を行った後に積分路を無限遠に飛ばすのが常套手段である．

### 例 2

$$I = \int_0^\infty \frac{1}{x^n + 1}\,dx \quad (\text{ただし，} n \text{ は 2 以上の整数})$$

実変数 $x$ を複素変数 $z$ で置き換えた $f(z) = \dfrac{1}{z^n + 1}$ の積分を考えよう．

$$z^n + 1 = 0 \iff z^n = -1 = e^{\pi i} \iff z = e^{\frac{\pi i}{n}}, e^{\frac{3\pi i}{n}}, \cdots, e^{\frac{(2n-1)\pi i}{n}}$$

であることから，$f(z)$ は $z = e^{\frac{(2k-1)\pi i}{n}}$ ($k = 1, 2, \cdots, n$) に 1 位の極をもつ．また，$f(z)$ は $f(e^{\frac{2\pi i}{n}}z) = f(z)$ を満たす．この 2 点に注意し，1 つの極 $z = e^{\frac{\pi i}{n}}$ だけを囲み，元の積分の積分路 $0 \le x$ と相性が良い閉曲線をとる．

具体的には，$R$ を十分大きな実数として，右図のように，0 を始点として $R$ を終点とする実軸上の線分を $C_1$ とし，原点を中心とする半径 $R$ の円 $|z| = R$ に沿って $R$ を出発して $Re^{\frac{2\pi i}{n}}$ に至る円弧を $C_2$ とする．さらに $Re^{\frac{2\pi i}{n}}$ を始点として原点 0 を終点とする線分を $C_3$ として，単純閉曲線 $C$ を $C = C_1 + C_2 + C_3$ で定める．

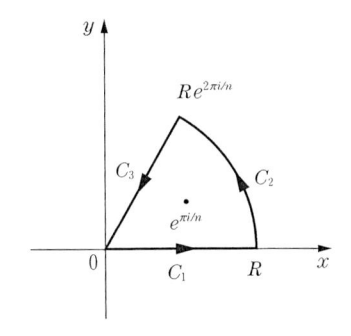

図 5.4 $e^{\pi i/n}$ を囲む扇形積分路

まず，1 位の極 $z = e^{\frac{\pi i}{n}}$ における留数は，ロピタルの公式 ( 命題 4.9 ) より

$$\underset{z=e^{\frac{\pi i}{n}}}{\mathrm{Res}} \frac{1}{z^n + 1} = \lim_{z \to e^{\frac{\pi i}{n}}} \frac{z - e^{\frac{\pi i}{n}}}{z^n + 1} = \lim_{z \to e^{\frac{\pi i}{n}}} \frac{(z - e^{\frac{\pi i}{n}})'}{(z^n + 1)'}$$

$$= \lim_{z \to e^{\frac{\pi i}{n}}} \frac{1}{nz^{n-1}} = \frac{1}{n} e^{-\frac{(n-1)\pi i}{n}}$$

であるので，留数定理により

$$\int_C \frac{1}{z^n+1}\,dz = 2\pi i \operatorname*{Res}_{z=e^{\frac{\pi i}{n}}} \frac{1}{z^n+1} = \frac{2\pi i}{n} e^{-\frac{(n-1)\pi i}{n}} \tag{5.5}$$

である.

次に,各 $C_j$ ($j=1,2,3$) に沿った線積分を書き下す.線分 $C_1$ は実軸上にあるので,$z=x$ ($0 \leq x \leq R$) とパラメータ表示され,

$$\int_{C_1} \frac{dz}{z^n+1} = \int_0^R \frac{dx}{x^n+1} \tag{5.6}$$

と書ける.円弧 $C_2$ は $z=Re^{i\theta}$ ($0 \leq \theta \leq 2\pi/n$) とパラメータ表示されるので,

$$\int_{C_2} \frac{dz}{z^n+1} = \int_0^{\frac{2\pi}{n}} \frac{iRe^{i\theta}\,d\theta}{R^n e^{in\theta}+1} \tag{5.7}$$

である.線分 $C_3$ は,$z=e^{\frac{2\pi i}{n}}x$ ($x$ は $R$ から $0$ まで) とパラメータ表示されるので[3]﹐

$$\int_{C_3} \frac{dz}{z^n+1} = \int_R^0 \frac{e^{\frac{2\pi i}{n}}\,dx}{(e^{\frac{2\pi i}{n}}x)^n+1} = -e^{\frac{2\pi i}{n}}\int_0^R \frac{dx}{x^n+1} \tag{5.8}$$

である.よって,(5.6), (5.7), (5.8) により,

$$\int_C \frac{dz}{z^n+1} = \int_{C_1} \frac{dz}{z^n+1} + \int_{C_2} \frac{dz}{z^n+1} + \int_{C_3} \frac{dz}{z^n+1}$$
$$= (1-e^{\frac{2\pi i}{n}})\int_0^R \frac{dx}{x^n+1} + \int_0^{\frac{2\pi}{n}} \frac{iRe^{i\theta}\,d\theta}{R^n e^{in\theta}+1} \tag{5.9}$$

である.ここで極限 $R\to\infty$ をとると,

$$\int_0^R \frac{dx}{x^n+1} \xrightarrow[R\to\infty]{} \int_0^\infty \frac{dx}{x^n+1} = I \tag{5.10}$$

となる.もう一方の積分を評価する.まず,

$$\left|\int_0^{\frac{2\pi}{n}} \frac{iRe^{i\theta}\,d\theta}{R^n e^{in\theta}+1}\right| \leq \int_0^{\frac{2\pi}{n}} \left|\frac{iRe^{i\theta}}{R^n e^{in\theta}+1}\right| d\theta \quad ((3.6)\text{ 参照};\text{ p.37})$$

である.三角不等式を使うと $|R^n e^{in\theta}+1| \geq |R^n e^{in\theta}|-1 = R^n-1$ なので

$$\frac{1}{|R^n e^{in\theta}+1|} \leq \frac{1}{R^n-1} \quad (R>1\text{ のとき})$$

であり,$|iRe^{i\theta}|=R$ なので

---

[3] $C_3$ は実軸上にないが,$C_3$ に沿った線積分を整理すると,結果的に (5.6) と同じ積分が現れるので,パラメータを $x$ にした.

$$\int_0^{\frac{2\pi}{n}} \left| \frac{iR\,e^{i\theta}}{R^n e^{in\theta}+1} \right| d\theta \leq \int_0^{\frac{2\pi}{n}} \frac{R}{R^n-1}\,d\theta = \frac{2\pi R}{n(R^n-1)} \xrightarrow[R\to\infty]{} 0 \qquad (5.11)$$

となる．ここで最後の極限の計算に $n \geq 2$ という仮定を使った．以上をまとめると，(5.5), (5.9), (5.10), (5.11) により

$$(1-e^{\frac{2\pi i}{n}})I = \lim_{R\to\infty}\int_C \frac{dz}{z^n+1} = \lim_{R\to\infty} \frac{2\pi i}{n} e^{-\frac{(n-1)\pi i}{n}} = \frac{2\pi i}{n} e^{-\frac{(n-1)\pi i}{n}}$$

となるので，

$$I = \frac{2\pi i\,e^{-\frac{n-1}{n}\pi i}}{n(1-e^{\frac{2\pi i}{n}})} = \frac{\pi}{n} e^{-\frac{n-1}{n}\pi i} e^{-\frac{1}{n}\pi i} \frac{2i}{e^{-\frac{\pi i}{n}}-e^{\frac{\pi i}{n}}} = \frac{\pi}{n} e^{-\pi i} \frac{1}{\sin\left(-\frac{\pi}{n}\right)} = \frac{\pi}{n\sin\frac{\pi}{n}}$$

である．◆

**注意1** 5.2節の最初に，単純閉曲線の取り方に関する基本方針 (1) - (4) を述べた ( 99 ページ )．この例5.2の場合，どのように基本方針を盛り込んで，図5.4のように積分路 $C$ をとったのかを説明しよう．

まず基本方針の (2) についてであるが，最終的に，求めたい実積分 $I$ がでてくるように，$C_1, C_3$ を一部分とするような単純閉曲線を考えた．このことは，(5.6), (5.8), (5.10) を見ればわかるであろう．

このように $C_1$ と $C_3$ をとると，単純閉曲線にするためには，これらを結ばないといけないが，円弧で結べば，(5.11) により余計な部分の $C_2$ に沿った線積分が0に収束することがわかり，( 結果的に ) 基本方針 (3) が満たされている．

なお，1つの極だけを中に含むように $C$ をとったのは，計算を簡単にするためである ( 基本方針 (4) )．2つ以上の極を中に含むようにとっても構わないが，この例では，計算量が増えるだけで，極を増やす御利益がない．

### 5.2.3 フーリエ変換

$\mathbf{R}$ 上で定義された関数 $f(x)$ のフーリエ変換 $\mathcal{F}f(\xi)$ は，$\xi$ を実数として

$$\mathcal{F}f(\xi) = \int_{-\infty}^{\infty} f(x)\,e^{i\xi x}\,dx$$

で定義される．被積分関数 $f(x)\,e^{i\xi x}$ の不定積分が初等関数で求められることは希だが，留数計算によりフーリエ変換の値が求められることがある．

## 例 3

$$\int_{-\infty}^{\infty} \frac{e^{i\xi x}}{x^2+1} dx \quad \left(\text{これは } \frac{1}{x^2+1} \text{ のフーリエ変換である}\right)$$

$x$ を $z$ に置き換えた $\frac{e^{i\xi z}}{z^2+1}$ の特異点は，$\frac{1}{z^2+1}$ と同様に $z = \pm i$ にある1位の極だけである．また，求めたい定積分の積分区間は，$-\infty$ から $\infty$，つまり実軸全体である．このことを念頭において，積分路をとるのがよい．なお，(5.11) のように，極限をとったとき，不要な部分の積分が消えるように，積分路をとる必要があることを注意しておく．

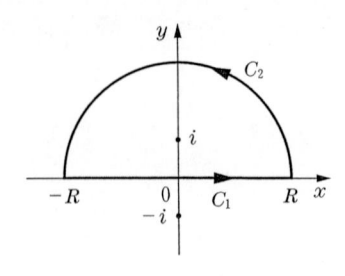

図 5.5 半円型積分路

天下り的だが，まず $\xi \geq 0$ のときを考える．このとき図5.5のように，積分路 $C = C_1 + C_2$ をとる[4]．ただし，$C_1$ は実軸上の部分，$C_2$ は半円の部分である．$C$ の内部にある $\frac{e^{i\xi z}}{z^2+1}$ の特異点は $z = i$ のみであり，これは1位の極なので，

$$\operatorname*{Res}_{z=i} \frac{e^{i\xi z}}{z^2+1} = \lim_{z \to i}(z-i)\frac{e^{i\xi z}}{z^2+1} = \lim_{z \to i}\frac{e^{i\xi z}}{z+i} = \frac{e^{-\xi}}{2i}$$

により

$$\int_C \frac{e^{i\xi z}}{z^2+1} dz = 2\pi i \operatorname*{Res}_{z=i} \frac{e^{i\xi z}}{z^2+1} = \pi e^{-\xi} \tag{5.12}$$

である．線分 $C_1$ に沿った線積分は

$$\int_{C_1} \frac{e^{i\xi z}}{z^2+1} dz = \int_{-R}^{R} \frac{e^{i\xi x}}{x^2+1} dx \tag{5.13}$$

であり，$R$ を無限大に飛ばすと求めたい積分になる．次に，$C_2$ に沿った線積分を評価する．$C_2$ は $z = Re^{i\theta}$（$0 \leq \theta \leq \pi$）とパラメータ表示されるので，

$$\int_{C_2} \frac{e^{i\xi z}}{z^2+1} dz = \int_0^{\pi} \frac{e^{i\xi R e^{i\theta}}}{(Re^{i\theta})^2+1} iRe^{i\theta} d\theta$$

である．被積分関数の絶対値を評価しよう．$e^{i\theta} = \cos\theta + i\sin\theta$ であるので，

$$i\xi R e^{i\theta} = \xi R(-\sin\theta + i\cos\theta)$$

---

[4] 計算の後半に現れてくることであるが，$\xi$ の正負により，積分評価の際に都合の良い積分路の取り方が異なるので，このような場合分けが必要となる（106ページの注意2参照）．

## 5.2 定積分の計算

よって
$$|e^{i\xi R\,e^{i\theta}}| = |e^{-\xi R\sin\theta}| \times |e^{i\xi R\cos\theta}| = e^{-\xi R\sin\theta}$$
である．ここで $0 \le \theta \le \pi$ により $\sin\theta \ge 0$ であり，仮定より $\xi \ge 0$ であることと $R > 0$（半径だから正）を使うと
$$|e^{i\xi R\,e^{i\theta}}| = e^{-\xi R\sin\theta} \le e^0 = 1 \tag{5.14}$$
と評価できる．よって
$$\left|\frac{e^{i\xi R\,e^{i\theta}}}{(R\,e^{i\theta})^2+1}iR\,e^{i\theta}\right| = \frac{|e^{i\xi R\,e^{i\theta}}|}{|R^2 e^{2i\theta}+1|} \times R \le \frac{R}{R^2-1}$$
である[5]．以上により
$$\left|\int_{C_2} \frac{e^{i\xi z}}{z^2+1}\,dz\right| \le \int_0^\pi \left|\frac{e^{i\xi R\,e^{i\theta}}}{(R\,e^{i\theta})^2+1}iR\,e^{i\theta}\right|d\theta$$
$$\le \int_0^\pi \frac{R}{R^2-1}\,d\theta = \frac{\pi R}{R^2-1} \xrightarrow[R\to\infty]{} 0 \tag{5.15}$$
となる．まとめると，$\xi \ge 0$ のとき，(5.13), (5.15) により，
$$\lim_{R\to\infty}\int_C \frac{e^{i\xi z}}{z^2+1}\,dz = \lim_{R\to\infty}\Big(\int_{C_1} \frac{e^{i\xi z}}{z^2+1}\,dz + \int_{C_2} \frac{e^{i\xi z}}{z^2+1}\,dz\Big)$$
$$= \lim_{R\to\infty}\int_{-R}^R \frac{e^{i\xi x}}{x^2+1}\,dx + 0$$
$$= \int_{-\infty}^\infty \frac{e^{i\xi x}}{x^2+1}\,dx$$
なので，(5.12) により，
$$\int_{-\infty}^\infty \frac{e^{i\xi x}}{x^2+1}\,dx = \pi\,e^{-\xi}$$
である．$\xi < 0$ のときは，$-\xi > 0$ であるので，$y = -x$ と置換していまの計算結果を使うと
$$\int_{-\infty}^\infty \frac{e^{i\xi x}}{x^2+1}\,dx = \int_\infty^{-\infty} \frac{e^{i(-\xi)y}}{y^2+1}\,(-dy)$$
$$= \int_{-\infty}^\infty \frac{e^{i(-\xi)y}}{y^2+1}\,dy = \pi\,e^{-(-\xi)} = \pi\,e^\xi$$
である．以上より
$$\int_{-\infty}^\infty \frac{e^{i\xi x}}{x^2+1}\,dx = \pi\,e^{-|\xi|}$$
である．◆

---

5) ここで分母の $|R^2 e^{2i\theta}+1|$ については，例 2 と同様の評価 (p.102) を行った．

**注意 2**　104 ページの脚注 4) で触れた, $\xi$ の正負と積分路の取り方について, 解説しておこう. この計算例では, 余分な線積分が消えるように（つまり,（5.15）が成り立つように）, $\xi \geq 0$ とした上で, 積分路 $C_2$ を $y \geq 0$ の部分にとってある. このようにとっておけば, $C_2$ 上の点 $z = Re^{i\theta}$ に対し, $\sin\theta \geq 0$ なので, $\xi \geq 0$ のとき,（5.14）が成り立ち, $C_2$ に沿った線積分の極限が 0 に収束したのである. 仮に $C_2$ を $y \leq 0$ の部分にとると, $C_2$ 上で $|e^{i\xi z}| \geq 1$ となってしまい, うまくいかない.

逆に, $\xi \leq 0$ のとき,（5.14）のような評価式を得るためには, $C_2$ を $y \leq 0$ の部分にとるのがよい.

この注意 2 に書いたように, 留数計算で定積分を求める際には, 積分路の取り方をうまく工夫しなければならない. しかし, 最初からうまくいくとは限らない. 正しい積分路を見つけだせるようになるには, あれこれと試行錯誤を繰り返すことが大切である.

### 5.2.4　$\sin x$, $\cos x$ と実数値関数の積の積分

$e^{ix} = \cos x + i\sin x$ により

$$\int_a^b f(x)\cos x\,dx + i\int_a^b f(x)\sin x\,dx = \int_a^b f(x)\,e^{ix}\,dx$$

であるから, 実数に値をもつ関数 $f(x)$ と $\cos x$, $\sin x$ の積の積分は

$$\int_a^b f(x)\cos x\,dx = \mathrm{Re}\int_a^b f(x)\,e^{ix}\,dx$$

$$\int_a^b f(x)\sin x\,dx = \mathrm{Im}\int_a^b f(x)\,e^{ix}\,dx$$

によって $f(x)\,e^{ix}$ の積分に帰着できる.

**例 4**

$$\int_{-\infty}^{\infty} \frac{\cos x}{x^2+1}\,dx$$

例 3 の結果を使えば,

$$\int_{-\infty}^{\infty} \frac{\cos x}{x^2+1}\,dx = \mathrm{Re}\int_{-\infty}^{\infty} \frac{e^{ix}}{x^2+1}\,dx = \mathrm{Re}\,\pi e^{-1} = \frac{\pi}{e}$$

である. ◆

もっと複雑な場合も考えよう．

## 例 5

$$\int_0^\infty \frac{\sin x}{x} dx$$

$\dfrac{\sin x}{x} = \text{Im}\,\dfrac{e^{ix}}{x}$ であるから，$\dfrac{e^{iz}}{z}$ の積分を考える．求めたい定積分の積分区間を見ると，例 2 の積分路の $n=2$ の場合を使いたくなるが，$z=0$ は被積分関数 $\dfrac{e^{iz}}{z}$ の極なので，$z=0$ を避けて図 5.6 のような積分路を使う[6]．

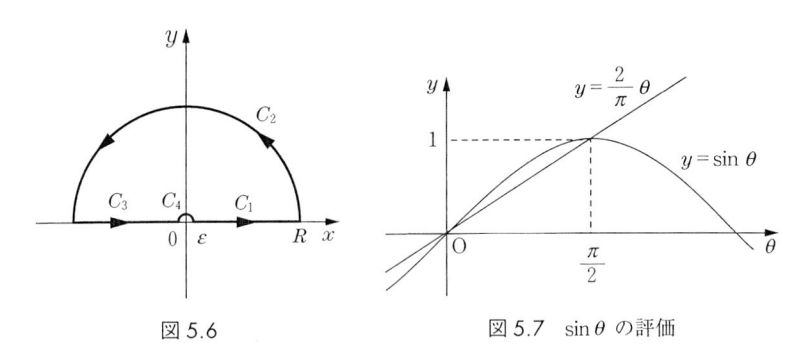

図 5.6

図 5.7 $\sin\theta$ の評価

ここで $C_2, C_4$ は，それぞれ 0 を中心とする半径 $R, \varepsilon$ の半円である．$C = C_1 + C_2 + C_3 + C_4$ とする．被積分関数 $\dfrac{e^{iz}}{z}$ は $z=0$ 以外では正則なので，留数定理により

$$\int_C \frac{e^{iz}}{z} dz = 0$$

である[7]．次に，各積分路 $C_j$ ($j=1,2,3,4$) に沿った線積分を計算する．

---

[6) 積分路の内側に極 $z=0$ を含むように，$C_4$ を実軸の下にとってもよいのだが，留数を求める計算が増えるだけなので，計算量を減らすために，極を避けた図のような積分路を採用した．

[7) 右辺が 0 なので，これまでの例から類推すると，何も情報が得られないように思えるが，実は $C_4$ に沿った線積分が，留数計算（の半分）に相当するので，意味のある結果が得られる．

まず，

$$\int_{C_1} \frac{e^{iz}}{z}\,dz + \int_{C_3} \frac{e^{iz}}{z}\,dz = \int_{\varepsilon}^{R} \frac{e^{ix}}{x}\,dx + \int_{-R}^{-\varepsilon} \frac{e^{ix}}{x}\,dx$$

$$= \int_{\varepsilon}^{R} \frac{e^{ix}}{x}\,dx + \int_{R}^{\varepsilon} \frac{e^{-ix}}{-x}(-1)\,dx$$

$$= \int_{\varepsilon}^{R} \frac{e^{ix} - e^{-ix}}{x}\,dx \xrightarrow[\varepsilon \to +0,\ R \to \infty]{} 2i\int_{0}^{\infty} \frac{\sin x}{x}\,dx$$

である（求めたい定積分がでてきた）．

次に $C_2$ に沿った線積分を評価しよう．例 3 と同様の計算を行うと，

$$\left| \int_{C_2} \frac{e^{iz}}{z}\,dz \right| \leq \int_{0}^{\pi} \left| \frac{e^{iR(\cos\theta + i\sin\theta)}}{Re^{i\theta}} iRe^{i\theta} \right| d\theta = \int_{0}^{\pi} e^{-R\sin\theta}\,d\theta$$

となる．この右辺は $R \to \infty$ のときに 0 に収束するのだが，例 3 のように $e^{-R\sin\theta} \leq 1$ という評価式を使うとうまくいかない．そこで，

$$\int_{0}^{\pi} e^{-R\sin\theta}\,d\theta = \int_{0}^{\pi/2} e^{-R\sin\theta}\,d\theta + \int_{\pi/2}^{\pi} e^{-R\sin\theta}\,d\theta$$

$$= 2\int_{0}^{\pi/2} e^{-R\sin\theta}\,d\theta$$

と書き換え，$0 \leq \theta \leq \dfrac{\pi}{2}$ ならば $\dfrac{2}{\pi}\theta \leq \sin\theta$（このとき，$e^{-\sin\theta} \leq e^{-\frac{2}{\pi}\theta}$）であることを使うと（図 5.7 を参照），

$$\int_{0}^{\pi} e^{-R\sin\theta}\,d\theta \leq 2\int_{0}^{\pi/2} e^{-(2R/\pi)\theta}\,d\theta = \frac{\pi}{R}(1 - e^{-R}) \xrightarrow[R \to \infty]{} 0$$

となる．以上により $C_2$ に沿った線積分は，$R \to \infty$ としたとき 0 に収束することがわかった．

最後に $C_4$ に沿った線積分を計算しよう．0 を中心に $e^{iz}$ をべき級数展開すると，$e^{iz} = 1 + iz - \dfrac{z^2}{2!} + \cdots$ となるので，$\dfrac{e^{iz}}{z}$ は

$$\frac{e^{iz}}{z} = \frac{1}{z} + g(z) \qquad (g(z) \text{ は 0 で正則})$$

という形をしている．よって

$$\int_{C_4} \frac{e^{iz}}{z}\,dz = \int_{C_4} \frac{1}{z}\,dz + \int_{C_4} g(z)\,dz$$

である．ここで $C_4$ は $z = \varepsilon e^{i\theta}$（$\theta$ は $\pi$ から 0 まで）とパラメータ表示されるので，

$$\int_{C_4} \frac{1}{z}\,dz = \int_\pi^0 \frac{1}{\varepsilon e^{i\theta}} i\varepsilon e^{i\theta}\,d\theta = -\pi i$$

である[8]．一方，$g(z)$ は $z=0$ で正則なので，$z$ が $0$ に十分近いなら $|g(z)| \leq M$ となるような正の数 $M$ がとれる．よって，

$$\left|\int_{C_4} g(z)\,dz\right| \leq \int_0^\pi |g(z)\,i\varepsilon e^{i\theta}|\,d\theta$$
$$\leq \int_0^\pi M\varepsilon\,d\theta = \pi M\varepsilon \xrightarrow[\varepsilon\to+0]{} 0$$

となる．以上をまとめると，$2i\int_0^\infty \frac{\sin x}{x}\,dx - \pi i = 0$ なので，

$$\int_0^\infty \frac{\sin x}{x}\,dx = \frac{\pi}{2}$$

が得られた．◆

この例の $C_4$ に沿った線積分の計算を一般化すると，以下のようになる．

**補題 5.3** 点 $\alpha$ は $f(z)$ の $1$ 位の極であるとする．このとき，半円周 $C_\varepsilon : z(t) = \alpha + \varepsilon e^{it}$ （$0 \leq t \leq \pi$）に沿った線積分は，$\varepsilon \to +0$ のとき $\pi i \operatorname*{Res}_{z=\alpha} f(z)$ に収束する：

$$\lim_{\varepsilon\to+0} \int_{C_\varepsilon} f(z)\,dz = \pi i \operatorname*{Res}_{z=\alpha} f(z)$$

### 5.2.5　多価関数を含む積分

2.2.5 節で述べたように，一般のべき関数 $z^\alpha$（$= e^{\alpha \log z} = e^{\alpha \log |z| + i\alpha \arg z}$）は，$z=0$ 以外の点で正則であるが，$\alpha$ が整数でなければ多価関数である．そのため，$z$ が複素平面上で原点を中心に正の方向に $1$ 周すると，$z^\alpha$ の値は $e^{2\pi \alpha i}$ 倍になる（負の方向に $1$ 周すると $e^{-2\pi \alpha i}$ 倍）．しかし例えば，$z$ の偏角を $0 \leq \arg z < 2\pi$ に制限すれば $1$ 価正則関数であり，通常の正則関数と同様に，コーシーの積分公式やその応用である留数定理を使うことができる．この多価性をうまく使って積分を計算してみよう．

---

[8] 負の方向に半周線積分しているので，$1/z$ の $0$ における留数の半分を $-1$ 倍したものが現れている．

## 例 6

$$\int_0^\infty \frac{x^{a-1}}{x+1} dx \quad (0 < a < 1)$$

この定積分の積分範囲は $0 < x$ であるので，例 2 のように，実軸の正の部分を含むような積分路をとるのがよいであろう．また，上述のように，べき関数 $z^{a-1}$ の多価性を利用したいので，図 5.8 の積分路

$$C = C_1 + C_2 + C_3 + C_4$$

を使うことにする．ここで $z^{a-1}$ の分枝を $0 \leq \arg z < 2\pi$ の範囲でとれば，$C$ が囲むところでは，$z = -1$ を除いて $\dfrac{z^{a-1}}{z+1}$ は 1 価正則である．

まず留数を計算しよう．この関数の特異点であって，$C$ の内部に含まれるものは 1 位の極 $z = -1$ のみであり，$z = -1$ における留数は

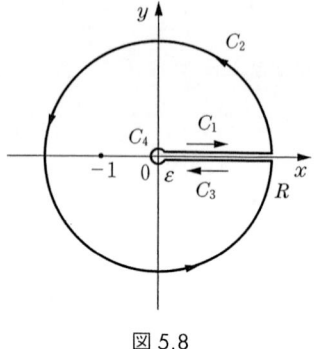

図 5.8

$$\operatorname*{Res}_{z=-1} \frac{z^{a-1}}{z+1} = \lim_{z \to -1} (z+1) \frac{z^{a-1}}{z+1} = (-1)^{a-1} = e^{(a-1)\pi i}$$

である．ここで $z$ の偏角の範囲に注意して $-1 = e^{\pi i}$ であることを使った．よって，

$$\int_C \frac{z^{a-1}}{z+1} dz = 2\pi i \operatorname*{Res}_{z=-1} \frac{z^{a-1}}{z+1} = 2\pi i e^{(a-1)\pi i} = -2\pi i e^{a\pi i}$$

である．

次に，各積分路 $C_j$（$j = 1, 2, 3, 4$）に沿った線積分を計算する．まず，

$$\int_{C_1} \frac{z^{a-1}}{z+1} dz = \int_\varepsilon^R \frac{x^{a-1}}{x+1} dx \xrightarrow[\varepsilon \to +0,\ R \to \infty]{} \int_0^\infty \frac{x^{a-1}}{x+1} dx$$

である．$C_3$ に沿った線積分も同様であるが，$z$ が原点を中心に 1 周して偏角が $2\pi$ だけ増えているので，$z^{a-1} = x^{a-1} e^{2(a-1)\pi i}$ としなければならない．これに注意すると，

$$\int_{C_3} \frac{z^{a-1}}{z+1} dz = \int_R^\varepsilon \frac{x^{a-1} e^{2(a-1)\pi i}}{x+1} dx$$

$$= -e^{2(a-1)\pi i} \int_\varepsilon^R \frac{x^{a-1}}{x+1} dx \xrightarrow[\varepsilon \to +0,\ R \to \infty]{} -e^{2a\pi i} \int_0^\infty \frac{x^{a-1}}{x+1} dx$$

## 5.2 定積分の計算

である．$C_2$ は $z = Re^{i\theta}$ ($0 \leq \theta < 2\pi$) とパラメータ表示されるので，これまで見てきた例の積分のように評価し，$a$ が実数であるため（∵ $0 < a < 1$）
$$|e^{(a-1)i\theta}| = 1$$
であることを使うと，
$$\left|\int_{C_2} \frac{z^{a-1}}{z+1}\,dz\right| \leq \int_0^{2\pi} \left|\frac{R^{a-1}e^{(a-1)i\theta}}{Re^{i\theta}+1} iRe^{i\theta}\right| d\theta$$
$$\leq \int_0^{2\pi} \frac{R^a}{R-1}\,d\theta$$
$$= \frac{R^a}{R-1} \times 2\pi \xrightarrow[R\to\infty]{} 0$$
となる．ただし，最後の極限では，$a < 1$ であることを使った．同様にして $C_4$ に沿った線積分を評価すると
$$\left|\int_{C_4} \frac{z^{a-1}}{z+1}\,dz\right| \leq \int_0^{2\pi} \left|\frac{\varepsilon^{a-1}e^{(a-1)i\theta}}{\varepsilon e^{i\theta}+1} i\varepsilon e^{i\theta}\right| d\theta$$
$$\leq \int_0^{2\pi} \frac{\varepsilon^a}{1-\varepsilon}\,d\theta$$
$$= \frac{\varepsilon^a}{1-\varepsilon} \times 2\pi \xrightarrow[\varepsilon\to +0]{} 0$$
となる．ただし，最後の極限では，$a > 0$ であることを使った．

以上により，
$$-2\pi i\, e^{a\pi i} = \lim_{\varepsilon\to +0, R\to\infty} \int_C \frac{z^{a-1}}{z+1}\,dz = \lim_{\varepsilon\to +0, R\to\infty} \left(\int_{C_1} + \int_{C_2} + \int_{C_3} + \int_{C_4}\right)$$
$$= \int_0^\infty \frac{x^{a-1}}{x+1}\,dx + 0 - e^{2a\pi i}\int_0^\infty \frac{x^{a-1}}{x+1}\,dx + 0$$
$$= (1 - e^{2a\pi i})\int_0^\infty \frac{x^{a-1}}{x+1}\,dx$$
である．よって
$$\int_0^\infty \frac{x^{a-1}}{x+1}\,dx = \frac{-2\pi i\, e^{a\pi i}}{1 - e^{2a\pi i}} = \pi \times \frac{2i}{e^{a\pi i} - e^{-a\pi i}} = \frac{\pi}{\sin a\pi}$$
である．◆

## 第 5 章　練習問題

**1.** 次の線積分を求めよ．ただし $(2+z)^{-1/2}$ は主値，$n$ は自然数とする．

（1）$\displaystyle\int_{|z|=1} \frac{1}{2z^2+3z-2}\,dz$ 　　　　（2）$\displaystyle\int_{|z+3|=3} \frac{1}{2z^2+3z-2}\,dz$

（3）$\displaystyle\int_{|z|=1} \frac{z}{(2z^2+1)(z^2+3)}\,dz$ 　（4）$\displaystyle\int_{|z|=1} \frac{1}{(2z^2+1)^3}\,dz$

（5）$\displaystyle\int_{|z-1|=2} \frac{z^4}{(z^2+4)^{10}}\,dz$ 　（6）$\displaystyle\int_{|z-i|=2} \frac{\cos \pi z}{z^2-z}\,dz$

（7）$\displaystyle\int_{|z|=1} z^{-3}(2+z)^{-1/2}\,dz$ 　　（8）$\displaystyle\int_{|z|=1} z^n \exp\!\left(\frac{1}{z}\right) dz$

**2.** $a$ を 0 でない実数とし，$f(z)=\dfrac{e^{iz}}{z-ai}$ とおく．また，$R$ を十分大きな実数とし，複素平面上に 4 点 $\mathrm{A}(-R), \mathrm{B}(R), \mathrm{C}(R+iR), \mathrm{D}(-R+iR)$ をとる．

（1）線分 BC, CD, DA に沿った $f(z)$ の線積分は，$R\to\infty$ のときにすべて 0 に収束することを確かめよ．

（2）$\displaystyle\int_{-\infty}^{\infty} \frac{e^{ix}}{x-ai}\,dx$ の値を求めよ（$a$ の正負によって場合分けが必要）．

（3）5.2 節の例 4 と (2) の結果を使って，$\displaystyle\int_0^{\infty} \frac{x\sin x}{x^2+1}\,dx$ の値を求めよ．

**3.** 次の定積分を求めよ．ただし $a, \xi$ は実数，$n$ は自然数であり，与えられた条件を満たすものとする．

（1）$\displaystyle\int_0^{\pi} \frac{1}{a+\cos\theta}\,d\theta \quad (a>1)$ 　（2）$\displaystyle\int_0^{2\pi} \frac{\sin\theta}{\sqrt{5}+\sin\theta}\,d\theta$

（3）$\displaystyle\int_0^{\infty} \frac{x^2}{x^6+1}\,dx$ 　　　　　　（4）$\displaystyle\int_{-\infty}^{\infty} \frac{1}{(x^2+1)^2(x^2+2)}\,dx$

（5）$\displaystyle\int_{-\infty}^{\infty} \frac{e^{i\xi x}}{x^4+1}\,dx$ 　　　　　　（6）$\displaystyle\int_0^{\infty} \frac{x^{a-1}}{x^n+1}\,dx \quad (0<a<n)$

**4.** （1）定積分 $\displaystyle\int_0^{\infty}\frac{1}{x^2+1}\,dx,\ \int_0^{\infty}\frac{\log x}{x^2+1}\,dx$ の値を求めよ（留数を使わなくても計算できる）．

（2）(1) の結果を用いて $\displaystyle\int_0^{\infty}\frac{(\log x)^2}{x^2+1}\,dx$ の値を求めよ．

**5.** 一般に，区間 $a < x < b$（$a, b$ はそれぞれ $-\infty, \infty$ であってもよい）から 1 点 $c$ を除いたところで連続な関数 $f(x)$ に対し，
$$\lim_{\varepsilon \to +0} \left( \int_a^{c-\varepsilon} f(x)\, dx + \int_{c+\varepsilon}^b f(x)\, dx \right)$$
が存在するとき，この極限値を**コーシーの主値**といい，p.v. $\int_a^b f(x)\, dx$ で表す．連続でない点が有限個あるときも同様に定義する．

次の条件を満たすような有理関数 $R(z) = \dfrac{P(z)}{Q(z)}$（$P(z), Q(z)$ は多項式）を考える：

(i) $Q(z)$ の次数は $P(z)$ の次数より 2 以上大きい．

(ii) $R(z)$ の実軸上の極の位数は高々 1 である．

上半平面 $\{z \in \mathbb{C} \mid \operatorname{Im} z > 0\}$ に含まれる $R(z)$ の極を $a_1, \cdots, a_m$ とし，実軸上の極を $b_1, \cdots, b_n$ とすると，
$$\text{p.v.} \int_{-\infty}^{\infty} R(x)\, dx = 2\pi i \left( \sum_{j=1}^m \operatorname*{Res}_{z=a_j} R(z) \right) + \pi i \left( \sum_{j=1}^n \operatorname*{Res}_{z=b_j} R(z) \right)$$
が成り立つ．107 ページの例 5 のように，実軸上の極を避けた積分路に沿った線積分を考え，補題 5.3 (p. 109) を使うことにより，これを示せ．

**6.** 実数係数の有理関数 $R(z) = \dfrac{P(z)}{Q(z)}$（$P(z), Q(z)$ は多項式）は次の条件を満たすとする：

(i) $Q(z)$ の次数は $P(z)$ の次数より 2 以上大きい．

(ii) $R(z)$ は実軸の 0 以上の部分 $x \geq 0$ に極をもたない．

複素平面上の $R(z)$ の極を $a_1, \cdots, a_n$ とする．このとき，110 ページの例 6 の積分路に沿った線積分を考えることにより，
$$\int_0^{\infty} R(x) \log x\, dx = -\frac{1}{2} \operatorname{Re}\left( \sum_{j=1}^n \operatorname*{Res}_{z=a_j} R(z) (\log z)^2 \right)$$
を示せ．ここで $\log z$ は $0 \leq \arg z < 2\pi$ の分枝とする．

**7.** 次を求めよ．

(1) p.v. $\displaystyle\int_{-\infty}^{\infty} \frac{2x+3}{x^3+1}\, dx$ 　　　　(2) $\displaystyle\int_0^{\infty} \frac{\log x}{x^3+1}\, dx$

# 第6章

## 等角写像とその応用

　複素関数 $w = f(z)$ は $z$-平面から $w$-平面への写像と見ることができる．このとき，$z$-平面内の図形は $w$-平面内の図形に写されるが，$f(z)$ が正則関数であるとき，この写像には良い性質（等角性や共形性）がある．$\mathbf{R}^2$ 平面と同様に，複素平面においても無限遠点は含まれないが，写像の性質を調べるには，複素平面に無限遠点を付け加えたリーマン球面で考察するのが便利である．この章では，正則関数による写像の一般的性質と，正則関数の中でも応用の広い1次分数関数について述べる．

## 6.1 写像の等角性

複素関数 $w = f(z)$ による $z$ と $w$ の対応関係は，幾何学的には 1 つの複素平面上の点 $z$ から もう 1 つの複素平面の点 $w$ への写像とみなすことができる．複素関数が定義される複素平面を $z$-平面，値域にあたる複素平面を $w$-平面と呼ぶことにしよう．$z$-平面上の近接する 2 点 $z_0, z_1$ と，それらを $f$ によって写像した $w$-平面上の 2 点 $w_0 = f(z_0)$, $w_1 = f(z_1)$ を考える．もしも，$f$ が正則関数であり，$|z_1 - z_0|$ が十分に小さいとすると，テイラー級数展開 (4.5) (p.68) より

$$w_1 - w_0 = f(z_1) - f(z_0) = f'(z_0)(z_1 - z_0) + \frac{f''(z_0)}{2!}(z_1 - z_0)^2 + \cdots$$

となる．$\Delta z = z_1 - z_0$，$\Delta w = w_1 - w_0$ とおくと，$|\Delta z| \ll 1$ では $\Delta w \fallingdotseq f'(z_0) \Delta z$ である．したがって，$f'(z_0) \neq 0$ ならば

$$|\Delta w| \fallingdotseq |f'(z_0)||\Delta z|, \qquad \arg \Delta w \fallingdotseq \arg \Delta z + \arg f'(z_0)$$

が成り立つ．幾何学的には，$\Delta z$ は $z_0$ から $z_1$ に向かう微小なベクトルと考えることができるから，正則関数 $f$ によって写されたベクトル $\Delta w$ は，$\Delta z$ を，拡大率 $|f'(z_0)|$ で拡大し，点 0 を中心に回転角 $\arg f'(z_0)$ だけ回転したものになる．拡大率も回転角も始点 $z_0$ のみに依存し，$\Delta z$ にはよらない．

この結果から，$f$ によって $w$-平面に写像された $z_0$ 近傍の任意の図形は，

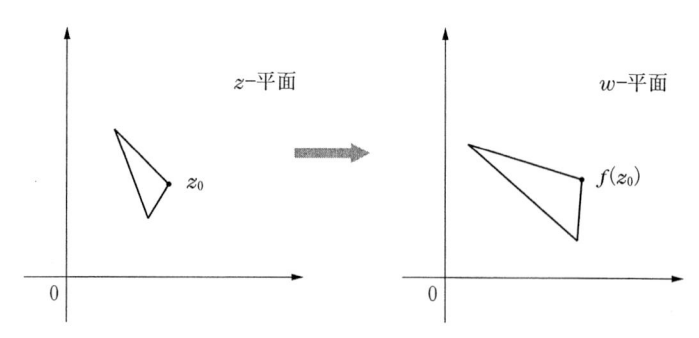

図 6.1 写像の等角性：$f'(z_0) \neq 0$ であれば，$z$-平面の $z = z_0$ 近傍の任意の図形は $w$-平面の相似な図形に写される．

$f'(z_0) \neq 0$ であるなら，$|f'(z_0)|$ 倍に拡大され，回転角 $\arg f'(z_0)$ だけ回転されることがわかる．とくに，2つの図形は互いに相似である．このように，正則関数による写像は，局所的に図形の相似性を保存するため，**共形写像**と呼ばれる．また，1点を通る2つの曲線の接線のなす角が写像において保存されるため，**等角写像**とも呼ばれる．この等角性を正確に述べたものが次の命題である．

**命題 6.1** $z$-平面上で $z = z_0$ において交差する2つの滑らかな曲線 $C_1$, $C_2$ が，パラメータ表示 $z_1(t)$, $z_2(t)$ によって与えられており，$t = t_0$ において $z_1(t_0) = z_2(t_0) = z_0$ が成り立つものとする．正則関数 $f(z)$ によって，$C_1, C_2$ は $w$-平面上の曲線 $\Gamma_1, \Gamma_2$ に写され，$w_0 = f(z_0)$ かつ $f'(z_0) \neq 0$ であるとする．$w_1(t) = f(z_1(t))$, $w_2(t) = f(z_2(t))$ とすると，$w_1(t), w_2(t)$ は $\Gamma_1, \Gamma_2$ のパラメータ表示であり，
$$\lim_{t \to t_0} \frac{z_1(t) - z_0}{z_2(t) - z_0} = \lim_{t \to t_0} \frac{w_1(t) - w_0}{w_2(t) - w_0}$$
によって
$$\frac{z_1'(t_0)}{z_2'(t_0)} = \frac{w_1'(t_0)}{w_2'(t_0)} \tag{6.1}$$
が成り立つ．とくに $\arg \dfrac{z_1'(t_0)}{z_2'(t_0)} = \arg \dfrac{w_1'(t_0)}{w_2'(t_0)}$ である．

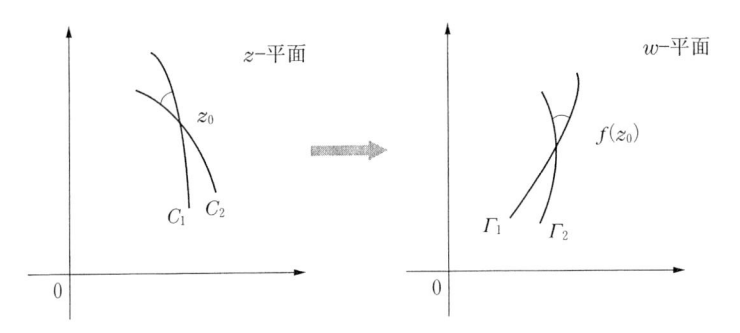

図 6.2 交差する2つの曲線 $C_1, C_2$ と，写像された曲線 $\Gamma_1, \Gamma_2$：正則な関数による写像では，曲線 $C_1$ と $C_2$ の交点における2つの接線のなす角は，交点がその正則関数の零点でない限り不変である．

**【証明】** テイラー級数展開を用いると，
$$w_1(t) - w_0 = f(z_1(t)) - f(z_0)$$
$$= f'(z_0)(z_1(t) - z_0) + \frac{f''(z_0)}{2!}(z_1(t) - z_0)^2 + \cdots$$
$$w_2(t) - w_0 = f(z_2(t)) - f(z_0)$$
$$= f'(z_0)(z_2(t) - z_0) + \frac{f''(z_0)}{2!}(z_2(t) - z_0)^2 + \cdots$$

となるので，$f'(z_0) \neq 0$ ならば

$$\lim_{t \to t_0} \frac{w_1(t) - w_0}{w_2(t) - w_0} = \lim_{t \to t_0} \frac{(z_1(t) - z_0)\left\{1 + \frac{f''(z_0)}{2f'(z_0)}(z_1(t) - z_0) + \cdots\right\}}{(z_2(t) - z_0)\left\{1 + \frac{f''(z_0)}{2f'(z_0)}(z_2(t) - z_0) + \cdots\right\}}$$
$$= \lim_{t \to t_0} \frac{z_1(t) - z_0}{z_2(t) - z_0}$$

$C_1, C_2$ は滑らかであるから $z_1'(t_0) \neq 0$, $z_2'(t_0) \neq 0$ である (p.31)．また，$w_i'(t_0) = f'(z_0) z_i'(t_0)$ （$i = 1, 2$）であるので，ロピタルの公式 (p.70) を用いて (6.1) を得る． □

**注意 1** 命題 6.1 において $z_i'(t_0)$（$i = 1, 2$）は，曲線 $C_i$ の $z = z_0$ における接ベクトルの複素数表示である．同様に，$w_i'(t_0)$（$i = 1, 2$）は，曲線 $\Gamma_i$ の $w = w_0$ における接ベクトルの複素数表示である．したがって，(6.1) により，1 点を通る 2 つの曲線の その点における接線のなす角度は，正則写像によって不変に保たれることがわかる．

## 例 1

$f(z) = z^2$ であるとき，$f'(z) = 2z$ であるので，$z = 0$ 以外では等角に写像される．$z = x + yi$ とすると，$a, b$ を実定数として，$z$-平面の直交する 2 つの直線 $x = a$, $y = b$（交点は $(a, b)$）が $w$-平面にどのように写像されるか調べてみよう．

$w = u + vi = z^2$, $z = x + yi$ とすると，
$$u + vi = (x + yi)^2 = (x^2 - y^2) + 2xyi$$
であるので，$u(x, y) = x^2 - y^2$, $v(x, y) = 2xy$ である．これより，直線 $x = a$ は

## 6.1 写像の等角性

$$u = -\frac{1}{4a^2}v^2 + a^2$$

に，直線 $y = b$ は

$$u = \frac{1}{4b^2}v^2 - b^2$$

に写される．ただし，$a = 0$ では $v = 0$, $u \leq 0$ で定まる半直線；$b = 0$ では $v = 0$, $u \geq 0$ で定まる半直線になる．2つの曲線の交点 $(u, v) = (a^2 - b^2, 2ab)$ における接線の傾き $\dfrac{du}{dv}$ は，おのおの $-\dfrac{b}{a}, \dfrac{a}{b}$ であり，直交していることが確かめられる．なお，直線 $x = -a$ も $x = a$ と同じ曲線に写されるし，$y = -b$ も $y = b$ と同じ曲線に写される．これは，$z = 1$ と $z = -1$ がともに $w = 1$ に写されるように，原点を除く領域では $z$-平面の2点が $w$-平面の1点に対応するためである．

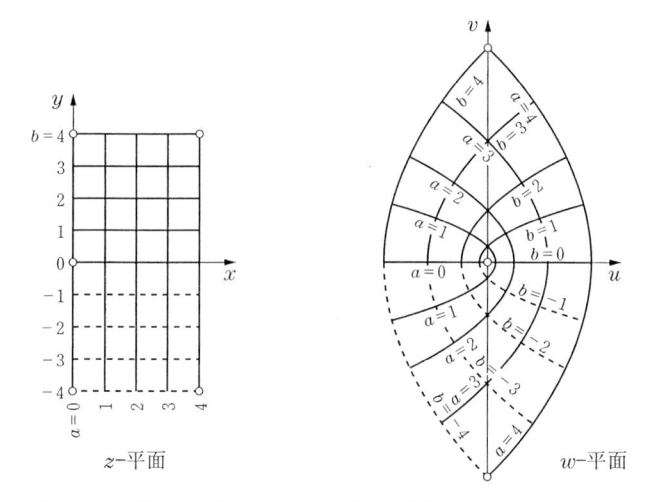

図6.3 関数 $w = z^2$ による $z$-平面の2直線 $x = a, y = b$ の像：$w$-平面の放物線に写像されている．

逆に，$c, d$ を実定数として，$w$-平面の直交する2直線 $u = c$, $v = d$ は，$f(z) = z^2$ によって $z$-平面のどのような曲線から写像されるか考えてみよう．$u = x^2 - y^2$, $v = 2xy$ より，おのおの

$$x^2 - y^2 = c, \qquad 2xy = d$$

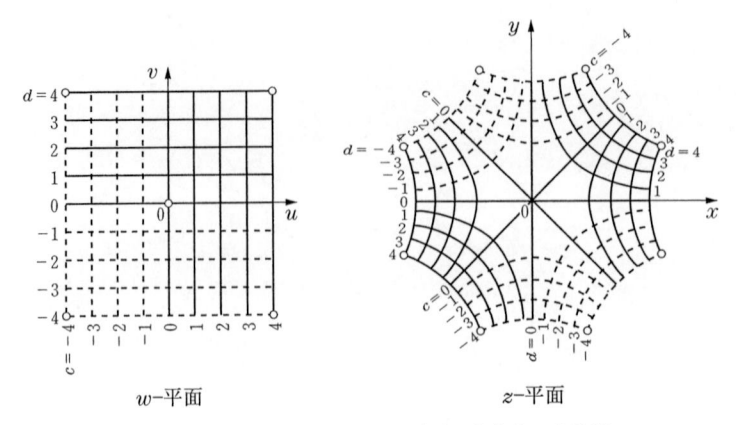

図 6.4 関数 $w = z^2$ によって，$w$-平面の直交する直線群 $u = c$, $v = d$ ($w = u + vi = z^2$) に写される $z$-平面の曲線群.

という 2 つの双曲線を表す．このことからも，$z$-平面の 2 本の曲線が $w$-平面の 1 本の直線に写っていることがわかる．$(x, y) = (x_0, y_0)$ における接線の傾きはおのおの $\dfrac{dy}{dx} = \dfrac{x_0}{y_0}$, $\dfrac{dy}{dx} = -\dfrac{y_0}{x_0}$. したがって，2 つの曲線の交点において，両曲線の接線は直交している．

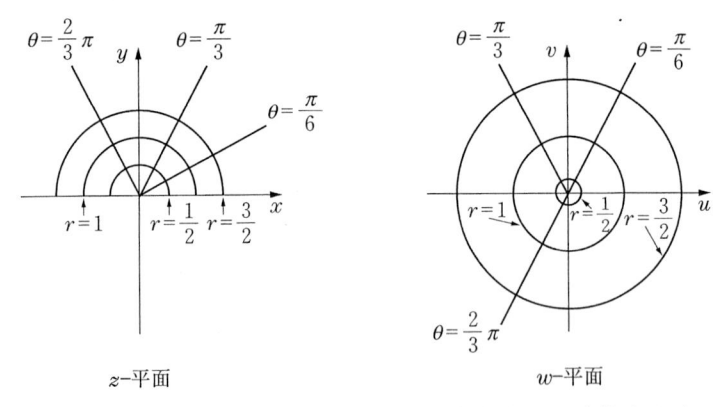

図 6.5 $w = z^2$, $z = re^{i\theta}$ とするとき，$z$-平面の円 $r = $ 定数 および，半直線 $\theta = $ 定数 の $w$-平面の像：$z$-平面の上半平面が $w$-平面の全平面に写される．

次に，$z$-平面の 原点を中心とする同心円と その中心を始点とする半直線が，$w = f(z) = z^2$ によって，$w$-平面にどのように写されるか考えてみよう．そのためには，極形式で表示すると都合がよい．$z = re^{i\theta}$，$w = \rho e^{i\phi}$ とすると，$w = z^2$ より，$\rho = r^2$，$\phi = 2\theta$ を得る．$z$-平面の 原点を中心とする円は $r = a$（定数）で与えられるので，原点を中心とする半径 $a^2$ の円に，$z$-平面の半直線は $\theta = b$（定数）で与えられるので，$\phi = 2b$ で定まる半直線に写る．原点を中心とする同心円と原点を通る半直線では，直交性が保たれているのは明らかである．これから，$z$-平面の領域 $0 \leq \theta \leq b$ は $w$-平面の領域 $0 \leq \phi \leq 2b$ に写されるので，$z$-平面の上半平面（一般には，原点を通る任意の直線で分割される一方の平面）は $w$-平面全体に写されることがわかる． ◆

## 例 2

$w = f(z) = \dfrac{1}{z}$ を考える．極形式 $z = re^{i\theta}$，$w = \rho e^{i\phi}$ では，

$$\rho e^{i\phi} = \frac{1}{r}e^{-i\theta}$$

であるから，$\rho = \dfrac{1}{r}$，$\phi = -\theta$ となる．したがって，例えば，原点を中心とする円は原点を中心とする円に，原点を通る直線は原点を通る直線に写る．ただし，単位円をはさんで，大きな円ほど小さな円に写され，小さな円ほど大きな円に写される．なお，原点 $r = 0$ において この写像は定義できない．

次に，$z = x + yi$，$w = u + vi$ とすると，

$$u + vi = \frac{x}{x^2 + y^2} + \frac{-yi}{x^2 + y^2}$$

逆に

$$x + yi = \frac{u}{u^2 + v^2} + \frac{-vi}{u^2 + v^2}$$

であるので，直線 $x = a$ は $\dfrac{u}{u^2 + v^2} = a$ を与え，

$$\left(u - \frac{1}{2a}\right)^2 + v^2 = \left(\frac{1}{2a}\right)^2 \tag{6.2}$$

のように，$w$-平面では，原点を通って 中心が $u$ 軸上にある円に写される．同様に，直線 $y = b$ は

のように，原点を通って中心が $v$ 軸上にある円に写される．この2つの円の交点は，(6.2) と (6.3) から，$(u, v) = (0, 0), \left(\dfrac{a}{a^2+b^2}, -\dfrac{b}{a^2+b^2}\right)$ である．円 $(u-p)^2 + (v-q)^2 = r^2$ の点 $(u_0, v_0)$ における接線は，$(u_0 - p)(u - p) + (v_0 - q)(v - q) = r^2$ で与えられるから，(6.2) と (6.3) の点 $(0, 0)$ における接線は，

$$u = 0, \qquad v = 0$$

$$u^2 + \left(v + \frac{1}{2b}\right)^2 = \left(\frac{1}{2b}\right)^2 \tag{6.3}$$

図 6.6 $w = z^{-1}$ ($z = re^{i\theta}$) による，(a) $r = $ 一定 で与えられる円と，$\theta = $ 一定 で与えられる半直線による $w$-平面の像：(b) $z$-平面の直線と $w$-平面の円の対応．

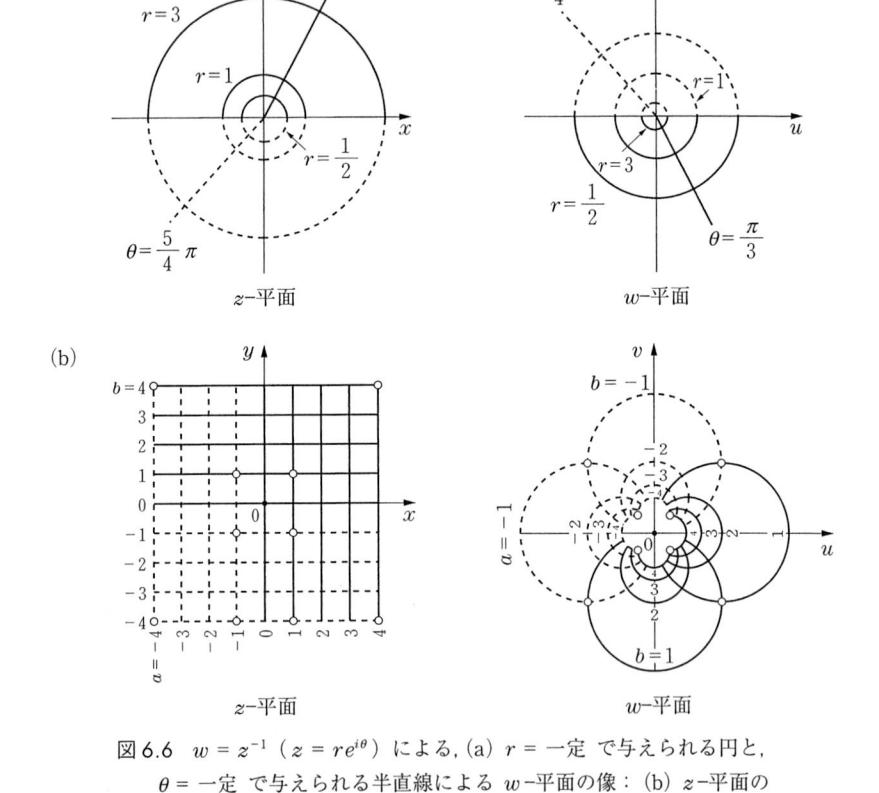

であり，点 $\left(\dfrac{a}{a^2+b^2}, -\dfrac{b}{a^2+b^2}\right)$ では
$$(a^2 - b^2)u - 2abv = a, \qquad 2abu + (a^2 - b^2)v = b$$
である．どちらの点においても，2つの円の接線は直交していることがわかる．

$w = \dfrac{1}{z}$ は $z = \dfrac{1}{w}$ を意味するから，$w$-平面の直線 $u = c$, $v = d$ に写されるのは，おのおの $z$-平面の 原点を通り $x$-軸上および $y$-軸上に中心をもつ円である． ◆

**問題 1** $z$-平面の滑らかな曲線 $C$ と，$C$ を含む領域で正則な複素関数 $f(z)$ がある．写像 $w = f(z)$ による曲線 $C$ の像の長さは，
$$\int_C |f'(z)|\,|dz|$$
で与えられることを示せ．

写像の等角性により，次の命題も成立する．

**命題 6.2** $D$ を $z$-平面内の領域，$f(z)$ を $D$ において正則な関数とする．$w = f(z)$ によって $w$-平面に写された $D$ の領域を $\Gamma$ とすると，$\Gamma$ の面積 $S_\Gamma$ は
$$S_\Gamma = \iint_D |f'(z)|^2 \, dxdy$$
で与えられる．

**【証明】** $w = u + vi$ とするとき，
$$S_\Gamma = \iint_\Gamma du dv$$
である．したがって，重積分の変数変換の公式により，
$$S_\Gamma = \iint_D |J(x,y)|\,dxdy$$
ここで，$J(x,y)$ は $J(x,y) = \begin{vmatrix} u_x & u_y \\ v_x & v_y \end{vmatrix}$ で定義されるヤコビアンである．コーシー・リーマンの方程式 (15 ページの (2.6) 式) より，

$$J(x,y) = u_x v_y - u_y v_x = u_x^2 + v_x^2$$

ところが, $f'(z) = u_x + iv_x$ であるから,

$$J(x,y) = |f'(z)|^2$$

よって, 命題が成立する. □

## 6.2 無限遠点とリーマン球面

前節の例 2 で考えた写像 $w = \dfrac{1}{z}$ では, $z = 0$ は $w$-平面のどこにも写像されず, $z$-平面から $w = 0$ に写像される点も存在しなかった. しかし, $\displaystyle\lim_{z \to 0} \dfrac{1}{z}$ が 1 つの点 $\infty$ に収束すると規定し, $\mathbf{P} = \mathbf{C} \cup \{\infty\}$ として, 定義域と値域を $\mathbf{P}$ まで拡張すると, $z = 0$ は $w = \infty$ に, $z = \infty$ は $w = 0$ に写されると考えることが可能になる. そうすると, この写像は $\mathbf{P}$ から $\mathbf{P}$ への全単射写像を与えることになる. このように複素関数を扱う場合には, $\mathbf{P}$ を考えると整合性の取れた理論を展開できることが多い. この $\mathbf{P}$ を**リーマン球面**または**複素射影直線**と呼び, $\infty$ を**無限遠点**と呼ぶ.

$\mathbf{P}$ がリーマン「球面」と呼ばれるのは, 次のように球面と 1 対 1 の対応がつくからである. 3 次元空間 $\mathbf{R}^3$ の中の $xy$-平面を複素平面とみなす. $\mathbf{R}^3$ の原点 O を中心とする, 半径 1 の球面 $x^2 + y^2 + z^2 = 1$ を $S$ とし, その「北極」$(0, 0, 1)$ を点 N とする. 点 N とは異なる球面 $S$ 上の点 P に対して, 2 点 N, P を通る直線 $\ell$ が複素平面と交わる点を P′ とする.

このとき, 点 P と P′ との対応を考えると, これは N 以外の球面上の点と複素平面上の点との 1 対 1 対応になっており, この対応により, 複素平面は球面から 1 点 N を除いたものと同一視される. ここで複素平面上の点 P′ をどんどん遠くにもっていくと (つまり OP′ を大きくしていくと), P′ に対応する球面上の点 P は北極 N にどんどん近づき, OP′ → ∞ とすると, P は N に収束する. このことから, 点 N は, 複素平面上の原点からの距離が無

## 6.2 無限遠点とリーマン球面

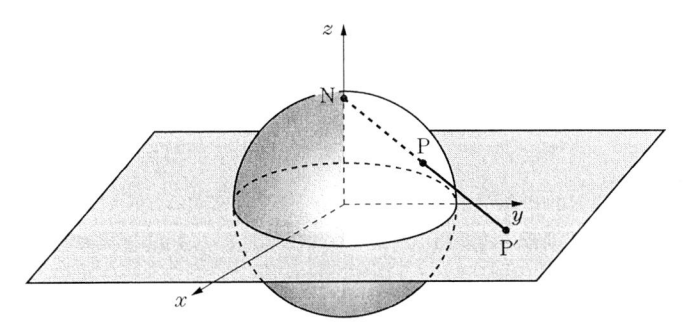

図 6.7 リーマン球面と複素平面の対応

限大の所をまとめて 1 つの点にしたもの，と解釈できる．よって，北極 N を無限遠点 $\infty$ とみなせば，$\mathbf{C} \cup \{\infty\}$ を球面 $S$ 全体と同一視できるのである[1]．

**問題 1** 複素平面上の 2 点 $z_1, z_2$ がリーマン球面の直径の両端に対応するとき，$z_1$ を用いて $z_2$ を表せ．

ここまでの説明により，P を球面という実体のあるものでとらえることができたが，無限遠点 $\infty$ を通常の複素数と同等に扱うには，複素数の演算 (p. 2) を無限遠点まで自然に拡張する必要がある．そこでリーマン球面を別の方法で説明しよう．まず複素平面を 2 つ考える．一方の複素平面上の点を $z$ で，もう一方の点を $w$ で表し，両方の複素平面から原点を除いた領域を，

---

[1] 球面を $x^2 + y^2 + (z-1)^2 = 1$ として，北極 N$(0, 0, 2)$ から $xy$-平面上へ直線を引いたとき，この直線が交わる球面上の点と $xy$-平面上の点を対応させても，球面と $xy$-平面との 1 対 1 の対応を得る．

本文中の対応関係では，南半球面が $xy$-平面の円の内部 $x^2 + y^2 \leq 1$ に，北半球面が $x^2 + y^2 \geq 1$ に対応している．とくに赤道上が $xy$-平面の円 $x^2 + y^2 = 1$ に一致する．一方，ここで述べた対応では，南極 $(0, 0, 0)$ と $xy$-平面の原点とが一致することになる．

$w = \dfrac{1}{z}$ の関係によって貼り合わせる．こうして貼り合わせた領域は，一方の複素平面に他方の複素平面の原点を付け加えたものになる．つまり，$z$-平面に $w = \dfrac{1}{z}$ で対応する $w$-平面の原点 $w = 0$ を付け加えたもので，$w = 0$ が $z$ の無限遠点にあたり，**P** と同一視できる．

この構成法の長所は，無限遠点の近くで考えるときには，変数 $w$ を用いて $w = 0$ の近くで計算すればよく，無限遠点を特別な点ではなく一般の複素数と同じように扱うことができる点にある．例えば，$f(z) = z^2 - z$ という多項式の挙動を $z = \infty$ の近くで考えるときには，$w = \dfrac{1}{z}$ とおいて，$f\left(\dfrac{1}{w}\right) = \dfrac{1-w}{w^2}$ を $w = 0$ の近傍で考えればよい．

最後に，$\widetilde{\mathbf{P}} = \mathbf{C}^2 - \{(0,0)\}$ として，上に述べた定義と同等である，ある同値関係 $\sim$ を $\widetilde{\mathbf{P}}$ に入れたものを **P** とする定義を紹介しよう．
$(z_1, z_2), (z_1', z_2') \in \widetilde{\mathbf{P}}$ に対して，

$$(z_1, z_2) \sim (z_1', z_2') \iff z_1 z_2' = z_1' z_2$$

とする．このとき，

$$(z_1, z_2) \sim (z_1, z_2) \tag{6.4}$$

$$(z_1, z_2) \sim (z_1', z_2') \longrightarrow (z_1', z_2') \sim (z_1, z_2) \tag{6.5}$$

$$(z_1, z_2) \sim (z_1', z_2') \text{ かつ } (z_1', z_2') \sim (z_1'', z_2'')$$
$$\longrightarrow (z_1, z_2) \sim (z_1'', z_2'') \tag{6.6}$$

が成り立つ．実際，(6.4), (6.5) は定義より明らか．また，仮定により，$z_1'$ または $z_2'$ は 0 ではない．$z_1' \neq 0$ とすると，$z_2 = \dfrac{z_1 z_2'}{z_1'}$, $z_2'' = \dfrac{z_1'' z_2'}{z_1'}$ であり，$z_1 z_2'' = z_1'' z_2 = \dfrac{z_1 z_1'' z_2'}{z_1'}$ となる．$z_2' \neq 0$ の場合も同様であり，(6.6) が成り立つ．以上より，$\sim$ は同値関係である．そこで **P** を

$$\mathbf{P} = \{(z_1 : z_2) \mid (z_1, z_2) \in \widetilde{\mathbf{P}} \text{ かつ } (z_1, z_2) \sim (z_1', z_2') \text{ ならば,}$$
$$(z_1 : z_2) = (z_1' : z_2')\}$$

と定義する．**P** の任意の点 $(z_1 : z_2)$ は，$z_2 \neq 0$ であれば，$z = \dfrac{z_1}{z_2}$ として

$(z_1 : z_2) = (z : 1)$ となり，$z$-平面と同一視できる．また，$z_1 \neq 0$ ならば $w = \dfrac{z_2}{z_1}$ として $(z_1 : z_2) = (1 : w)$ であり，$w$-平面と同一視できる．$z_1$, $z_2 \neq 0$ ならば $w = \dfrac{1}{z}$ が成り立ち，上述の2枚の複素平面を貼り合わせて作った **P** の定義と等価であることがわかる．無限遠点 $\infty$ は $(1:0)$ に対応している．この $(z_1 : z_2)$ を **P** の**斉次座標**という．このとき，**P** 上の関数は $z_1, z_2$ の同次式として表現される．例えば，$z$-平面上で $f(z) = \dfrac{z^2+1}{z+2}$ であれば $f((z_1 : z_2)) = \dfrac{z_1^2 + z_2^2}{z_1 z_2 + 2 z_2^2}$ となる．

## 6.3　1次変換

$a, b, c, d$ を $ad - bc \neq 0$ を満たす複素数とし，
$$w = \frac{az+b}{cz+d} \tag{6.7}$$
とする．関数 $\dfrac{az+b}{cz+d}$ を **1次分数関数**または1次関数といい，(6.7) によって $z$-平面の点 $z$ を $w$-平面の点 $w$ に対応させる変換を，**1次変換**または**メビウス**（Möbius）**変換**という．

**注意1**　1次変換 (6.7) は，0でない定数 $\lambda$ を用いて，$(a, b, c, d) \to (\lambda a, \lambda b, \lambda c, \lambda d)$ としても不変である．したがって，$ad - bc \neq 0$ の代わりに，例えば $ad - bc = 1$ を条件としても一般性は失われない．

**命題 6.3**　1次変換によって，リーマン球面はリーマン球面に写像され，その対応は1対1である．

【証明】　$f(z) = \dfrac{az+b}{cz+d}$ とおく．(6.7) より，$c = 0$ の場合は $ad - bc \neq 0$ より $ad \neq 0$．したがって，$w = \dfrac{a}{d} z + \dfrac{b}{d}$ となり，$z$-平面上の任意の点は $w$-平面上の1点に対応する．このとき，$f(z_1) = f(z_2)$ とすると，

$$\frac{a}{d}z_1 + \frac{b}{d} = \frac{a}{d}z_2 + \frac{b}{d} \rightarrow \frac{a}{d}(z_1 - z_2) = 0$$

であるので，$z_1 = z_2$ となり，対応 $z \rightarrow w$ は単射である．$w = \frac{a}{d}z + \frac{b}{d}$ を逆に解くと，$z = \frac{d}{a}w - \frac{b}{a}$ であり，$w$-平面上の任意の点に対応する $z$-平面上の点が存在するから，この写像は全射である．よって，$z$-平面上の点は $w$-平面上の点に 1 対 1 に対応する．また，$\lim_{|z|\to\infty} \frac{a}{d}z + \frac{b}{d} = \infty$ であるので，無限遠点は無限遠点に対応する．よって，$z$ と $w$ のリーマン球面同士は，(6.7) において 1 対 1 に対応する．

$c \neq 0$ とすると，$z = -\frac{d}{c}$ 以外の点は $w$-平面の点に写される．

$$\frac{1}{w} = \frac{cz + d}{az + b}$$

より，$z = -\frac{d}{c}$ は $\frac{1}{w} = 0$ に写されるので，この点は無限遠点に写像される．また，

$$w = \frac{a + bz^{-1}}{c + dz^{-1}}$$

であるので，無限遠点 $z = \infty \Leftrightarrow z^{-1} = 0$ は $w = \frac{a}{c}$ に写像される．

$f(z_1) = f(z_2)$ とすると，

$$\frac{az_1 + b}{cz_1 + d} - \frac{az_2 + b}{cz_2 + d} = \frac{(ad - bc)(z_1 - z_2)}{(cz_1 + d)(cz_2 + d)} = 0$$

であり，$ad - bc \neq 0$ であるので $z_1 = z_2$．よって，この写像は単射である．また，(6.7) を逆にとくと

$$z = \frac{dw - b}{-cw + a} \qquad (6.8)$$

これは $w$ から $z$ への 1 次変換とみなすことができ，$da - (-b)(-c) = ad - bc \neq 0$ であるので，$z$ を $w$ と入れ換えた上の議論がそのまま使えて，$w$ のリーマン球面上のすべての点に対応して，$z$ のリーマン面上の点が存在する．よって，この写像は全射である．以上からこの 1 次変換によって，$z$ と $w$ のリーマン球面同士は 1 対 1 に対応することがわかった． □

**命題 6.4** 1次変換の逆変換は1次変換である．また，1次変換の合成も1次変換になる．

**【証明】** (6.8) により，逆変換も1次変換であることは示されている．また，
$$f(z) = \frac{az+b}{cz+d}, \qquad g(z) = \frac{a'z+b'}{c'z+d'}$$
とすれば，合成した変換
$$(g \circ f)(z) \equiv g(f(z)) = \frac{(a'a+b'c)z+(a'b+b'd)}{(c'a+d'c)z+(c'b+d'd)}$$
では，
$$(a'a+b'c)(c'b+d'd) - (a'b+b'd)(c'a+d'c)$$
$$= (a'd'-b'c')(ad-bc) \neq 0$$
であるので，やはり1次変換である． □

**注意 2** リーマン球面の斉次座標を用いると，1次変換 $(z_1:z_2) \to (w_1:w_2)$ は行列によるベクトルの1次変換として表される：
$$\begin{pmatrix} w_1 \\ w_2 \end{pmatrix} = \begin{pmatrix} a & b \\ c & d \end{pmatrix} \begin{pmatrix} z_1 \\ z_2 \end{pmatrix}$$
また，これから写像の合成や逆写像も行列の演算として実現されることがわかる．

**命題 6.5** 任意の1次変換は，3種類の基本変換：

(1) 定数倍 $w = az$

(2) 平行移動 $w = z + b$

(3) 逆数をとる操作 $w = \dfrac{1}{z}$

を有限回(高々4回)合成して得られる．

**【証明】** 任意の1次変換を $w = \dfrac{az+b}{cz+d}$ とする．$c = 0$ では
$$w = \frac{a}{d}\left(z + \frac{b}{a}\right)$$

であるので，$f_1(z) = z + \dfrac{b}{a}$, $f_2(z) = \dfrac{a}{d}z$ として，$w = (f_2 \circ f_1)(z)$ によって得られる．

$c \neq 0$ であれば

$$w = \frac{bc - ad}{c^2} \frac{1}{z + \dfrac{d}{c}} + \frac{a}{c}$$

であるので，

$$f_1(z) = z + \frac{d}{c}, \quad f_2(z) = \frac{1}{z}, \quad f_3(z) = \frac{bc-ad}{c^2}z, \quad f_4(z) = z + \frac{a}{c}$$

を順に合成すればよい． □

**定義 6.6** 4つの複素数 $z_1, z_2, z_3, z_4$ が与えられたとき，

$$[z_1, z_2, z_3, z_4] = \frac{z_1 - z_3}{z_1 - z_4} \Big/ \frac{z_2 - z_3}{z_2 - z_4} \tag{6.9}$$

と定義して，これを**複比**（cross ratio）または，非調和比（anharmonic ratio）といい，左辺の記号で表す．

**命題 6.7** 1次変換によって複比は不変である．すなわち，$z_i$（$i = 1, 2, 3, 4$）が1次変換によって写されるリーマン球面上の点を $w_i$（$i = 1, 2, 3, 4$）とすると，$[w_1, w_2, w_3, w_4] = [z_1, z_2, z_3, z_4]$ である．

【証明】 1次変換を $w = \dfrac{az+b}{cz+d}$ とする．直接代入すると，

$$[w_1, w_2, w_3, w_4] = \frac{(w_1 - w_3)(w_2 - w_4)}{(w_1 - w_4)(w_2 - w_3)}$$

$$= \frac{\{(az_1+b)(cz_3+d) - (az_3+b)(cz_1+d)\}}{\{(az_1+b)(cz_4+d) - (az_4+b)(cz_1+d)\}}$$

$$\times \frac{\{(az_2+b)(cz_4+d) - (az_4+b)(cz_2+d)\}}{\{(az_2+b)(cz_3+d) - (az_3+b)(cz_2+d)\}}$$

$$= \frac{(ad-bc)^2(z_1-z_3)(z_2-z_4)}{(ad-bc)^2(z_1-z_4)(z_2-z_3)} = [z_1, z_2, z_3, z_4]$$

となる． □

## 6.3　1次変換

**定理 6.8**　$z$-平面上の相異なる3点 $z_1, z_2, z_3$ を，おのおの $w$-平面上の相異なる3点 $w_1, w_2, w_3$ に写す1次変換はただ1つ存在し，

$$[w, w_1, w_2, w_3] = [z, z_1, z_2, z_3] \tag{6.10}$$

によって与えられる．

【証明】　以下では，$\mathbf{P}_z, \mathbf{P}_u$ などは，おのおの $z$-平面，$u$-平面に対するリーマン球面を表すものとする．$u = [z, z_1, z_2, z_3]$ とすると，$a = \dfrac{z_1 - z_3}{z_1 - z_2}$ とおけば

$$u = \frac{az - az_2}{z - z_3}, \qquad a \times (-z_3) - (-az_2) \times 1 = a(z_2 - z_3) \neq 0$$

であるので，$z \to u$ は $\mathbf{P}_z$ から $\mathbf{P}_u$ への1次変換であり，命題6.3より，1対1に対応している．また，$z = z_1, z_2, z_3$ は おのおの $u = 1, 0, \infty$ に対応する．同様に，$u = [w, w_1, w_2, w_3]$ も $\mathbf{P}_w$ から $\mathbf{P}_u$ への1次変換であり，$w = w_1, w_2, w_3$ は $u = 1, 0, \infty$ に対応する．この逆変換もまた，命題6.4によって，1次変換である．$[w, w_1, w_2, w_3] = [z, z_1, z_2, z_3]$ によって与えられる変換 $z \to w$ は，$\mathbf{P}_z$ から $\mathbf{P}_u$ への1次変換と，$\mathbf{P}_u$ から $\mathbf{P}_w$ への1次変換を合成したものと考えられる．よって，再び命題6.4により，$\mathbf{P}_z$ から $\mathbf{P}_w$ への1次変換となる．また，写像の1対1対応性から $z_1, z_2, z_3$ はおのおのの $w_1, w_2, w_3$ に対応する．したがって，(6.10)は，$z_1, z_2, z_3$ を $w_1, w_2, w_3$ に写す1次変換を与える．

次に，このような写像は ただ1つしか存在しないことを示す．2つの1次変換

$$w = \frac{az + b}{cz + d}, \qquad w = \frac{a'z + b'}{c'z + d'}$$

が，ともに $z_1, z_2, z_3$ を $w_1, w_2, w_3$ に写すとすると，

$$\frac{az_i + b}{cz_i + d} = \frac{a'z_i + b'}{c'z_i + d'} \qquad (i = 1, 2, 3)$$

より，

$$(az_i + b)(c'z_i + d') - (a'z_i + b')(cz_i + d)$$
$$= (ac' - a'c)z_i^2 + (ad' - a'd + bc' - b'c)z_i + (bd' - b'd) = 0$$
$$(i = 1, 2, 3)$$

これは高々 2 次の方程式
$$(ac' - a'c)x^2 + (ad' - a'd + bc' - b'c)x + (bd' - b'd) = 0$$
が 3 つの相異なる解をもつことを意味するから，係数はすべて 0 でなければならない．$a = c = 0$ では $ad - bc = 0$ となり，1 次変換にならないので $a = c = 0$ ではない．したがって，$ac' - a'c = 0$ から $a : c = a' : c'$ であり，$a' = \alpha a$, $c' = \alpha c$ となる複素数 $\alpha$ が存在する．同様にして，$bd' - b'd = 0$ より $b : d = b' : d'$ であり，$b' = \beta b$, $d' = \beta d$ となる複素数 $\beta$ が存在する．すると，
$$ad' - a'd + bc' - b'c = (\beta - \alpha)(ad - bc) = 0$$
より，$\alpha = \beta$ でなければならない．これは
$$a : b : c : d = a' : b' : c' : d'$$
を意味するから，2 つの 1 次変換は同一である．以上により，(6.10) によって定まる 1 次変換は ただ 1 つしか存在しないことが示された．□

**定理 6.9** 1 次変換 (6.7) によって $z$-平面の円は $w$-平面の円に写される．ただし，ここでいう円とは，特別な場合として直線を含むものとする．

**【証明】** 命題 6.5 により，任意の 1 次変換は，平行移動と定数倍と逆数をとる操作の合成として表される．このうち，平行移動と定数倍は，円を円に写すことは明らかであるので，$w = \dfrac{1}{z}$ が円を円に写すことを確かめればよい．$z$-平面の点 $a$ を中心とする半径 $r$ の円は
$$|z - a| = r$$
したがって，$w = \dfrac{1}{z}$ によって写された像は
$$\left|\dfrac{1}{w} - a\right| = r$$

$\alpha = 0$ であれば，$|w| = \dfrac{1}{r}$ であり，原点を中心とする円に写像されることがわかる．$\alpha \neq 0$ のとき，

$$\left| w - \frac{1}{\alpha} \right| = \frac{r}{|\alpha|} |w|$$

これは $w$ が，点 $\dfrac{1}{\alpha}$ までの距離と原点までの距離の比が $\dfrac{r}{|\alpha|}$ である点の軌跡を動くことを意味している．平面上で相異なる 2 点までの距離の比が一定である点の軌跡は円（**アポロニウスの円**）であるので，$z$-平面の円は，$w = \dfrac{1}{z}$ によって，確かに $w$-平面の円に写像されている．

なお，$\dfrac{r}{|\alpha|} = 1$ の場合は，点 $\dfrac{1}{\alpha}$ と原点とを結ぶ線分の垂直二等分線になる．また，$z$-平面上の任意の直線は適当な 2 点を結ぶ線分の垂直二等分線として与えられる．したがって，その 2 点を $\alpha, \beta$ とすれば，$z$-平面上の直線は $|z - \alpha| = |z - \beta|$ と表示できる．$\alpha \neq 0, \beta \neq 0$ としても一般性を失わないから，1 次変換 $w = \dfrac{1}{z}$ によって

$$|1 - \alpha w| = |1 - \beta w| \to \left| w - \frac{1}{\alpha} \right| = \left| \frac{\beta}{\alpha} \right| \left| w - \frac{1}{\beta} \right|$$

となって，やはり円に写像される． □

**定義 6.10** 平面上の点 P, Q が円 $C$ に関して互いに**鏡像の位置**にあるとは，円 $C$ の中心を O，半径を $r$ とするとき，3 点 O, P, Q が O を始点とする半直線上にあり，かつ $\overline{\mathrm{OP}} \cdot \overline{\mathrm{OQ}} = r^2$ となることである．また，点 P, Q が直線 $\ell$ に関して互いに鏡像の位置にあるとは，$\ell$ が線分 PQ の垂直二等分線であることである．

**命題 6.11** 平面上の点 P, Q が円 $C$（または直線）に関して互いに鏡像の位置にあるための必要十分条件は，円 $C$ 上の点 R までの距離の比 $\overline{\mathrm{PR}} : \overline{\mathrm{QR}}$ が，点 R のとり方によらず一定であることである．

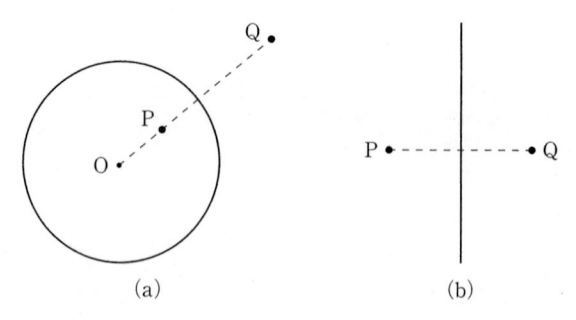

図 6.8 鏡像の位置にある 2 点 P, Q ((a) 円, (b) 直線)

**【証明】** $C$ が直線の場合は明らかであり，距離の比は 1 である．$C$ が円の場合にも，初等的な計算によって P, Q が鏡像の位置にあることと比が一定であることの等価性が証明できる ( 次ページの問題 1 参照 )． □

**定理 6.12** $z$-平面上の 2 点 $z_1, z_2$ が円 ( 直線を含む ) $C$ に関して互いに鏡像の位置にあるとする．任意の 1 次変換によって，$z_1, z_2$ および円 $C$ が，$w_1, w_2$ および円 $D$ ( 直線を含む ) に写されたとすると，$w_1, w_2$ は $D$ に関して互いに鏡像の位置にある．

**【証明】** $z_1, z_2$ と異なる点 $z_0$ を 1 つ定め，1 次変換によって，$z_0, z_1, z_2$ が $w_0, w_1, w_2$ に写像されたとすると，定理 6.8 によって，$[w, w_0, w_1, w_2] = [z, z_0, z_1, z_2]$ であるので，

$$\frac{(w-w_1)(w_0-w_2)}{(w-w_2)(w_0-w_1)} = \frac{(z-z_1)(z_0-z_2)}{(z-z_2)(z_0-z_1)} \tag{6.11}$$

命題 6.11 より，円 $C$ は，ある正の数 $r$ が存在して，

$$\left|\frac{z-z_1}{z-z_2}\right| = r$$

と与えられる．(6.11) により，

$$\left|\frac{w-w_1}{w-w_2}\right|\left|\frac{w_0-w_2}{w_0-w_1}\right| = \left|\frac{z-z_1}{z-z_2}\right|\left|\frac{z_0-z_2}{z_0-z_1}\right|$$

であるので，$w$-平面の円 $D$ は

$$\left|\frac{w-w_1}{w-w_2}\right| = R, \qquad R = r\left|\frac{(z_0-z_2)(w_0-w_1)}{(z_0-z_1)(w_0-w_2)}\right|$$

で与えられる．したがって，命題 6.11 より，$w_1, w_2$ は円 $D$ に関して鏡像の位置にある． □

**問題 1** 平面上の相異なる 2 点 A, B からの距離の比が一定である点の軌跡は円であり，点 A, B はこの円に関して鏡像の位置にあることを示せ．

## 6.4 2次元ポテンシャルとその応用

電磁気学では，静電場（時間的に変動しない電荷分布によって引き起こされる電場ベクトル）$\boldsymbol{E}(x,y,z)$ は，次の微分方程式を満たすことが知られている．

$$\nabla \cdot \boldsymbol{E}(x,y,z) = 4\pi\rho(x,y,z) \tag{6.12}$$

$$\nabla \times \boldsymbol{E}(x,y,z) = \boldsymbol{0} \tag{6.13}$$

ここで，$\nabla = \left(\dfrac{\partial}{\partial x}, \dfrac{\partial}{\partial y}, \dfrac{\partial}{\partial z}\right)$（ベクトル演算子）であり，$\rho(x,y,z)$ は点 $(x,y,z)$ における電荷密度である．(6.13) より，$\boldsymbol{E}(x,y,z)$ は，**スカラーポテンシャル** $\Phi(x,y,z)$ によって

$$\boldsymbol{E}(x,y,z) = -\nabla\Phi(x,y,z) \equiv \left(-\dfrac{\partial\Phi}{\partial x}, -\dfrac{\partial\Phi}{\partial y}, -\dfrac{\partial\Phi}{\partial z}\right) \tag{6.14}$$

と表されることが知られている．なお，物理学においては，$\Phi$ は電位と呼ばれる物理量に対応する．(6.12), (6.14) より，$\Phi(x,y,z)$ は次の**ポアソン方程式**を満たす．

$$\frac{\partial^2\Phi}{\partial x^2} + \frac{\partial^2\Phi}{\partial y^2} + \frac{\partial^2\Phi}{\partial z^2} = -4\pi\rho(x,y,z) \tag{6.15}$$

とくに，考えている領域に電荷が存在しなければ

$$\frac{\partial^2\Phi}{\partial x^2} + \frac{\partial^2\Phi}{\partial y^2} + \frac{\partial^2\Phi}{\partial z^2} = 0 \tag{6.16}$$

となり，この方程式は（3次元の）**ラプラス方程式**と呼ばれる．さらに電場

が $z$-方向に一様であれば，$\dfrac{\partial^2 \Phi}{\partial z^2} = 0$ となるので，

$$\frac{\partial^2 \Phi}{\partial x^2} + \frac{\partial^2 \Phi}{\partial y^2} = 0 \tag{6.17}$$

が成り立ち，これは正則関数が満たす（2次元の）ラプラス方程式 (p.17) である．以下では，スカラーポテンシャルが (6.17) を満たし，$\Phi = \Phi(x, y)$ となる場合を考える[2]．$\Phi(x, y)$ が，考えている領域で，ある正則関数 $f(z)$ の実部として与えられるとしよう[3]．すなわち，

$$f(z) = \Phi(x, y) + i\Psi(x, y) \quad (z = x + yi, \ \Phi, \Psi \text{ は実関数})$$

とする．このとき，$\Phi(x, y) = $ 一定 を満たす $(x, y)$ は，$xy$-平面上の曲線を与える．この曲線上で電位は等しく，**等電位線**と呼ばれる．その線上のすべての点で等電位線と直交する曲線を**電気力線**という．荷電粒子は電気力線に沿う方向にクーロン力を受ける．

**命題 6.13** 上の記法のもとで，$\Psi(x, y) = $ 一定 で与えられる曲線は電気力線である．

**【証明】** 写像 $w = f(z)$ において $w = u + vi$ とすると，$w$-平面において，$u = $ 一定 の直線と $v = $ 一定 の直線は互いに直交する．$f(z) = \Phi(x, y) + i\Psi(x, y)$ だから，写像の等角性（命題 6.1）により，$z$-平面上の曲線 $\Phi = $ 一定 と曲線 $\Psi = $ 一定 も互いに直交する．$\Phi = $ 一定 は等電位線を表すから，$\Psi = $ 一定 の表す曲線は電気力線である． □

**注意 1** 正則関数の虚部もラプラス方程式を満たす．したがって，スカラーポテンシャルを虚部 $\Psi$ にとってもよい．このとき，実部 $\Phi = $ 一定 が電気力線を与える．スカラーポテンシャルを実部とするか虚部とするかは，必要に応じて決めればよい．

---

2) $z$-方向に一様な電場の場合，(6.17) の解は $\Phi(x, y, z) = \Phi_1(x, y) + cz$ （$c$ は定数，$\Phi_1(x, y)$ は2次元のラプラス方程式の解）となる．この $\Phi_1(x, y)$ を新たに $xy$-平面の2変数関数 $\Phi(x, y)$ とおいたと考えればよい．
3) もちろん，この $z$ は複素変数である．

## 例1

$f(z) = \log z$ ($|z| > 0$) とすると、極座標表示によって、$\Phi(x, y) = \log r$, $\Psi(x, y) = \theta$ となる。$\Phi(x, y)$ は、$xy$-平面の原点を通り、平面に垂直な直線上に均一に分布する電荷によるスカラーポテンシャルである。したがって、$xy$-平面では、等電位線は原点を中心とする円となり、$\Psi = $ 一定 によって定まる原点からのびる半直線が電気力線を表す。

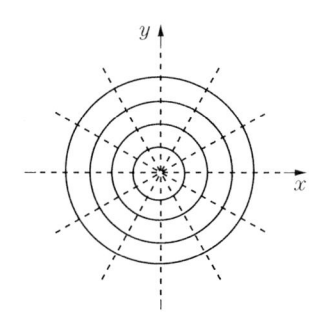

図 6.9 $\log z$ による等電位線（同心円）と電気力線（半直線）

◆

2次元のラプラス方程式 (6.17) は、3次元の1方向（ここでは $z$-軸方向）に一様で、縮まない渦なしの流れを記述する際にも用いられる。$xy$-平面内の流れの速度ベクトル $\boldsymbol{v}(x, y) = (v_1(x, y), v_2(x, y))$ は、**速度ポテンシャル** $\Phi(x, y)$ および**流れの関数** $\Psi(x, y)$ との間に

$$v_1 = \frac{\partial \Phi}{\partial x} = \frac{\partial \Psi}{\partial y} \tag{6.18}$$

$$v_2 = \frac{\partial \Phi}{\partial y} = -\frac{\partial \Psi}{\partial x} \tag{6.19}$$

なる関係がある（[今井][4]）。**複素速度ポテンシャル** $f$ を

$$f(z) = \Phi(x, y) + i\Psi(x, y) \quad (z = x + yi) \tag{6.20}$$

と定義すると、(6.18), (6.19) は $f$ がコーシー・リーマンの方程式 (p.15) を満たすことを意味する。速度ベクトル $\boldsymbol{v}(x, y)$ が $(x, y)$ に関して連続関数であれば、$\Phi(x, y)$, $\Psi(x, y)$ は $C^1$ 級であるので全微分可能であり、$f(z)$ は $z$ の正則関数である。静電磁気学の電気力線のように、流れの関数 $\Psi(x, y) = $ 一定 が表す曲線は**流線**と呼ばれ、その接線方向が流れの方向を表している。また、

---

[4] 今井 功 著：「流体力学（前編）」、裳華房(1973).

$$\frac{\partial f}{\partial x} = \frac{\partial \Phi}{\partial x} + i\frac{\partial \Psi}{\partial x} = v_1(x,y) - iv_2(x,y)$$

であるが，

$$\frac{\partial f}{\partial x} = \frac{\partial f}{\partial z} + \frac{\partial f}{\partial \bar{z}} = \frac{df}{dz}$$

であるので (p. 15)，

$$\frac{df}{dz} = v_1 - iv_2 \tag{6.21}$$

が成り立つ．

## 例 2

複素速度ポテンシャルとして簡単な正則関数を選び，それらがどのような流れを表すかを調べてみよう．

（1）（一様な流れ）

$$f(z) = Uz \quad (U \in \mathbf{R}) \quad \cdots ①$$

であるとき，

$$\frac{df}{dz} = v_1(x,y) - iv_2(x,y) = U$$

したがって，$v_1(x,y) = U$，$v_2(x,y) = 0$ であるので，①は $x$-軸に平行な速度 $U$ の流れを表す．

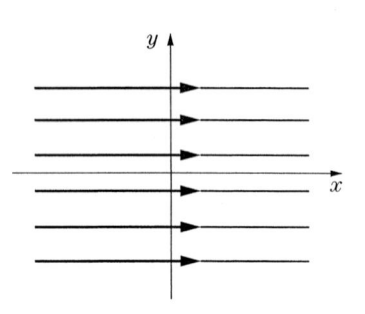

図 6.10 $x$-方向に一様な流れ

（2）（かどを回る流れ）

$$f(z) = Az^n \quad (A > 0,\ n \in \mathbf{Z}_+) \quad \cdots ②$$

とする．極表示 $z = re^{i\theta}$ を用いると，

$$\Phi = Ar^n \cos n\theta, \qquad \Psi = Ar^n \sin n\theta$$

である．また，

$$\frac{df}{dz} = nAz^{n-1} = nAr^{n-1}\cos(n-1)\theta + inAr^{n-1}\sin(n-1)\theta = v_1 - iv_2$$

$0 \leq \theta \leq \dfrac{\pi}{n}$ の範囲で流線（$\Psi = $ 一定）を考えてみると，とくに $\theta = 0, \dfrac{\pi}{n}$ で $\Psi = 0$．また，$nAr^{n-1}\cos(n-1)\cdot 0 = nAr^{n-1} > 0$ であるので，$\theta = 0$ では $x$-

## 6.4 2次元ポテンシャルとその応用

軸に沿って正方向への流れが存在する．

また，$\theta = \dfrac{\pi}{n}$ では

$$v_1 = nAr^{n-1}\cos\dfrac{(n-1)\pi}{n}$$

$$= -nAr^{n-1}\cos\dfrac{\pi}{n}$$

$$\dfrac{v_2}{v_1} = -\tan\dfrac{(n-1)\pi}{n} = \tan\dfrac{\pi}{n}$$

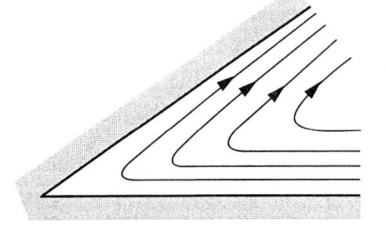

図 6.11 かどを回る流れ：壁面の近傍では壁面に平行に流れる．

であるから，$\theta = \dfrac{\pi}{n}$ に沿って原点方向へ近づく流れになる．②は，楔(くさび)形の領域で，かどを回る流れを表している．

(3) (湧き出し，吸い込み)

$$f(z) = m\log z \quad (|z| > 0,\ m \in \mathbf{R}) \quad \cdots ③$$

とする．極座標を用いると，

$$\Phi = m\log r, \qquad \Psi = m\theta$$

流線は，$\Psi = m\theta = $ 一定 だから，原点を始点とする半直線になる．流れの方向を調べると，速度ベクトル $\boldsymbol{v}$ における動径方向の速度 $v_r$ は，動径方向の単位ベクトルを $\boldsymbol{e}_r$ として，内積 $\boldsymbol{v}\cdot\boldsymbol{e}_r$ で与えられる．一方，$x$-軸方向の単位ベクトルを $\boldsymbol{e}_1$，$y$-軸方向の単位ベクトルを $\boldsymbol{e}_2$ とすると，$v_1 = \boldsymbol{v}\cdot\boldsymbol{e}_1$，$v_2 = \boldsymbol{v}\cdot\boldsymbol{e}_2$，$\boldsymbol{e}_r = \boldsymbol{e}_1\cos\theta + \boldsymbol{e}_2\sin\theta$ である．ゆえに，(6.18) と (6.19) より，

$$v_r = v_1\cos\theta + v_2\sin\theta = \dfrac{\partial x}{\partial r}\dfrac{\partial \Phi}{\partial x} + \dfrac{\partial y}{\partial r}\dfrac{\partial \Phi}{\partial y} = \dfrac{\partial \Phi}{\partial r} = \dfrac{m}{r}$$

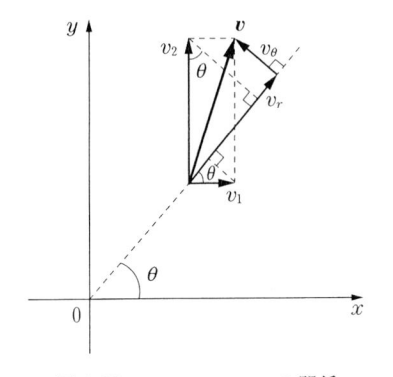

図 6.12 $\boldsymbol{v}, v_r, v_\theta, v_1, v_2$ の関係

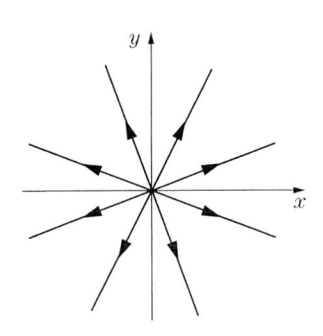

図 6.13 湧き出し

したがって，③は，$m > 0$ では 原点から湧き出すような流れ，$m < 0$ では 原点に吸い込まれるような流れを表している．

（4）（渦糸）
$$f(z) = i\kappa \log z \qquad (|z| > 0, \ \kappa \in \mathbf{R})$$
とすれば，
$$\Phi = -\kappa\theta, \qquad \Psi = \kappa \log r$$

流線は原点を中心とする同心円になる．円周方向の速度 $v_\theta$ は，反時計回り方向を正として，

$$v_\theta = -v_1 \sin\theta + v_2 \cos\theta$$
$$= \frac{1}{r}\frac{\partial x}{\partial \theta}\frac{\partial \Phi}{\partial x} + \frac{1}{r}\frac{\partial y}{\partial \theta}\frac{\partial \Phi}{\partial y}$$
$$= \frac{1}{r}\frac{\partial \Phi}{\partial \theta} = -\frac{\kappa}{r}$$

したがって，$\kappa > 0$ では時計回りに，$\kappa < 0$ では反時計回りに回る流れとなる．◆

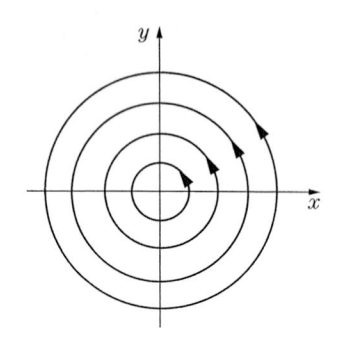

図 6.14　渦糸

## 例 3

複素速度ポテンシャルが
$$f(z) = U\left(z + \frac{a^2}{z}\right) \qquad (U \in \mathbf{R}, \ a > 0, \ |z| \geq a)$$
で与えられる場合を考えてみる．このとき，
$$\Phi = U\left(r + \frac{a^2}{r}\right)\cos\theta$$
$$\Psi = U\left(r - \frac{a^2}{r}\right)\sin\theta$$

流線は $\Psi = $ 一定 で与えられるが，とくに $\Psi = 0$ の場合を考えると，$\theta = 0, \pi$ および $r = a$ であるから，半径 $a$ の円周上と，$x$-軸が流線になっていることがわかる．また，

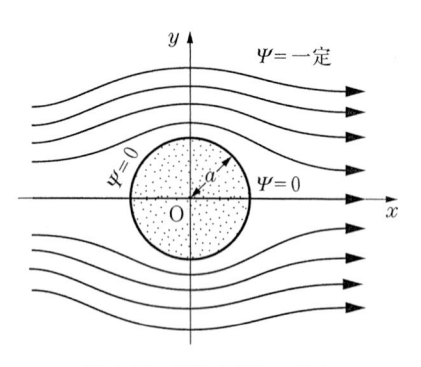

図 6.15　円柱を横切る流れ

$$\frac{df}{dz} = v_1 - i v_2 = U\left(1 - \frac{a^2}{z^2}\right)$$

であり，$|z| \to \infty$ では $v_1 = U$，$v_2 = 0$ となるから，十分遠方では，一定速度 $U$ をもつ $x$-軸に平行な流れである．流線を描くと図 6.15 のようになり，これは半径 $a$ の円柱に，$y$-軸と垂直な方向から一様な定常流があたった場合の流線を表していると考えられる．◆

## 第 6 章　練習問題

**1.** （1）$z$-平面の領域 $D : |z - 2| \le 1$ を，$w = \dfrac{1}{z}$ によって $w$-平面に写像してできる図形の面積を求めよ．

　　（2）面積積分 $\iint_D \dfrac{1}{(x^2 + y^2)^2}\, dxdy$ の値を求めよ．

**2.** $0 \le \theta < 2\pi$，$\mathrm{Im}[\alpha] > 0$ とするとき，
$$w = e^{i\theta}\frac{z - \alpha}{z - \bar{\alpha}} \tag{6.22}$$
は，$z$-平面の上半平面 $\mathrm{Im}(z) > 0$ を，$w$-平面の $|w| < 1$（単位円の内部）に写す 1 次変換であることを示せ．

**3.** $a, b, c, d$ を，$ad - bc > 0$ を満たす実数とするとき，
$$w = \frac{az + b}{cz + d} \tag{6.23}$$
は，$z$-平面の上半平面（$\mathrm{Im}[z] > 0$）を，$w$-平面の上半平面（$\mathrm{Im}[w] > 0$）に写す 1 次変換であることを示せ．

**4.** $z$-平面の $z = 0, 1$ をそれぞれ $w = -1, 1$ に写し，さらに，$z$-平面の虚軸を，$w$ 平面の円（中心が $w = 1$，半径が 2）に写す 1 次変換を求めよ．

**5.** $|z_1| < 1$，$|z_2| < 1$ に対して，$D(z_1, z_2)$ を次式で定義する．
$$D(z_1, z_2) = \log\frac{1+r}{1-r}, \qquad r = \left|\frac{z_1 - z_2}{1 - \bar{z}_1 z_2}\right|$$
以下の問に答えよ．

（1） $D(z_1, z_2) \geq 0$. また, $D(z_1, z_2) = 0$ ならば $z_1 = z_2$
（2） $D(z_1, z_2) = D(z_2, z_1)$
（3） $D(z_1, z_3) \leq D(z_1, z_2) + D(z_2, z_3)$

**6.** $z = h$ に強さ $m$ の湧き出しがあり，原点 $z = 0$ に同じ強さの吸い込みをもつ複素速度ポテンシャル $f_h{}^{(m)}(z)$ を求めよ．また，$\mu = mh$ を一定として，$h \to +0$ としたときの複素速度ポテンシャル

$$f(z) = \lim_{\substack{h \to +0 \\ hm = \mu}} f_h{}^{(m)}(z)$$

を求め，その等ポテンシャル線と流線を調べよ．このような流れを **2重湧き出し** という．

# 第7章

## 解析接続とリーマン面

---

　この章では，ある領域と そこで1価正則な関数が与えられたとき，その関数が正則性を損なわずに どこまで定義域を拡張することができるか，そしてその結果としてどのような関数が得られるかを考えてみる．定義域の拡張を繰り返した結果，もとの領域にもどったときに関数の値が最初の値と異なる現象が起こりうる．これは関数の多価性に他ならない．この関数の多価性は，関数の定めるリーマン面を考えると理解を深められることを示す．

## 7.1 解析接続

べき級数

$$f(z) = \sum_{n=0}^{\infty} z^n = 1 + z + z^2 + z^3 + \cdots \qquad (7.1)$$

によって与えられる関数は，べき級数の収束半径が1であるので，領域 $D = \{z \in \mathbf{C} \mid |z| < 1\}$ で収束する1価正則な関数である[1]．また，$a \in D$ として，

$$g(z) = \sum_{n=0}^{\infty} \frac{1}{(1-a)^{n+1}} (z-a)^n \qquad (7.2)$$

とすると，$g(z)$ は，$a$ を中心とするべき級数であるから，$E = \{z \in \mathbf{C} \mid |z-a| < |1-a|\}$ で収束する1価正則な関数である．ところで，(7.1)，(7.2) は無限等比級数でもあるから，有理関数として

$$f(z) = \frac{1}{1-z} \qquad (z \in D)$$

$$g(z) = \frac{1}{1-a} \frac{1}{\left(1 - \dfrac{z-a}{1-a}\right)} = \frac{1}{1-z} \qquad (z \in E)$$

であり，$f(z)$ と $g(z)$ は，$z \in D \cap E$ において互いに等しい．$a \in D$ であるので，$D \cap E$ は空集合ではない開領域である．したがって，一致の定理 (p.80) により，$E$ 上で正則であり，かつ $D \cap E$ において $f(z)$ と一致する関数は $g(z)$ のみであることがわかる．したがって，$g(z)$ は $f(z)$ の定義域を $E$ まで拡張して得られる正則関数と考えることができる．

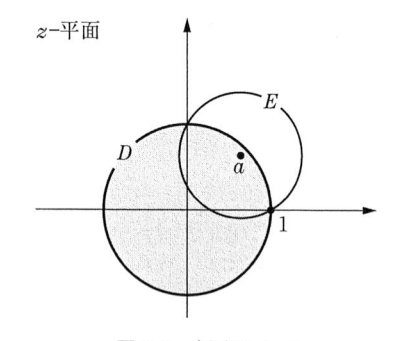

図7.1　領域 $D$ と $E$

---

1) 命題4.2 (p.63) および定理4.7 (p.68) 参照．

## 7.1 解析接続

一般に，ある領域で正則な関数が与えられたとき，それをもとにして，その領域ではこの関数と一致し，しかもその領域よりも広い領域で定義される正則な関数を作ってゆくことができる．具体的には，次のようにすればよい．関数 $f(z)$ が領域 $D$ において1価正則であるとする．すると，$f(z)$ は $D$ 内の任意の点で収束半径が 0 でないべき級数に展開できる．そこで，$a_1 \in D$ として

$$f(z) = \sum_{n=0}^{\infty} c_n (z-a_1)^n$$

と表せるとする[2]．このべき級数で定義される正則関数を $P_1(z)$ で表す：

$$P_1(z) = \sum_{n=0}^{\infty} c_n (z-a_1)^n$$

すると，$P_1(z)$ は $a_1$ を中心とする ある収束円板 $D_1$ 上で正則である．一般に $D_1 \not\subseteq D$ であるので，$P_1(z)$ は，領域 $D \cap D_1$ で $f(z)$ と一致する，$D_1$ 上で正則な唯一の関数である．$P_1(z)$ を $f(z)$ の $z=a_1$ における**直接接続**と呼ぶ．そこで $f_1(z)$ を，$D$ 上では $f(z)$ に等しく，$D_1$ 上では $P_1(z)$ に等しい関数と定義すると，$f_1(z)$ は $D \cup D_1$ 上で正則な関数になる．次に，$D_1$ 内の1点 $a_2$ を選び，$f_1(z)$ の $z=a_2$ における直接接続 $P_2(z)$ （収束円板を $D_2$ とする）を，$P_1(z)$ と同様に構成する．$f_2(z)$ を，$D \cup D_1$ 上では $f_1(z)$ であり，$D_2$ 上では $P_2(z)$ となる関数と定義する．したがって，$f_2(z)$ は，$D$ 上では $f(z)$ に，$D_1$ 上では $P_1(z)$ に，$D_2$ 上では $P_2(z)$ に等しい関数であり，各領域

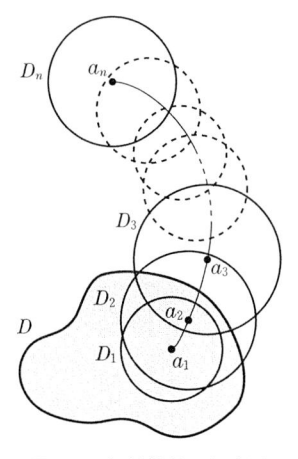

図7.2 解析接続の概念図

---

[2] $a_1$ の選ばれ方によっては，べき級数の収束円板が $D$ の外側を含むことがあるので，等号が成立するのは，$D$ と収束円板の共通部分であることに注意せよ．また，命題 4.6 (p. 67) と定理 4.7 (p. 68) より，$c_n = \dfrac{1}{n!} f^{(n)}(a_1)$ である．

上で正則であり，かつ，$D \cap D_1$，$D_1 \cap D_2$ では，それぞれ2つの関数は同じ値をとる（$D \cap D_2$ では，$f(z)$ と $P_2(z)$ が必ずしも同じ値をとるとは限らない．この多価性については次の節で述べる）．この手続きを繰り返して，$D$ 上の正則関数 $f(z)$ から，より広い領域 $D \cup D_1 \cup \cdots \cup D_n$ で，$D_k$ ($k = 1, 2, \cdots, n$) 上では $P_k(z)$ に等しいとして定義された，正則な関数 $f_n(z)$ を構成することができる．$f_n(z)$ が矛盾なく定義できていることは，$D \cap D_1$ 上では $f(z) = P_1(z)$ に，$D_k \cap D_{k+1}$ ($k = 1, 2, \cdots, n$) 上では $P_k(z) = P_{k+1}(z)$ となるように構成されていることから明らかである．

このように，ある関数の正則性を保持したまま，その定義域を拡大してゆくことを，この関数を定義域の外に**解析接続する**という．そして，正則な定義域が拡大された関数を，もとの関数の**解析接続**という[3]．$f_1(z), f_2(z)$ は $f(z)$ の解析接続であり，$f_2(z)$ は $f_1(z)$ の解析接続である．また，$f(z)$ に対してあらゆる方向に可能な限り解析接続して得られた関数を，$f(z)$ によって定められた**解析関数**という[4]．そして，その点を通って解析接続できない点を**特異点**という[5]．例えば，(7.1) で与えられる収束半径が1の級数は，$\mathbf{C}$ から1点 $z = 1$ を除いた領域に解析接続され，解析関数 $\dfrac{1}{1-z}$ を与える．$z = 1$ はこの関数の特異点である．

以上までに，解析接続，解析関数，特異点について大雑把に説明してきたが，定義の形にまとめて，いくつかの例と定理を述べることにする．

---

[3] 正則となる定義域を拡大する方法は，必ずしもべき級数だけによるわけではない．導関数を経路に沿って複素積分するなどの方法もある（149ページの例1参照）．どのような手法であれ，正則な関数の定義域を拡大することは解析接続と呼ばれる．

[4] 多価性を考慮すると，$k \neq l$，$D_k \cap D_l \neq \emptyset$（空集合）の場合に，$P_k(z) \neq P_l(z)$ となることもある．したがって，正確には，関数と定義域の組 $\{(f, D), (P_n, D_n)\}_{n=1}^{\infty}$ 全体を解析関数と考えたほうがよい．また，解析関数の定義 (p.67) との関係については，すぐ後の定義7.3と注意1を参照せよ．

[5] 後の定義7.4を参照せよ．

## 7.1 解析接続

**定義 7.1** $z = a$ を中心として，$0$ でない収束半径をもつ べき級数
$$P(z;a) = c_0 + c_1(z-a) + c_2(z-a)^2 + \cdots \tag{7.3}$$
を，$a$ を中心とする**関数要素**といい，左辺の記号で表す[6]．

**定義 7.2** 始点を $a$, 終点を $b$ とする曲線 $C: z(t)$ ($0 \leq t \leq 1$, $z(0) = a$, $z(1) = b$) に対して，以下が成立するとする．
（1） $C$ 上の任意の点 $z(t)$ ($t \in [0,1]$) に対して，関数要素 $P(z; z(t))$ が存在する．
（2） $C$ 上の各点 $z(t_0)$ に対して ある正数 $\delta > 0$ が存在し，$|t - t_0| < \delta$ を満たす任意の $z(t)$ に対して，$P(z; z(t))$ は $P(z; z(t_0))$ の直接接続である．

このとき，$P(z) = P(z;a)$ ($= P(z; z(0))$) と定義すると，$P(z)$ は $C$ に沿って**解析接続できる**といい，$P(z;b)$ を $C$ に沿って得られた $b$ における $P(z)$ の**解析接続**という．

**定義 7.3** $a$ を中心とする 1 つの関数要素 $P(z)$ ($= P(z;a)$) から，$a$ を始点とする あらゆる曲線に沿って くまなく解析接続を行い，このようにして得られたすべての関数要素の組を，$P(z)$ によって定められた**解析関数**という．

**注意 1** 定義 7.3 によれば，解析関数は（無限個の）関数要素の集合と考えることができる．これは，解析関数が定義域の各点でべき級数展開できること，すなわち各点で解析的であることを意味する．逆に，各点で解析的な関数は，その点を中心とする関数要素の集合と考えることができる．したがって，定義 7.3 は 4.2 節の定義 (p. 67) と等価である．

**注意 2** 関数要素 $P(z)$ によって定められた解析関数を $f(z)$ とする．$Q(z)$ を $P(z)$ の解析接続とするとき，逆に，$P(z)$ は $Q(z)$ の解析接続でもあるから，$Q(z)$ の定

---

6) 簡単のため，点 $a$ の依存性を陽にせずに，単に $P(z)$ と書くことも多い．関数要素は，層の理論で正則関数の芽と呼ばれるものと考えてよい．

める解析関数も $f(z)$ である.

**定義 7.4** 解析関数 $f(z)$ の, $a$ を中心とする関数要素 $P(z)$ ($= P(z;a)$) と, $a$ を始点とし $b$ を終点とする曲線 $C: z(t)$ ($0 \leq t \leq 1$, $z(0) = a$, $z(1) = b$) が与えられたとする. $0 \leq t < 1$ である限り, $P(z)$ が, $C$ に沿って解析接続できるが, $b$ までは解析接続できないとき, $f(z)$ は $z = b$ において**特異点**をもつという.

### 例 1

$z = 0$ を特異点にもつ関数には, $\dfrac{1}{z}$ (極), $e^{-1/z}$ (真性特異点), $z^{1/2}$ (**代数特異点**[7]) などがある. ◆

**定理 7.5** $a$ を中心とする関数要素 $P(z)$ ($= P(z;a)$) の収束半径を $r$ とするとき, 収束円 $|z - a| = r$ 上には, 少なくとも1つ, $P(z)$ の定める解析関数の特異点が存在する.

**【証明】** 仮に, $|z - a| = r$ 上に特異点が存在しないとすれば, $P(z)$ の定める解析関数 $f(z)$ は, 閉円板 $|z - a| \leq r$ を含むある領域 $D$ において正則となる. $a$ を中心とし, $D$ の境界に接する円の半径を $R$ とすれば, $r < R$ であり, $f(z)$ は $|z - a| < R$ で正則である. 定理 4.7 (p.68) により, $|z - a| < R$ において $f(z)$ は $z = a$ でべき級数展開できるので, 収束半径の定義により $R \leq r$ でなければならないが, これは矛盾である. したがって, 少なくとも1つ特異点が存在することがわかった. □

### 例 2

$m$ を 2 以上の整数とするとき,

$$P(z) = \sum_{n=0}^{\infty} z^{m^n}$$

---

[7] 後の 7.2 節に示す有限位数の分岐点を代数特異点という. 位数が無限大の対数分岐点は対数特異点という.

の収束半径は，命題 4.2 より 1 である．$k, l$ を正の整数とし，$z = e^{2\pi i k/(m^l)}$ とすると，

$$P(e^{2\pi i k/(m^l)}) = \sum_{n=0}^{\infty} (e^{2\pi i k/(m^l)})^{m^n} = \sum_{n=0}^{\infty} e^{2\pi i k m^{n-l}}$$
$$= \sum_{n=0}^{l-1} e^{2\pi i k m^{n-l}} + \sum_{n=l}^{\infty} e^{2\pi i k m^{n-l}} = \sum_{n=0}^{l-1} e^{2\pi i k m^{n-l}} + \sum_{n=l}^{\infty} 1$$

であるので，$P(z)$ は発散する．$k, l$ を任意に変えたとき，$z = e^{2\pi i k/(m^l)}$ で定まる点は円周 $|z| = 1$ 上に稠密に存在するので，$|z| = 1$ 上のどの点にも $z = 0$ から解析接続することはできない．したがって，$P(z)$ は $|z| = 1$ を越えて外側に解析接続できないことになる．このような関数の境界を**自然境界**という． ◆

## 7.2 多価関数とリーマン面

$a$ を中心とする関数要素 $P(z;a)$ を，曲線 $C_1$ に沿って $b$ まで解析接続した関数要素を $P_1(z;b)$，曲線 $C_2$ に沿って $b$ まで解析接続した関数要素を $P_2(z;b)$ とするとき，必ずしも $P_1(z;b)$ と $P_2(z;b)$ が一致しないことがある．これは，関数要素 $P(z;a)$ の定める解析関数が多価関数であることを意味する．

### 例 1

1 を中心とする関数要素

$$P(z;1) = \sum_{n=1}^{\infty} (-1)^{n+1} \frac{1}{n} (z-1)^n \tag{7.4}$$

を考える．$P(z;1)$ の収束半径は 1 であり，$\log z$ を $z = 1$ の周りでテイラー展開したべき級数に等しい．$P(1;1) = 0$ であるので，$\log z$ の主値をとり，$z = re^{i\theta}$ と極表示したとき，

$$P(z;1) = \operatorname{Log} z = \log r + \theta i \quad \left( -\frac{\pi}{2} < \theta < \frac{\pi}{2} \right)$$

である (p. 24)．$z$ が 1 の近傍にあるときは

$$\operatorname{Log} z = \int_1^z \frac{d}{d\zeta} \operatorname{Log} \zeta \, d\zeta = \int_1^z \frac{1}{\zeta} d\zeta$$

であり，$\mathrm{Log}\,z$ は正則な関数である[8]．
このことから，ある経路に沿って $\dfrac{1}{z}$ を複素積分した結果は，$P(z;1)$ の解析接続に等しいことがわかる．例えば，点1から点 $-1$ まで，円周 $|z|=1$ 上を反時計回りに回る経路 $C_1$ に沿って積分すると，その値は，1から $C_1$ に沿って解析接続した関数要素の $z=-1$ における値に等しく，

$$\int_{C_1}\frac{1}{\zeta}\,d\zeta = \mathrm{Log}\,z\Big|_{z=e^{i\pi}}$$
$$= \log 1 + \pi i = \pi i$$

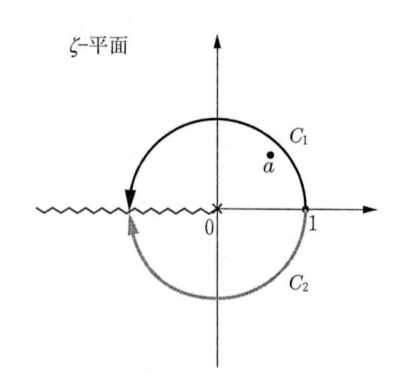

図 7.3 積分 $\int \dfrac{1}{\zeta}\,d\zeta$ において，積分路 $C_1$ と $C_2$ では始点と終点が同じだが，積分値が $2\pi i$ だけ異なる．

である．一方，点1から点 $-1$ まで，円周 $|z|=1$ 上を時計回りに回る経路 $C_2$ に沿って積分すると，

$$\int_{C_2}\frac{1}{\zeta}\,d\zeta = \mathrm{Log}\,z\Big|_{z=e^{-i\pi}} = \log 1 - \pi i = -\pi i$$

である．以上より，(7.4) の1から $-1$ までの解析接続は，その経路によって値が異なることがわかった．◆

$\dfrac{1}{z}$ を $z=0$ まで積分できないことからわかるように，例1の $P(z;1)$ は，どのような経路でも，$z=0$ まで解析接続することはできない．したがって，0はこの $P(z;1)$ の定める解析関数（$\log z$）の特異点である．また，点1を始点として，$|z|=1$ を反時計回りに1周して点1まで戻ってくる経路を考えると，

$$\int_{|\zeta|=1}\frac{1}{\zeta}\,d\zeta = 2\pi i$$

であるから，$P(z;1)$ を解析接続して得られた関数要素の $z=1$ での値は

---

[8] $F(z)=\int_1^z \dfrac{1}{\zeta}\,d\zeta$ とすれば，微積分の基本定理から，$\dfrac{d}{dz}F(z)=\dfrac{1}{z}$ であるので，$F(z)$ は正則である．

$2\pi i$ となる.留数定理からわかるように,$z=1$ の近傍にある任意の点から出発し,$z=0$ を囲む任意の閉曲線に沿って解析接続したとき,同じ点での値はちょうど $2\pi i$ だけ異なる値となる.一般に,関数 $\log z$ の1つの分枝上の1点を中心とする関数要素を,点 0 を囲む単純閉曲線に沿って同じ点まで解析接続すると,$2\pi i$ だけ値の異なる別の分枝上に値をもつ関数要素になる.このように,その点を1周する解析接続によって多価性の生じる特異点を,多価関数の**分岐点**という.$\log \frac{1}{z} = -\log z$ であることからわかるように,$\log z$ は $z=0$ と $z=\infty$ を分岐点にもつ.

$\log z$ のように無限個の分枝をもつ場合,分岐点の**位数**は無限大であるという.一方,$n$ を 2 以上の整数として,$z^{1/n} = e^{\frac{1}{n}\log z}$ は,$z=0$ を分岐点として $n$ 個の分枝をもつ.このとき,分岐点 $z=0$ の位数は $n$ である,または,$z=0$ は ***n* 位の分岐点**であるという[9].

### 例 2

点 1 を中心とする関数要素

$$P(z;1) = \sum_{n=0}^{\infty} \binom{1/2}{n}(z-1)^n \tag{7.5}$$

の定める解析関数を考えよう.ただし,$\alpha$ を任意の実数,$n$ を非負整数として

$$\binom{\alpha}{n} = \begin{cases} 1 & (n=0) \\ \dfrac{\alpha(\alpha-1)\cdots(\alpha-n+1)}{n!} & (n \geq 1) \end{cases} \tag{7.6}$$

と定義する.一般に,

$$(1+x)^\alpha = \sum_{n=0}^{\infty} \binom{\alpha}{n} x^n \quad (|x|<1)$$

であるので,$P(1;1)=1$ を考慮して

$$P(z;1) = \sqrt{z} \quad (|z-1|<1)$$

となる.$z = re^{i\theta}$ と極表示すると,

---

9) 位数を $n-1$ とする文献もある.

$$P(z;1) = \sqrt{r}\, e^{i\frac{1}{2}\theta} \quad \left(-\frac{\pi}{2} < \theta < \frac{\pi}{2}\right)$$

である．原点 0 の周りを反時計回りに回る経路に沿って，ちょうどもとの位置までの解析接続を $P_1(z;1)$ とすると，経路に沿って関数要素は同じ正則関数を表し，その変化は連続的であるから，$z = re^{i\theta} = re^{i(\theta+2\pi)}$ を考慮すると，

$$P_1(z;1) = \sqrt{r}\, e^{i\frac{1}{2}(\theta+2\pi)} = -\sqrt{r}\, e^{i\frac{1}{2}\theta} \quad \left(-\frac{\pi}{2} < \theta < \frac{\pi}{2}\right)$$

である．これから $P_1(z;1) = -\sqrt{z}$ となることがわかる．さらにもう 1 周すると，もとの $P(z;1)$ にもどる．したがって，$P(z;1)$ の定める解析関数は 2 価関数 $z^{1/2}$ に等しい．◆

### 例 3

$(1-z)^{1/2}$ の分岐点は $z = 1$ および $z = \infty$ であり，どちらも 2 位の分岐点である．$\dfrac{(z-1)^{2/3}(z+1)^{1/3}}{(z+2)^{1/2}(z-2)^{1/2}}$ は，位数 3 の分岐点 $z = \pm 1$ および，位数 2 の分岐点 $z = \pm 2$ をもつ．◆

関数要素の定める解析関数は，可能な解析接続をすべて集めたものであった（定義 7.3）．解析接続可能な曲線全体は 1 つの曲面を形作り，解析関数はこの曲面の上で 1 価正則になる．この曲面にその解析関数の孤立した特異点を付け加えてできる曲面を，その解析関数の定義する**リーマン面**という[10]．解析関数 $f(z)$ の定義するリーマン面を $D$ とすると，$f(z)$ は，関数要素の集合 $\{P(z;a) \mid a \in D\}$ とも考えられる．

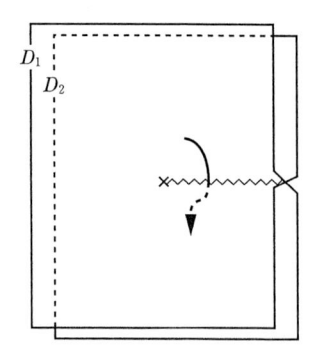

図 7.4 $z^{1/2}$ のリーマン面：原点から実軸の正方向に切断をとっている．この切断を通過すると異なる複素平面に移動すると考える．

---

[10] 一般に，複素平面内の開円板を，双正則に矛盾なく貼り合わせた曲面をリーマン面という．

## 7.2 多価関数とリーマン面

関数 $z^{1/2}$ を考えよう.この分岐点は $z=0,\infty$ であり,この2点を除く $z$-平面の各点で,$z^{1/2}$ は2つの値をとる2価関数である.いま,2枚の $z$-平面を用意し,おのおの $D_1, D_2$ とする.2つの平面は極表示 $z=re^{i\theta}$ を用いて次のようにパラメータ表示されるものとする.

$$D_1\ (0\leq r,\ 0\leq\theta<2\pi), \qquad D_2\ (0\leq r,\ 2\pi\leq\theta<4\pi)$$

この2枚を,原点0から実軸の正方向にのびる半直線で切断し,$D_1$ の $\theta=2\pi$ に対応する切断線と,$D_2$ の $\theta=2\pi$ に対応する切断線を結合し,次に,$D_2$ の $\theta=4\pi$ と,$D_1$ の $\theta=0$ とに対応する切断線を結合する.$0,\infty$ は $D_1, D_2$ で同一視するものとする.このとき,$z^{1/2}=\sqrt{r}\,e^{i\theta/2}$ とすれば,この曲面上の各点で $z^{1/2}$ は1価正則な関数である.この曲面が $z^{1/2}$ の定めるリーマン面である.

$w=z^{1/2}$ を,$z$-平面から $w$-平面への写像と見ると,$z^{1/2}$ の定義するリーマン面は,幾何学的には,複素2次元(実4次元)の $zw$-平面内の複素曲線 $w^2-z=0$ にほかならない.この複素曲線上の $(z,w)=(0,0)$ 以外の点では,1つの $z$ に対して2つの $w$ の値が対応する.したがって,この複素曲線(実2次元の曲面)を $z$-平面に射影すると,$z=0$ 以外の点では2重に被覆するが,この被覆が上で定義した $z^{1/2}$ のリーマン面と考えられる[11].この被覆を表現するには,$z$-平面は2枚の複素平面の重ね合わせであり,原点0から実軸の正方向に切れ込みを入れ,この切れ込みを通過すると別の平面に移ると考えればよい.この切れ込みを**切断**(branch cut)または**分岐**という.いくつか例をあげてみよう.

### 例 4

$w=\left(\dfrac{z-1}{z+1}\right)^{1/2}$ では,$z=\pm1$ が2位の分岐点である.リーマン面は,2枚の複素平面を貼り合わせたもので,$z=-1$ から $z=1$ に切断を入れて実現する.◆

---

11) リーマン球面を考えると,$(z,w)=(\infty,\infty)$ も1点に対応する.

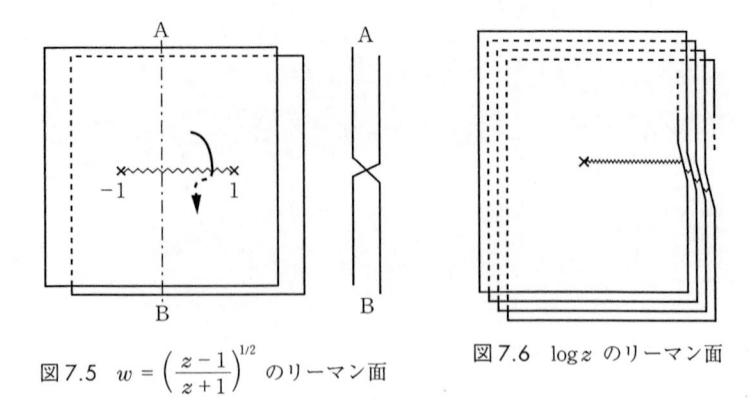

図 7.5 $w = \left(\dfrac{z-1}{z+1}\right)^{1/2}$ のリーマン面

図 7.6 $\log z$ のリーマン面

### 例 5

$w = \log z$ は，$z = 0, \infty$ がともに位数が無限大の分岐点である．リーマン面は可算無限個の複素平面を貼り合わせたものであり，切断は原点 0 から実軸の正方向にのびる半直線にとればよい．この切断を同じ方向に通り過ぎるごとに新しい平面に移動する． ◆

### 例 6

$w = z^{1/2}(1-z)^{1/3}$ は，$z = 0$ が 2 位の，$z = 1$ が 3 位の分岐点である．また，$z = \dfrac{1}{\zeta}$ とすると，$w = \dfrac{1}{\zeta^{5/6}}(\zeta - 1)^{1/3}$ であるので，$z = \infty$ は 6 位の分岐点にな

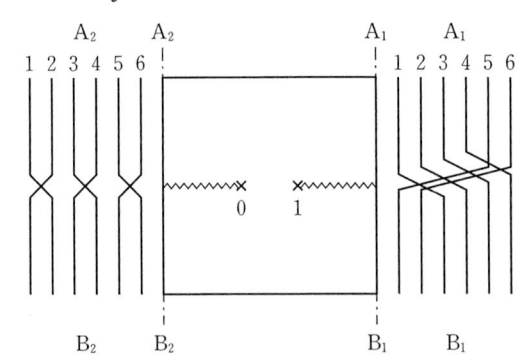

図 7.7 $w = z^{1/2}(1-z)^{1/3}$ のリーマン面：6 枚の複素平面をつなぎ合わせたと考えることができる．この 6 枚の面のつながり方を，断面 $A_1$-$B_1$, $A_2$-$B_2$ で示している．

る．したがって，リーマン面は $z$-平面の 6 重被覆である．切断は，$z=1$ を始点とする実軸正方向の半直線と，$z=0$ から実軸負方向の半直線にとればよい．$z=0$ の近傍を回る経路では，2 周するともとの点に，$z=1$ の近傍を回る経路では，3 周するともとの点にもどる．$z=0$ と $z=1$ を結ぶ線分を囲むように回ると，6 周でもとの点にもどることになる．◆

### 例 7（Schwarz-Christoffel 変換）

次の微分方程式で定義される $z$-平面から $w$-平面への写像を Schwarz-Christoffel 変換という．

$$\frac{dw}{dz} = (z-a_1)^{-\alpha_1/\pi}(z-a_2)^{-\alpha_2/\pi}\cdots(z-a_m)^{-\alpha_m/\pi} \tag{7.7}$$

ここで，$m$ は正の整数，$a_i$（$i=1,2,\cdots,m$）は実数とする．微分方程式の形で与えられるため，Schwarz-Christoffel 変換は，$w$ について定数を加える任意性をもつ．

簡単のため，$a_1 > a_2 > \cdots > a_m$ とする．例えば，実数 $b$（$< a_m$）を固定し，$C$ を任意定数として

$$w(z) = \int_b^z (\zeta-a_1)^{-\alpha_1/\pi}(\zeta-a_2)^{-\alpha_2/\pi}\cdots(\zeta-a_m)^{-\alpha_m/\pi}\,d\zeta + C$$

が (7.7) の解になる．$z$-平面の実軸が $w$-平面にどのように写されるか見てみよう．(7.7) の右辺は多価関数であり，分岐点となりうるのは，$a_1, a_2, \cdots, a_m$ および $\infty$ である．切断は，各分岐点を端点とするが，下半平面のみに存在するように入れることにする．そして，積分路は，切断を横切らないように，分岐点を下に見ながら実軸上を進むようにとることにする．$x \in \mathbf{R}$ をこの積分路上にとれば

$$(x-a)^{-\alpha/\pi} = \exp\left[-\frac{\alpha}{\pi}\{\log|x-a| + i\arg(x-a)\}\right]$$

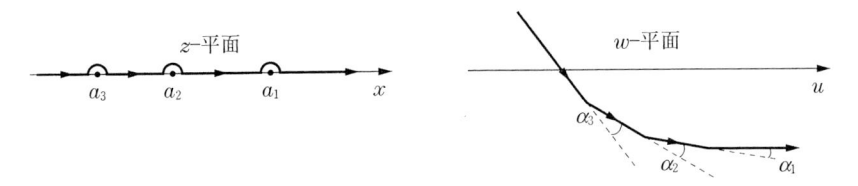

図 7.8 Schwarz-Christoffel 変換による $z$ と $w$ の 2 平面間の対応

であり，

$$\arg(x-a) = \begin{cases} \pi & (x < a) \\ 0 & (a < x) \end{cases}$$

であるので，

$$\arg\left(\frac{dw}{dz}(x)\right) = \begin{cases} -(\alpha_1 + \alpha_2 + \cdots + \alpha_m) & (x < a_m) \\ -(\alpha_1 + \alpha_2 + \cdots + \alpha_{m-1}) & (a_m < x < a_{m-1}) \\ \cdots & \cdots \\ -\alpha_1 & (a_2 < x < a_1) \\ 0 & (a_1 < x) \end{cases}$$

となる．これは，$z$-平面の実軸を $w$-平面に写すと，各分岐点で一定の角度ずつ折れ曲がることを意味し，$w$-平面では図 7.8 のような折れ線になる．この結果より，Schwarz-Christoffel 変換は，境界が折れ線で囲まれた領域への等角写像に利用される． ◆

**問題 1** $a$ を正数とするとき，Schwarz-Christoffel 変換

$$\frac{dw}{dz} = \frac{1}{\sqrt{z^2 - a^2}}$$

を利用すると，$z$-平面の上半平面を $w$-平面の領域（$u \geq 0$, $0 \leq v \leq \pi$）に写せることを示せ．ただし，$w = u + vi$（$u = \mathrm{Re}[w]$, $v = \mathrm{Im}[w]$）である[12]．

## 第 7 章　練習問題

**1.** 次の関数 $w(z)$ の分岐点とその位数を求めよ．
（1） $w = (1 - z^3)^{1/3}$ 　　　（2） $w = (1 + z^{1/2})^{1/2}$
（3） $w = (z^4 - 3z^2 + 2)^{1/2}$

---

12) $z = x + yi$ として，$w(z) = \Phi(x,y) + i\Psi(x,y)$ とすると，$\Psi(x,y)$ は，半無限の直方体の導体の壁に囲まれた領域の電位を与えるスカラーポテンシャルを表す．また，$\Psi(x,y) = $ 一定 の曲線は等電位線を表し，$\Phi(x,y) = $ 一定 の曲線は電気力線を表している．

2. $w^3 - 3w^2 + 9w - 8 = z$ によって与えられる関数 $w(z)$ の，分岐点とその位数を求めよ．

3. $w = z^{1/3}$ のリーマン面において，
   (a) $(z, w) = (1, 1)$ の近傍　ならびに　(b) $(z, w) = (1, e^{2\pi i/3})$ の近傍で，$w(z)$ を $z-1$ のべき級数としてテイラー展開せよ．

4. 級数 $\sum_{n=0}^{\infty} z^{n!}$ は，$|z| = 1$ を自然境界にもつことを示せ．

5. 次の関数のリーマン面を求めよ．
   （1）　$w = \log \dfrac{z-1}{z+1}$ 　　　　（2）　$w = \sin^{-1} z$

6. 次式で定義される関数 $\Gamma(z)$ について，以下の問に答えよ．
$$\Gamma(z) = \int_0^\infty t^{z-1} e^{-t}\, dt \tag{7.8}$$
   （1）　(7.8) の右辺は，$\mathrm{Re}[z] > 0$ において収束することを示せ．
   （2）　$\mathrm{Re}[z] > 0$ では，
$$\Gamma(z+1) = z\Gamma(z) \tag{7.9}$$
が成立することを示せ．
   （3）　(7.9) を用いて，$\Gamma(z)$ は $\mathrm{Re}[z] \le 0$ の領域に解析接続できることを示せ．このように定義された $\Gamma(z)$ を**ガンマ関数**という．
   （4）　$\mathrm{Re}[x] > 0$，$\mathrm{Re}[y] > 0$ であるとき，
$$B(x, y) = \int_0^1 t^{x-1}(1-t)^{y-1}\, dt \tag{7.10}$$
と定義すると，$B(x, y) = \dfrac{\Gamma(x)\,\Gamma(y)}{\Gamma(x+y)}$ となることを示せ．$B(x, y)$ を**ベータ関数**という．このガンマ関数との関係式より，ベータ関数も，$\mathrm{Re}[x] \le 0$ あるいは $\mathrm{Re}[y] \le 0$ の領域に解析接続できる．

7. $$w = \int_0^z \frac{(1-\zeta^5)^{2/5}}{(1+\zeta^5)^{4/5}}\, d\zeta$$
によって，$z$-平面の単位円の内部は $w$-平面のどのような領域に写されるか．

# 第8章

## 複素変数の微分方程式

この章では，複素変数 $z$ を独立変数とし，有理関数を係数とする同次線形微分方程式の解について考える．係数である有理関数の特異点の分布によって，解に定性的な違いが生じる．とくに，2階の微分方程式を中心に扱うが，応用上重要なのは，独立な2つの解が（したがって，すべての解が）リーマン球面上に真性特異点や自然境界などをもたないフックス型と呼ばれる微分方程式の場合である．フックス型微分方程式の一般的解法として，級数解および積分変換を用いた解について説明し，超幾何微分方程式などを例として具体的に解を求める．

## 8.1 線形常微分方程式の級数解

$n$ を正の整数とし，$P_1(z), \cdots, P_n(z)$ を有理関数とする．$n$ 階同次線形常微分方程式

$$\frac{d^n u}{dz^n} + P_1(z)\frac{d^{n-1}u}{dz^{n-1}} + \cdots + P_{n-1}(z)\frac{du}{dz} + P_n(z)\,u = 0 \qquad (8.1)$$

において，すべての $P_j(z)$ $(j = 1, 2, \cdots, n)$ が $z = a$ で正則であるとき，$z = a$ は微分方程式 (8.1) の **正則点** であるという．

**命題 8.1** $z = a$ が正則点であるならば，(8.1) は $z = a$ で正則な $n$ 個の独立な解をもつ．

【証明】 $n = 2$ の場合に示す．$n \geq 3$ でもまったく同様である．証明は 2 つのステップに分けて行う．

(1) 形式的べき級数解が存在すること：$P_1(z)$, $P_2(z)$ は仮定 ($z = a$ で正則) により，$z = a$ の近傍で収束するべき級数

$$P_1(z) = p_0 + p_1(z - a) + p_2(z - a)^2 + \cdots$$
$$P_2(z) = q_0 + q_1(z - a) + q_2(z - a)^2 + \cdots$$

に展開できる．そこで，

$$u(z) = u_0 + u_1(z - a) + u_2(z - a)^2 + \cdots$$

のべき級数解を仮定し，

$$\frac{du}{dz} = u_1 + 2u_2(z - a) + 3u_3(z - a)^2 + \cdots$$

$$\frac{d^2 u}{dz^2} = 2u_2 + 3 \cdot 2u_3(z - a) + 4 \cdot 3u_4(z - a)^2 + \cdots$$

$$P_1(z)\frac{du}{dz} = p_0 u_1 + (p_1 u_1 + 2p_0 u_2)(z - a)$$
$$\qquad\qquad + (p_2 u_1 + 2p_1 u_2 + 3p_0 u_3)(z - a)^2 + \cdots$$

$$P_2(z)\,u = q_0 u_0 + (q_1 u_0 + q_0 u_1)(z - a)$$
$$\qquad\qquad + (q_2 u_0 + q_1 u_1 + q_0 u_2)(z - a)^2 + \cdots$$

## 8.1 線形常微分方程式の級数解

を (8.1) に代入して，各べきの係数を整理する．このとき，任意の $z$ に対して，この等式が常に成立するためには，べき級数の各項が $0$ になる必要があるので，

$$0 = 2u_2 + p_0 u_1 + q_0 u_0$$
$$0 = 6u_3 + (p_1 u_1 + 2p_0 u_2) + (q_0 u_1 + q_1 u_0)$$
$$0 = 12u_4 + (p_2 u_1 + 2p_1 u_2 + 3p_0 u_3) + (q_0 u_2 + q_1 u_1 + q_2 u_0)$$
$$\cdots\cdots$$
$$0 = k(k-1)u_k + \sum_{j=1}^{k-1} j p_{k-1-j} u_j + \sum_{j=0}^{k-2} q_{k-2-j} u_j$$
$$\cdots\cdots$$

となる．したがって，$u_0, u_1$ を定めれば，$u_2$ 以降は順次定まってゆく．よって，$(u_0, u_1) = (1, 0)$ および $(0, 1)$ とした2組のべき級数解が独立な2つの解となる．

(2) べき級数解の収束半径が正であること：仮定（$P_1(z), P_2(z)$ は $z = a$ で正則）から，2つの複素数列 $\{p_n\}_{n=0}^\infty$, $\{q_n\}_{n=0}^\infty$ の収束半径はともに正である．その小さいほうを $R$ とし，$0 < r < R$ となる $r$ を定めれば，$|z - a| = r$ 上で $P_1(z), P_2(z)$ は収束する．

$M = \max_{|z-a|=r} |P_1(z)|$, $N = \max_{|z-a|=r} |P_2(z)|$ とすると，留数定理により

$$\int_{|z-a|=r} \frac{P_1(z)}{(z-a)^{n+1}} dz = 2\pi i \, p_n, \qquad \int_{|z-a|=r} \frac{P_2(z)}{(z-a)^{n+1}} dz = 2\pi i \, q_n$$

したがって，

$$|p_n| = \left| \frac{1}{2\pi i} \int_{|z-a|=r} \frac{P_1(z)}{(z-a)^{n+1}} dz \right| \leq \frac{1}{2\pi} \int_0^{2\pi} \frac{M}{r^{n+1}} r \, d\theta = \frac{M}{r^n}$$

$|q_n|$ も同様に評価できて，

$$|p_n| \leq \frac{M}{r^n}, \qquad |q_n| \leq \frac{N}{r^n} \tag{8.2}$$

が成り立つ．したがって，$K = \max[M, Nr]$ とおくと，

$$|p_n| \leq \frac{K}{r^n}, \qquad |q_n| \leq \frac{K}{r^{n+1}} \tag{8.3}$$

が成り立つ．ここで，天下り的であるが，数列 $\{a_n\}$ を，$a_0 = |u_0|$, $a_1 = |u_1|$, $n \geq 2$ では

$$n(n-1)a_n = na_{n-1}K + (n-1)a_{n-2}\frac{K}{r} + \cdots + a_0\frac{K}{r^{n-1}} \tag{8.4}$$

と定める．このとき，

$$2|u_2| = |p_0 u_1 + q_0 u_0| \leq a_1 K + a_0 \frac{K}{r} \leq 2a_1 K + a_0 \frac{K}{r} = 2a_2$$

であるので，$|u_2| \leq a_2$．また，

$$3 \cdot 2|u_3| \leq 2|p_0||u_2| + (|p_1| + |q_0|)|u_1| + |q_1||u_0|$$

$$\leq 2a_2 K + 2a_1 \frac{K}{r} + a_0 \frac{K}{r^2}$$

$$\leq 3 \cdot 2 a_3$$

よって，$|u_3| \leq a_3$．以下，これを繰り返して，一般に

$$|u_n| \leq a_n \tag{8.5}$$

を得る．一方，(8.4) により，$n \geq 3$ では

$$n(n-1)a_n - (n-1)(n-2)a_{n-1}\frac{1}{r} = nKa_{n-1}$$

であるから，

$$\frac{a_n}{a_{n-1}} = \frac{(n-1)(n-2)r^{-1} + nK}{n(n-1)}$$

したがって，

$$\lim_{n\to\infty}\left|\frac{a_n}{a_{n-1}}\right| = \lim_{n\to\infty}\left|\frac{(n-1)(n-2)r^{-1} + nK}{n(n-1)}\right| = \frac{1}{r}$$

ゆえに，命題 4.2 (2) により，べき級数 $\sum_{n=0}^{\infty} a_n z^n$ の収束半径は $r$ に等しい．一方，(8.5) より，

$$\left|\sum_{n=0}^{\infty} u_n (z-a)^n\right| \leq \sum_{n=0}^{\infty} |u_n||z-a|^n \leq \sum_{n=0}^{\infty} a_n|z-a|^n$$

であるので，べき級数解 $\sum_{n=0}^{\infty} u_n(z-a)^n$ の収束半径は $r$ 以上である．

よって，このべき級数解は正の収束半径をもつことがわかった． □

## 8.1 線形常微分方程式の級数解

### 例 1

次の微分方程式

$$\frac{d^2u(z)}{dz^2} + u(z) = 0 \tag{8.6}$$

について，$z=0$ の周りでの解を求めてみよう．(8.1)において，$n=2$，$P_1(z) = 0$，$P_2(z) = 1$ であるので，$z=0$ はこの微分方程式の正則点である．

$$u(z) = \sum_{n=0}^{\infty} u_n z^n$$

とすると，

$$(n+2)(n+1)u_{n+2} + u_n = 0 \quad (n = 0, 1, 2, \cdots)$$

となるので，

$$u_{2m} = \frac{(-1)^m}{(2m)!} u_0, \quad u_{2m+1} = \frac{(-1)^m}{(2m+1)!} u_1 \quad (m \geq 0)$$

である．したがって，$(u_0, u_1) = (1, 0), (0, 1)$ によって与えられる解は，おのおの

$$\sum_{m=0}^{\infty} \frac{(-1)^m}{(2m)!} z^{2m} = \cos z, \quad \sum_{m=0}^{\infty} \frac{(-1)^m}{(2m+1)!} z^{2m+1} = \sin z$$

であり，$\sin z$，$\cos z$ が (8.6) を満たすことと合致している． ◆

### 例 2

$k$ を非負整数とするとき，微分方程式

$$(1 - z^2)\frac{d^2u}{dz^2} - 2z\frac{du}{dz} + k(k+1)u = 0 \tag{8.7}$$

は，$k$ 次多項式の解をもつことを示してみよう．

(8.1) において，$n=2$，$P_1(z) = -\dfrac{2z}{1-z^2}$，$P_2(z) = \dfrac{k(k+1)}{1-z^2}$ であるので，$z=0$ は正則点である．したがって，

$$u(z) = \sum_{n=0}^{\infty} u_n z^n$$

とすると，

$$(n+2)(n+1)u_{n+2} - \{n(n-1) + 2n - k(k-1)\}u_n = 0 \quad (n = 0, 1, 2, \cdots)$$

したがって，

$$u_{n+2} = \frac{(n-k)(n+k+1)}{(n+2)(n+1)} u_n$$

となる．これから，$n=k$ では，$u_{k+2}=0$ となり，$u_{k+1}=0$ でもあれば，$n \geq k+1$ では $u_n=0$ となる．したがって，$k$ が偶数のときは $(u_0, u_1)=(1,0)$，奇数のときは $(u_0, u_1)=(0,1)$ と選ぶことによって，多項式の解を得ることができる．実際，$k=2m$ では，$2m$ 次の多項式

$$u(z) = \sum_{l=0}^{m} \frac{1}{(2l)!}\left\{\prod_{s=0}^{l-1}(-2m+2s)(2m+1+2s)\right\}z^{2l}$$

であり，$k=2m+1$ では，$2m+1$ 次の多項式

$$u(z) = \sum_{l=0}^{m} \frac{1}{(2l+1)!}\left\{\prod_{s=0}^{l-1}(-2m+2s)(2m+3+2s)\right\}z^{2l+1}$$

である．これらは，ルジャンドルの多項式を定数倍したものであり，(8.7) はルジャンドルの微分方程式と呼ばれている．◆

## 8.2 フックス型微分方程式と確定特異点における解

最初に，複素関数の**確定特異点**と，複素変数の 2 階同次線形常微分方程式が**フックス型**であるための条件とを定義する．

**定義 8.2** 関数 $F(z)$ が $z=a$ を確定特異点にもつとは，$z=a$ の近傍で $F(z)$ が，収束するべき級数 $\sum_{j=0}^{\infty} c_j(z-a)^j$；$(z-a)^\alpha$ ($\alpha \in \mathbf{C}$) の形の関数；対数関数 $\log(z-a)$ の，有限回の和と積で構成されること，すなわち，

$$\begin{aligned} F(z) = &\sum_{j=1}^{m_0}(z-a)^{\alpha_j}A_j(z-a) \\ &+ \log(z-a)\sum_{j=1}^{m_1}(z-a)^{\beta_j}B_j(z-a) \\ &+ \cdots \\ &+ (\log(z-a))^k\sum_{j=1}^{m_k}(z-a)^{\zeta_j}Z_j(z-a)\end{aligned}$$

の形をもつこと（$\alpha_j, \beta_j, \cdots, \zeta_j$ は任意の複素数，$A_j(z), B_j(z), \cdots, Z_j(z)$ は $z=0$ の近傍で収束するべき級数）である．

**注意 1** 正則な点ではべき級数に展開できるため，この定義によれば，正則な点も確定特異点である．また，$z = \infty$ が $F(z)$ の確定特異点であるとは，$\zeta = z^{-1}$，$\widetilde{F}(\zeta) = F(z)$ と定義して，$\zeta = 0$ が $\widetilde{F}(\zeta)$ の確定特異点となることである．

**定義 8.3** 常微分方程式

$$\frac{d^2 u(z)}{dz^2} + P(z)\frac{d\,u(z)}{dz} + Q(z)\,u(z) = 0 \tag{8.8}$$

が次の2つの条件を満たすとき，フックス型であるという．
 （1） $P(z), Q(z)$ は有理関数であり，その極は有限個である．
 （2） $P(z), Q(z)$ の極を $\{a_1, a_2, \cdots, a_n\}$（$a_j \in \mathbf{C}, \ j = 1, 2, \cdots, n$）とするとき，(8.8) の解はすべて $\{a_1, a_2, \cdots, a_n, \infty\}$ を確定特異点とし，解の特異点はみなこの確定特異点に含まれる．

簡単にいえば，有理関数係数の微分方程式であって，解の特異点がみな確定特異点であるものを，フックス型の微分方程式と呼ぶのである．

次の定理が成り立つ．

**定理 8.4** 微分方程式 (8.8) がフックス型であるための必要十分条件は，$\alpha_j, \beta_j, \gamma_j$（$1 \leq j \leq n$）を複素定数として，次が成り立つことである．

$$P(z) = \sum_{j=1}^{n} \frac{\alpha_j}{z - a_j} \tag{8.9}$$

$$Q(z) = \sum_{j=1}^{n} \left\{ \frac{\beta_j}{(z - a_j)^2} + \frac{\gamma_j}{z - a_j} \right\} \quad \left(\sum_{j=1}^{n} \gamma_j = 0\right) \tag{8.10}$$

この定理の証明は，例えば，文献 [福原][1) などを見ていただきたい．また，この定理の $P(z), Q(z)$ に対する条件は，次のようにも表される．

$$P(z) = \frac{z に関する高々\ n-1 次の多項式}{(z - a_1)(z - a_2) \cdots (z - a_n)} \tag{8.11}$$

$$Q(z) = \frac{z に関する高々\ 2n-2 次の多項式}{(z - a_1)^2 (z - a_2)^2 \cdots (z - a_n)^2} \tag{8.12}$$

---

1) 福原満州雄 著：「常微分方程式の解法 II（線形の部）」，岩波書店 (1941).

## 例 1

$\alpha, \beta, \gamma$ を複素定数とする．次の微分方程式を**ガウスの超幾何微分方程式**と呼ぶ．

$$z(1-z)\frac{d^2 u(z)}{dz^2} + \{\gamma - (\alpha+\beta+1)z\}\frac{du(z)}{dz} - \alpha\beta u(z) = 0 \quad (8.13)$$

全体を $z(1-z)$ で割って，(8.8) の形に書き換えると

$$P(z) = \frac{(\alpha+\beta+1)z - \gamma}{z(z-1)} \quad (8.14)$$

$$Q(z) = \frac{\alpha\beta z(z-1)}{z^2(z-1)^2} \quad (8.15)$$

となるから，定理 8.4 および (8.11)，(8.12) により，ガウスの超幾何微分方程式は 3 点 $0, 1, \infty$ を確定特異点とするフックス型の微分方程式である． ◆

次に確定特異点の周りの級数解について考えよう．ここで，$z = a$ が**常微分方程式の確定特異点**であるとは，その方程式のすべての解が $z = a$ を確定特異点とするということである．確定特異点の定義により，常微分方程式の正則点も確定特異点に含まれることに注意しておく．このとき，定理 8.4 に似た次の定理が成り立つことが知られている．

> **定理 8.5** 方程式 (8.8) が，$z = a$ を確定特異点とするための必要十分条件は，$P(z), Q(z)$ が $z = a$ で，
>
> $$P(z) = \frac{p_{-1}}{z-a} + p_0 + p_1(z-a) + p_2(z-a)^2 + \cdots \quad (8.16)$$
>
> $$Q(z) = \frac{q_{-2}}{(z-a)^2} + \frac{q_{-1}}{z-a} + q_0 + q_1(z-a) + q_2(z-a)^2 + \cdots \quad (8.17)$$
>
> の形のローラン展開をもつことである．

この定理をもとに，(8.8) に対する確定特異点 $z = a$ の周りの級数解を求めてみよう．考える方程式は

$$\frac{d^2 u(z)}{dz^2} + \left(\sum_{j=-1}^{\infty} p_j(z-a)^j\right)\frac{du(z)}{dz} + \left(\sum_{j=-2}^{\infty} q_j(z-a)^j\right)u(z) = 0 \quad (8.18)$$

## 8.2 フックス型微分方程式と確定特異点における解

と表される．そこで，(8.18) に対する解として，

$$u(z) = (z-a)^{\rho} \sum_{j=0}^{\infty} c_j (z-a)^j \tag{8.19}$$

の形を仮定し，指数 $\rho$ と係数 $c_j$ ( $j=0,1,2,\cdots$ ; $c_0 \neq 0$ ) を定める．

$$\frac{d\,u(z)}{dz} = \sum_{j=0}^{\infty} (\rho+j)(z-a)^{\rho+j-1}$$

$$\frac{d^2 u(z)}{dz^2} = \sum_{j=0}^{\infty} (\rho+j)(\rho+j-1)(z-a)^{\rho+j-2}$$

を (8.8) に代入し整理すると，少し面倒な計算の結果，

$$\sum_{j=0}^{\infty} A_j(\rho)(z-a)^{\rho+j-2} = 0$$

$$A_0(\rho) = \{\rho(\rho-1) + p_{-1}\rho + q_{-2}\} c_0$$

$$A_1(\rho) = \{(\rho+1)\rho + p_{-1}(\rho+1) + q_{-2}\} c_1 + (\rho p_0 + q_{-1}) c_0$$

......

$$A_k(\rho) = \{(\rho+k)(\rho+k-1) + p_{-1}(\rho+k) + q_{-2}\} c_k$$
$$+ \sum_{l=1}^{k} \{p_{l-1}(\rho+k-l) + q_{l-2}\} c_{k-l}$$

......

を得る．(8.19) が解となるためには，各 $A_k$ は 0 でなければならない．方程式 (8.18) は線形方程式なので，$u(z)$ が解であれば，その定数倍も解になる．したがって，例えば $c_0 = 1$ と仮定しても一般性を失わない．このとき，$A_k = 0$ ( $k = 1, 2, 3, \cdots$ ) より，

$$(\rho+k)(\rho+k-1) + p_{-1}(\rho+k) + q_{-2} \neq 0 \quad (k=1,2,\cdots) \tag{8.20}$$

である限り，

$$c_1 = -\frac{\rho p_0 + q_{-1}}{(\rho+1)\rho + p_{-1}(\rho+1) + q_{-2}}$$

$$c_2 = $$
$$\frac{\{p_0(\rho+1) + q_{-1}\}(p_0\rho + q_{-1}) - (p_1\rho + q_0)\{(\rho+1)\rho + p_{-1}(\rho+1) + q_{-2}\}}{\{(\rho+2)(\rho+1) + p_{-1}(\rho+2) + q_{-2}\}\{(\rho+1)\rho + p_{-1}(\rho+1) + q_{-2}\}}$$

......

のように，$c_1, c_2, \cdots$ が順次定まる．得られる係数は $\rho$ に依存するから，これらを $c_k(\rho)$ ($k = 1, 2, 3, \cdots$) とおく．

次に，$A_0 = 0$, $c_0 \neq 0$ より，
$$\rho(\rho - 1) + p_{-1}\rho + q_{-2} = 0 \tag{8.21}$$
がわかる．方程式 (8.21) は**決定方程式**と呼ばれ，指数 $\rho$（これを**特性指数**と呼ぶ）を決定する方程式になっている．(8.21) の定める 2 つの特性指数を $\rho_1, \rho_2$ とする．このとき，$\rho_1, \rho_2$ の値によって，2 つの場合が考えられる．

(1) $\rho_1 - \rho_2$ が整数でない場合．

このとき，1 以上の整数 $k$ に対して
$$(\rho_j + k)(\rho_j + k - 1) + p_{-1}(\rho_j + k) + q_{-2} \neq 0 \quad (j = 1, 2)$$
となるから，$c_k(\rho_j)$ が定まり，2 つの独立な解
$$u_j(z) = (z-a)^{\rho_j} \sum_{k=0}^{\infty} c_k(\rho_j)(z-a)^k \quad (j = 1, 2) \tag{8.22}$$
を得る．この解の収束半径が有限であることは，定理 8.1 と同様に示すことができるが，ここでは省略する．2 階の線形常微分方程式であるので独立な解は 2 つであり，任意の解は この 2 つの線形結合で表される．

[(1) の終り]

(2) $\rho_1 - \rho_2$ が整数の場合．

$\rho_1 - \rho_2 = m \in \mathbf{Z}_{\geq 0}$ として一般性を失わない．$k \geq 1$ に対して
$$(\rho_1 + k)(\rho_1 + k - 1) + p_{-1}(\rho_1 + k) + q_{-2} \neq 0$$
であるから，特性指数 $\rho_1$ に対する級数解は
$$u_1(z) = (z-a)^{\rho_1} \sum_{k=0}^{\infty} c_k(\rho_1)(z-a)^k$$
として定まる．しかし，$m = 0$（$\rho_1 = \rho_2$）であれば，これ以外に (8.19) の形の級数解は存在せず，また，$m \geq 1$ でも，$\rho_2 + m = \rho_1$ によって
$$(\rho_2 + m)(\rho_2 + m - 1) + p_{-1}(\rho_2 + m) + q_{-2}$$
$$= \rho_1(\rho_1 - 1) + p_{-1}\rho_1 + q_{-2} = 0 \quad (\because (8.21))$$

## 8.2 フックス型微分方程式と確定特異点における解

であるからどんな $c_m(\rho_2)$ も許されず,結局,特性指数の差が整数のとき,$\rho_2$ に対応する (8.19) の形の級数解は存在しない[2].

$\rho_2$ に対応するもう1つの独立な解は,**フロベニウスの方法**と呼ばれる手法で求められる.

(a) $m=0$ の場合.

$$u(z;\rho) = (z-a)^\rho \sum_{k=0}^\infty c_k(\rho)(z-a)^k$$

とおく($\rho$ は未知変数)と,$A_k = 0$ ($k=1,2,3,\cdots$) によって $c_k(\rho)$ が定まったこと (p.167) を思い出して,

$$\frac{\partial^2 u(z;\rho)}{\partial z^2} + P(z)\frac{\partial u(z;\rho)}{\partial z} + Q(z)u(z;\rho) = A_0(\rho)(z-a)^{\rho-2}$$
$$= c_0(\rho-\rho_2)^2(z-a)^{\rho-2}$$

を得る.上式の両辺を $\rho$ で偏微分して $\rho \to \rho_2 (=\rho_1)$ とすると,右辺は消えるから,$z$ での微分と $\rho$ での微分が交換することを認めて

$$u_2(z) = \frac{\partial u(z;\rho_2)}{\partial \rho}$$

が求める解になる.具体的に計算すると次式を得る ($(a^x)' = a^x \log a$ に注意).

$$u_2(z) = u_1(z)\log(z-a) + (z-a)^{\rho_2}\sum_{k=1}^\infty \frac{dc_k(\rho_2)}{d\rho}(z-a)^k \tag{8.23}$$

(b) $m \geq 1$ の場合.

$c_0$ は任意であったので,$c_0 = (\rho-\rho_2)c'_0$ とおくと,$k<m$ では $A_k(\rho)=0$ より,$c_k = c_k(\rho)$ は $(\rho-\rho_2)c'_0$ に比例する形で定まり,これを $c_k(\rho) = (\rho-\rho_2)c'_k(\rho)$ とおく.$\rho_1, \rho_2$ が (8.21) の解であることを考慮すると,

---

[2] ただし,$\sum_{j=1}^m \{p_{j-1}(\rho+m-j)+q_{j-2}\}c_{m-j} = 0$ となる場合には,$c_m$ の値によらず $A_m = 0$ となるので,第2の解が定まる.

$$A_m(\rho) = \{(\rho+m)(\rho+m-1) + p_{-1}(\rho+m) + q_{-2}\}c_m$$
$$+ \sum_{j=1}^{m} \{p_{j-1}(\rho+m-j) + q_{j-2}\}c_{m-j}$$
$$= (\rho+m-\rho_1)(\rho+m-\rho_2)c_m + \sum_{j=1}^{m} \{p_{j-1}(\rho+m-j) + q_{j-2}\}c_{m-j}$$
$$= (\rho-\rho_2)(\rho+m-\rho_2)c_m$$
$$+ \sum_{j=1}^{m} \{p_{j-1}(\rho+m-j) + q_{j-2}\}(\rho-\rho_2)c'_{m-j}$$

であるので,

$$(\rho+m-\rho_2)c_m + \sum_{j=1}^{m} \{p_{j-1}(\rho+m-j) + q_{j-2}\}c'_{m-j} = 0$$

となるように $c_m = c_m(\rho)$ を定めることができる. よって, $A_k = 0$ ($k = 1, 2, 3, \cdots$) を満たす $c_k(\rho)$ ($k = 1, 2, 3, \cdots$) が求まり,

$$u(z;\rho) = (z-a)^\rho \sum_{k=0}^{\infty} c_k(\rho)(z-a)^k$$

とおくと,

$$\frac{\partial^2 u(z;\rho)}{\partial z^2} + P(z)\frac{\partial u(z;\rho)}{\partial z} + Q(z)u(z;\rho)$$
$$= c'_0(\rho-\rho_2)^2(\rho-\rho_1)(z-a)^{\rho-2}$$

となるから, (a) と同様にして,

$$u_2(z) = \frac{\partial u(z;\rho_2)}{\partial \rho}$$

が, もう1つの独立な解となる. $c_k(\rho_2) = 0$ ($k \leq m-1$) と $\rho_2 + m = \rho_1$ に注意すると, $u(z;\rho_2) = c_m(\rho_2)u_1(z)$ であることがわかるから, $u_2(z)$ は

$$u_2(z) = c_m(\rho_2)u_1(z)\log(z-a) + (z-a)^{\rho_2}\sum_{k=0}^{\infty}\frac{dc_k(\rho_2)}{d\rho}(z-a)^k$$
(8.24)

と表される.

フロベニウスの方法で得られた級数解の収束性についても命題 8.1 と同様に示すことができるが, ここではこれ以上触れない.　　　　[(2) の終り]

## 8.2 フックス型微分方程式と確定特異点における解

**注意 2** フロベニウスの方法を直接使うよりも，

$$u_2(z) = u_1(z)\log(z-a) + (z-a)^{\rho_2}\sum_{k=0}^{\infty} d_k(z-a)^k$$

とおいて もとの方程式 (8.18) に代入し，係数 $d_k$ を定めた方が簡単であることも多い．

**定義 8.6（超幾何関数）** 複素定数 $\gamma$ は，0 または負の整数ではないとする．このとき，

$$F(\alpha,\beta;\gamma;z) = \sum_{n=0}^{\infty}\frac{(\alpha)_n(\beta)_n z^n}{(\gamma)_n n!} \qquad (8.25)$$

と定義して，$F(\alpha,\beta;\gamma;z)$ を**ガウスの超幾何級数**と呼ぶ[3]．ただし，任意の複素数 $a$，正の整数 $n$ に対して

$$(a)_n = a(a+1)\cdots(a+n-1)$$

と定義する．

$z^n$ の係数を $c_n$ とおくと，

$$\lim_{n\to\infty}\left|\frac{c_n}{c_{n+1}}\right| = \lim_{n\to\infty}\left|\frac{(\gamma+n)(n+1)}{(\alpha+n)(\beta+n)}\right| = 1$$

となるから，収束半径に関する定理（命題 4.2 (2)）より，この級数の収束半径は 1 であり，(8.25) は $|z| < 1$ で正則な複素関数を表す．これを解析接続したリーマン球面上の多価関数を**ガウスの超幾何関数**，または単に**超幾何関数**と呼ぶ．

**例 2**

ガウスの超幾何微分方程式 (8.13) (p. 166) について，確定特異点 $z = 0$ の周りの解を求めてみよう．$z = 0$ の周りの級数解を

$$u(z) = z^{\rho}\sum_{k=0}^{\infty} c_k z^k \qquad (c_0 \neq 0)$$

として (8.13) に代入すると，

---

[3] $\alpha = \gamma$，$\beta = 1$ の場合，$F(\alpha,1;\alpha;z) = \sum_{n=0}^{\infty} z^n$ となって幾何級数（等比級数）を表すので，この名前がついている．

$$\sum_{n=0}^{\infty}\Big[-\{(\rho+n)(\rho+n-1)+(\alpha+\beta+1)(\rho+n)+\alpha\beta\}c_n z^{\rho+n}$$
$$+\{(\rho+n)(\rho+n-1)+\gamma(\rho+n)\}c_n z^{\rho+n-1}\Big]$$
$$=\{\rho(\rho-1)+\gamma\rho\}c_0 z^{\rho-1}$$
$$+\sum_{n=0}^{\infty}\Big[-(\rho+\alpha+n)(\rho+\beta+n)c_n+(\rho+n+\gamma)(\rho+n+1)c_{n+1}\Big]z^{\rho+n}$$
$$=0$$

したがって, $c_0 \neq 0$ より,

$\rho(\rho-1)+\gamma\rho=0$

$-(\rho+\alpha+n)(\rho+\beta+n)c_n+(\rho+n+\gamma)(\rho+n+1)c_{n+1}=0$

$$(n=0,1,2,\cdots)$$

この第1式は決定方程式にほかならず, 特性指数 $\rho=0, 1-\gamma$ を得る. 第2式により

$$c_{n+1}=\frac{(\rho+\alpha+n)(\rho+\beta+n)}{(\rho+n+\gamma)(\rho+n+1)}c_n=\frac{(\rho+\alpha)_{n+1}(\rho+\beta)_{n+1}}{(\rho+\gamma)_{n+1}(\rho+1)_{n+1}}c_0$$

を得るから, $c_0=1$ として,

$$c_n=\frac{(\rho+\alpha)_n(\rho+\beta)_n}{(\rho+\gamma)_n(\rho+1)_n}$$

(1) $1-\gamma \notin \mathbf{Z}$ の場合.

$0-(1-\gamma) \notin \mathbf{Z}$ であるから, $\rho=0$ および $\rho=1-\gamma$ を代入したものが2つの独立な解になる. それぞれ, $(1)_n=n!$ に注意して,

$$u_1(z)=\sum_{n=0}^{\infty}\frac{(\alpha)_n(\beta)_n}{(\gamma)_n n!}z^n=F(\alpha,\beta;\gamma;z)$$
$$u_2(z)=z^{1-\gamma}\sum_{n=0}^{\infty}\frac{(\alpha-\gamma+1)_n(\beta-\gamma+1)_n}{n!(2-\gamma)_n}z^n$$
$$=z^{1-\gamma}F(\alpha-\gamma+1,\beta-\gamma+1;2-\gamma;z)$$

が2つの独立な解である.

(2) $1-\gamma \in \mathbf{Z}$ の場合.

このときにはフロベニウスの方法で独立な解を求めることができる. 途中の計算は省略し, 結果のみ記す (文献 [犬井][4]).

---

4) 犬井鉄郎 著:「特殊函数」, 岩波書店(1962).

$$F_1(\alpha,\beta;1;z) = \sum_{n=1}^{\infty} \frac{(\alpha)_n(\beta)_n}{(n!)^2}\left\{\sum_{k=0}^{n-1}\left(\frac{1}{\alpha+k}+\frac{1}{\beta+k}-\frac{2}{1+k}\right)\right\}z^n \quad (8.26)$$

$F_1(\alpha,\beta;m+1;z)$
$$= (-1)^{m+1}m!\,z^{-m}\sum_{k=0}^{m-1}\frac{(-1)^k(m-k-1)!\,z^k}{k!\,(1-\alpha)_{m-k}(1-\beta)_{m-k}}$$
$$+ \sum_{n=1}^{\infty}\frac{(\alpha)_n(\beta)_n}{(m+1)_n n!}\sum_{k=0}^{n-1}\left(\frac{1}{\alpha+k}+\frac{1}{\beta+k}-\frac{1}{m+1+k}-\frac{1}{1+k}\right)z^k$$
$$(m \in \mathbf{Z}_+) \quad (8.27)$$

と定義して，

(a) $1-\gamma = 0$ のとき，
$$u_1(z) = F(\alpha,\beta;1;z) \quad (8.28)$$
$$u_2(z) = u_1(z)\log z + F_1(\alpha,\beta;1;z) \quad (8.29)$$

(b) $1-\gamma = -m$ ($m \in \mathbf{Z}_+$) のとき，
$$u_1(z) = F(\alpha,\beta;m+1;z) \quad (8.30)$$
$$u_2(z) = u_1(z)\log z + F_1(\alpha,\beta;m+1;z) \quad (8.31)$$

(c) $1-\gamma = m$ ($m \in \mathbf{Z}_+$) のとき，
$$u_1(z) = z^m F(\alpha+m,\beta+m;m+1;z) \quad (8.32)$$
$$u_2(z) = u_1(z)\log z + z^m F_1(\alpha+m,\beta+m;m+1;z) \quad (8.33)$$

となる．(b) または (c) において，$\alpha,\beta$ が整数になって $F_1(\alpha,\beta;1;z)$ などが定義されない場合は，169 ページの脚注 2) に述べた例外的な場合であり，$\rho$ に $1-\gamma$ を代入するだけでもう 1 つの解が得られる．◆

**問題 1** ガウスの超幾何微分方程式の，$z=1$ の周りの解を求めよ．

## 8.3 積分変換を用いた解法

一般に，フックス型の微分方程式 (8.8) の解は，
$$u(z) = \int_C K(z,\zeta)\,v(\zeta)\,d\zeta \quad (8.34)$$
のように，パラメータ $\zeta$ をもつ**核関数** $K(z,\zeta)$ と**重率因子** $v(\zeta)$ を用いて，積分路 $C$ にわたる線積分によって表示できることが知られている．こ

れを解の**積分表示式**という．とくに次の形の微分方程式

$$(a_0 + a_1 z + a_2 z^2)\frac{d^2 u}{dz^2} + (b_0 + b_1 z)\frac{du}{dz} + c_0 u = 0 \tag{8.35}$$

に対しては，核関数を $K(z, \zeta) = (z - \zeta)^\lambda$（$\lambda$：複素定数）に選び，

$$u(z) = \int_C (z - \zeta)^\lambda v(\zeta)\, d\zeta \tag{8.36}$$

とするとよい．(8.36) を，$u$ から $v$ への変換と見て，**オイラー変換**という．

**命題 8.7** オイラー変換 (8.36) で与えられる $u(z)$ は，以下の条件を満たすとき，(8.35) の解になる．

（1） $\lambda$ は，次の 2 次方程式の解である．

$$\lambda(\lambda - 1)a_2 + \lambda b_1 + c_0 = 0 \tag{8.37}$$

（2） 積分路 $C$ の端点で，次の境界条件が成立する．

$$[\lambda(a_0 + a_1\zeta + a_2\zeta^2)v(\zeta)(z - \zeta)^{\lambda-1}]_{\partial C} = 0 \tag{8.38}$$

ただし，$C$ の始点を $a$；終点を $b$ としたとき，$[F(\zeta)]_{\partial C} = F(b) - F(a)$ とする．

（3） $v(\zeta)$ は次の微分方程式を満たす[5]．

$$(a_0 + a_1\zeta + a_2\zeta^2)\frac{d\,v(\zeta)}{d\zeta} + \{(\lambda a_1 + b_0) + (2\lambda a_2 + b_1)\zeta\}v(\zeta) = 0 \tag{8.39}$$

**【証明】**
$$\frac{d\,u(z)}{dz} = \int_C \lambda(z - \zeta)^{\lambda-1} v(\zeta)\, d\zeta$$

$$\frac{d^2 u(z)}{dz^2} = \int_C \lambda(\lambda - 1)(z - \zeta)^{\lambda-2} v(\zeta)\, d\zeta$$

であるので，(8.35) に代入すると，

$$E(z, \zeta) = \{\lambda(\lambda - 1)(a_0 + a_1 z + a_2 z^2) + \lambda(b_0 + b_1 z)(z - \zeta)$$
$$+ c_0(z - \zeta)^2\}(z - \zeta)^{\lambda - 2}$$

---

[5] (8.39) は同次 1 階線形常微分方程式であるので，例えば変数分離法により，簡単に解を求めることができる．

## 8.3 積分変換を用いた解法

として,
$$\int_C E(z, \zeta)\, v(\zeta)\, d\zeta = 0$$

を得る.

$$z = (z-\zeta) + \zeta, \qquad z^2 = (z-\zeta)^2 + 2\zeta(z-\zeta) + \zeta^2$$

であるので,

$$\begin{aligned} E(z,\zeta) &= \lambda(\lambda-1)(a_0 + a_1\zeta + a_2\zeta^2)(z-\zeta)^{\lambda-2} \\ &\quad + \{\lambda(\lambda-1)(a_1 + 2a_2\zeta) + \lambda(b_0 + b_1\zeta)\}(z-\zeta)^{\lambda-1} \\ &\quad + \{\lambda(\lambda-1)a_2 + \lambda b_1 + c_0\}(z-\zeta)^{\lambda} \end{aligned}$$

ところで

$$\lambda(z-\zeta)^{\lambda-1} = -\frac{\partial}{\partial \zeta}(z-\zeta)^{\lambda}$$

$$\lambda(\lambda-1)(z-\zeta)^{\lambda-2} = \frac{\partial^2}{\partial \zeta^2}(z-\zeta)^{\lambda}$$

であるので

$$\begin{aligned} E(z,\zeta) &= (a_0 + a_1\zeta + a_2\zeta^2)\frac{\partial^2}{\partial \zeta^2}(z-\zeta)^{\lambda} \\ &\quad - \{(\lambda-1)(a_1 + 2a_2\zeta) + (b_0 + b_1\zeta)\}\frac{\partial}{\partial \zeta}(z-\zeta)^{\lambda} \\ &\quad + \{\lambda(\lambda-1)a_2 + \lambda b_1 + c_0\}(z-\zeta)^{\lambda} \end{aligned}$$

そこで,

$$\lambda(\lambda-1)a_2 + \lambda b_1 + c_0 = 0 \qquad ((8.37))$$

となるように $\lambda$ を選び, 部分積分によって,

$$\begin{aligned} &\int_C (a_0 + a_1\zeta + a_2\zeta^2)\left[\frac{\partial^2}{\partial \zeta^2}(z-\zeta)^{\lambda}\right]v(\zeta)\, d\zeta \\ &= \left[(a_0 + a_1\zeta + a_2\zeta^2)\, v(\zeta)\, \frac{\partial}{\partial \zeta}(z-\zeta)^{\lambda}\right]_{\partial C} \\ &\quad - \int_C \left[\frac{d}{d\zeta}\{(a_0 + a_1\zeta + a_2\zeta^2)\, v(\zeta)\}\right]\frac{\partial}{\partial \zeta}(z-\zeta)^{\lambda}\, d\zeta \end{aligned}$$

であることを使うと,

$$\int_C E(z, \zeta) v(\zeta) d\zeta$$
$$= \left[ (a_0 + a_1 \zeta + a_2 \zeta^2) v(\zeta) \frac{\partial}{\partial \zeta} (z - \zeta)^\lambda \right]_{\partial C}$$
$$- \int_C \left[ \frac{d}{d\zeta} \{ (a_0 + a_1 \zeta + a_2 \zeta^2) v(\zeta) \} \right.$$
$$\left. + \{ (\lambda - 1)(a_1 + 2a_2 \zeta) + (b_0 + b_1 \zeta) \} v(\zeta) \right] \frac{\partial}{\partial \zeta} (z - \zeta)^\lambda d\zeta$$
$$= 0$$

したがって，境界条件
$$\left[ (a_0 + a_1 \zeta + a_2 \zeta^2) v(\zeta) \frac{\partial}{\partial \zeta} (z - \zeta)^\lambda \right]_{\partial C} = 0$$
を満たすもので，微分方程式
$$\frac{d}{d\zeta} \{ (a_0 + a_1 \zeta + a_2 \zeta^2) v(\zeta) \} + \{ (\lambda - 1)(a_1 + 2a_2 \zeta) + (b_0 + b_1 \zeta) \} v(\zeta)$$
$$= 0$$
を満たせば，(8.36) は (8.35) の解になる．上の2式を少し整理すると，境界条件
$$[\lambda (a_0 + a_1 \zeta + a_2 \zeta^2) v(\zeta) (z - \zeta)^{\lambda - 1}]_{\partial C} = 0 \quad ((8.38))$$
と，$v(\zeta)$ に対する微分方程式
$$(a_0 + a_1 \zeta + a_2 \zeta^2) \frac{dv(\zeta)}{d\zeta} + \{ (\lambda a_1 + b_0) + (2\lambda a_2 + b_1) \zeta \} v(\zeta) = 0$$
$$((8.39))$$
を得る．以上により，命題の条件を満たすように，$\lambda$, 積分路 $C$, $v(\zeta)$ を求めればよいことがわかった． □

## 例 1

ルジャンドルの微分方程式
$$(1 - z^2) \frac{d^2 u}{dz^2} - 2z \frac{du}{dz} + k(k+1) u = 0 \quad ((8.7))$$
の解をオイラー変換 (8.36) によって求めてみよう．ここで $k$ は，$k > -1$ であって，必ずしも整数とは限らないものとする．(8.7) は，(8.35) において

## 8.3 積分変換を用いた解法

$$a_0 = 1, \quad a_1 = 0, \quad a_2 = -1, \quad b_0 = 0, \quad b_1 = -2, \quad c_0 = k(k+1)$$

とおいたものになっている．命題 8.7 の (1) より，$\lambda$ は

$$-\lambda(\lambda-1) + (-2)\lambda + k(k+1) = -(\lambda+k+1)(\lambda-k) = 0$$

そこで $\lambda = -k-1$ とすると，(8.39) により，$v(\zeta)$ は

$$(1-\zeta^2)\frac{d\,v(\zeta)}{d\zeta} + 2k\zeta v(\zeta) = 0$$

を満たせばよい．これは，変数分離形であるので積分できて，

$$\int \frac{dv}{v} = \int \frac{2k\zeta}{\zeta^2-1}\,d\zeta = k\int\left\{\frac{1}{\zeta-1} + \frac{1}{\zeta+1}\right\}d\zeta$$

この積分の積分定数は，解を定数倍するだけになるので，自由にとれる．したがって，

$$v(\zeta) = (\zeta^2-1)^k$$

としてよい．最後に，命題 8.7 の (2) より，

$$u(z) = \int_C \frac{(\zeta^2-1)^k}{(z-\zeta)^{k+1}}\,d\zeta \tag{8.40}$$

が，積分路 $C$ の境界条件として

$$\left[\frac{(\zeta^2-1)^k}{(z-\zeta)^{k+2}}\right]_{\partial C} = 0 \tag{8.41}$$

を満たせば解が得られる．そのためには，リーマン面上の閉曲線を積分路にとればよい．関数 $\dfrac{(\zeta^2-1)^k}{(z-\zeta)^{k+2}}$ は，一般に $\pm 1, z, \infty$ を確定特異点とするから，図 8.1 の $1, z$ を回る積分路 $C_1$ または，$z = \pm 1$ を $\infty$ の字に回る積分路 $C_2$ を選ぶと良い．解は定数倍の自由度があるので，おのおのに対応して適当に定数を選ぶと

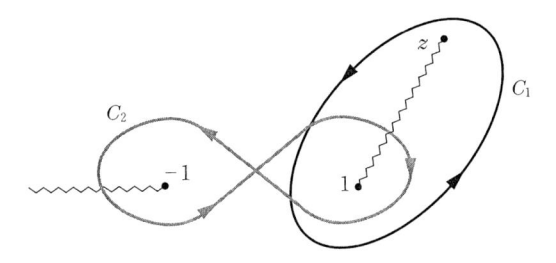

図 8.1 ルジャンドル関数のための積分路 $C_1$ と $C_2$

$$P_k(z) = \frac{1}{2\pi i} \int_{C_1} \frac{(\zeta^2-1)^k}{2^k(\zeta-z)^{k+1}} d\zeta \tag{8.42}$$

$$Q_k(z) = \frac{1}{4i \sin k\pi} \int_{C_2} \frac{(\zeta^2-1)^k}{2^k(z-\zeta)^{k+1}} d\zeta \quad (k \notin \mathbf{Z}) \tag{8.43}$$

となる. $P_k(z)$ を第一種ルジャンドル関数, $Q_k(z)$ を第二種ルジャンドル関数という. ◆

**問題1** (8.42) において, $k = n$ ( $n = 0, 1, 2, \cdots$ ) であるとき,

$$P_n(z) = \frac{1}{2^n n!} \frac{d^n}{dz^n} (z^2-1)^n \tag{8.44}$$

であり, $n$ 次の多項式となることを示せ[6].

**問題2** (8.43) において, $Q_n(z) = \lim_{k \to n} Q_k(z)$ ( $n = 0, 1, 2, \cdots$ ) とすると,

$$Q_n(z) = \frac{1}{2^{n+1}} \int_{-1}^{1} \frac{(1-\zeta^2)^n}{(z-t)^{n+1}} d\zeta \tag{8.45}$$

と表されることを示せ.

## 例2

ガウスの超幾何微分方程式

$$z(1-z)\frac{d^2 u(z)}{dz^2} + \{\gamma - (\alpha+\beta+1)z\}\frac{du(z)}{dz} - \alpha\beta u(z) = 0 \quad ((8.13))$$

の解をオイラー変換によって求めてみよう. (8.13) は, (8.35) において

$a_0 = 0, \quad a_1 = 1, \quad a_2 = -1, \quad b_0 = \gamma, \quad b_1 = -(\alpha+\beta+1), \quad c_0 = -\alpha\beta$

とおいたものになっている. 命題 8.7 の (1) より, $\lambda$ は

$$-\lambda(\lambda-1) - (\alpha+\beta+1)\lambda - \alpha\beta = -(\lambda+\alpha)(\lambda+\beta) = 0$$

の解であるので, $\lambda = -\beta$ に選ぶことにする. $v(\zeta)$ の満たす常微分方程式は, (8.39) により,

$$(\zeta - \zeta^2)\frac{dv(\zeta)}{d\zeta} + \{(-\beta+\gamma) + (-\alpha+\beta-1)\zeta\}v(\zeta) = 0$$

これも変数分離形なので 積分することができ,

---

[6] (8.44) は, 8.1 節の例 2 (p. 163) で求めたルジャンドルの多項式に等しく, $n$ 次のルジャンドル多項式と呼ばれ, 左辺の記号 $P_n(z)$ で表される.

$$\int \frac{dv}{v} = \int \left\{ \frac{\beta-\gamma}{\zeta} + \frac{-\alpha+\gamma-1}{\zeta-1} \right\} d\zeta$$
$$\therefore \quad v(\zeta) = \zeta^{\beta-\gamma}(\zeta-1)^{-\alpha+\gamma-1}$$

と選べる．したがって，$u(z)$ は，(8.36) により，

$$u(z) = \int_C \zeta^{\beta-\gamma}(1-\zeta)^{\gamma-\alpha-1}(z-\zeta)^{-\beta} d\zeta$$

として定め，積分路 $C$ に対する境界条件は，(8.38) により，

$$[\zeta^{\beta-\gamma+1}(1-\zeta)^{\gamma-\alpha}(z-\zeta)^{-\beta-1}]_{\partial C} = 0$$

が成り立つようにとればよい．

$\zeta^{\beta-\gamma+1}(1-\zeta)^{\gamma-\alpha}(z-\zeta)^{-\beta-1}$ は，$\zeta = 0$, $1, z, \infty$ が確定特異点になるので，例えば，図 8.2 のような，0 と $z$ を回る 2 重結びの積分路をとればリーマン面上の閉曲線となり，積分路の条件が満たされる．

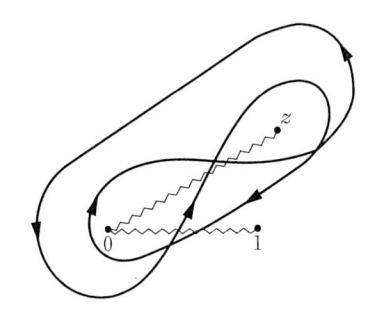

図 8.2　2 重結びの積分路

また，$t = \dfrac{1}{\zeta}$ と変数変換すると，$d\zeta = -\dfrac{1}{t^2} dt$，および定数倍も解であることに注意して，

$$u(z) = \int_C t^{\alpha-1}(1-t)^{\gamma-\alpha-1}(1-zt)^{-\beta} dt, \quad [t^{\alpha}(1-t)^{\gamma-\alpha}(1-zt)^{-\beta-1}]_{\partial C} = 0$$

となるので，$0 < \mathrm{Re}[\alpha] < \mathrm{Re}[\gamma]$ であれば，$t = 0, 1$ で境界条件を与える関数は 0 になる．したがって，$C$ を，0 から 1 までの線分とした積分

$$u(z) = \int_0^1 t^{\alpha-1}(1-t)^{\gamma-\alpha-1}(1-zt)^{-\beta} dt \tag{8.46}$$

も 1 つの解である．◆

**問題 3** (8.46) 式において，$|z| < 1$ とすると，
$$u(z) = B(\alpha, -\alpha+\gamma) F(\alpha, \beta; \gamma; z)$$
となることを示せ．ただし，
$$B(\alpha, -\alpha+\gamma) = \int_0^1 t^{\alpha-1}(1-t)^{-\alpha+\gamma-1} dt$$
は (7.10) (p.157) で与えたベータ関数であり，$F(\alpha, \beta; \gamma; z)$ は (8.25) で与えられるガウスの超幾何級数である．

## 例3（一般ラプラス変換）

$\alpha, \gamma$ を複素定数とする次の微分方程式

$$z\frac{d^2u}{dz^2} + (\gamma - z)\frac{du}{dz} - \alpha u = 0 \tag{8.47}$$

の解として，次の積分表示式で与えられるものを考えてみよう．

$$u(z) = \int_C v(\zeta) e^{z\zeta} d\zeta \tag{8.48}$$

(8.47) はフックス型ではなく，**合流型超幾何微分方程式**と呼ばれている．

$$\frac{du}{dz} = \int_C \zeta v(\zeta) e^{z\zeta} d\zeta, \qquad \frac{d^2u}{dz^2} = \int_C \zeta^2 v(\zeta) e^{z\zeta} d\zeta$$

であるから，(8.47) は

$$\int_C \{(\zeta^2 - \zeta)z + (\gamma\zeta - \alpha)\} v(\zeta) e^{z\zeta} d\zeta = 0$$

$ze^{z\zeta} = \dfrac{\partial}{\partial \zeta} e^{z\zeta}$ であるので，上の式で部分積分を行って，

$$0 = \left[\zeta(\zeta - 1) v(\zeta) e^{z\zeta}\right]_{\partial C} + \int_C \left[-\frac{d}{d\zeta}\{(\zeta - \zeta^2) v(\zeta)\} + (\gamma\zeta - \alpha) v(\zeta)\right] e^{z\zeta} d\zeta$$

したがって，

$$\left[\zeta(1-\zeta) v(\zeta) e^{z\zeta}\right]_{\partial C} = 0 \tag{8.49}$$

$$\frac{d}{d\zeta}\{(\zeta - \zeta^2) v(\zeta)\} + (\gamma\zeta - \alpha) v(\zeta) = 0 \tag{8.50}$$

が成り立てばよい．(8.50) は変数分離形であり，整理して積分すると

$$\int \frac{dv}{v} = \int \left\{\frac{\alpha - 1}{\zeta} + \frac{\gamma - \alpha - 1}{\zeta - 1}\right\} d\zeta$$

を得る．したがって，

$$v(\zeta) = K \zeta^{\alpha - 1} (\zeta - 1)^{\gamma - \alpha - 1} \qquad (K: 積分定数) \tag{8.51}$$

となる．$K$ を $(-1)^{\gamma - \alpha - 1}$ に選ぶと，積分路 $C$ は

$$\left[\zeta^{\alpha}(1-\zeta)^{\gamma - \alpha} e^{z\zeta}\right]_{\partial C} = 0 \tag{8.52}$$

を満たすようにとればよい．もしも $\mathrm{Re}[\gamma] > \mathrm{Re}[\alpha] > 0$ であれば，$\zeta = 0, 1$ において (8.52) の [ ] 内の関数は 0 になるから，$C$ として，0 から 1 までの線分をとればよい．したがって，このときは，

$$u(z) = \int_0^1 \zeta^{\alpha - 1}(1-\zeta)^{\gamma - \alpha - 1} e^{z\zeta} d\zeta \tag{8.53}$$

が解になる．◆

**問題 4** (8.53) の $u(z)$ は
$$u(z) = B(\alpha, -\alpha + \gamma) \sum_{n=0}^{\infty} \frac{(\alpha)_n}{n!(\gamma)_n} z^n$$
と表せることを示せ．ただし，$B(\alpha, -\alpha + \gamma)$ はベータ関数 (7.10) である．

## 第 8 章　練習問題

**1.** $n$ を正整数とし，次の微分方程式を考える．
$$(1-z^2)\frac{d^2u}{dz^2} - z\frac{du}{dz} + n^2 u = 0 \tag{8.54}$$
以下の問に答えよ．

（1） $z = 0$ の周りの独立な 2 つの級数解を求めよ．そのうち，1 つは $n$ 次の多項式であることを示せ．

（2） $u(z) = \sqrt{1-z^2}\, w(z)$ とおいたとき，$w(z)$ の満たす微分方程式を求めよ．

（3） 上で求めた微分方程式も，$n$ 次多項式を解にもつことを示し，これが，(1) で求めた多項式とは異なる もう 1 つの解を与えることを示せ．

**2.** 次の微分方程式の，$z = 0$ の周りの解を求めよ．

（1） $\dfrac{d^2u}{dz^2} - 2z\dfrac{du}{dz} + 2u = 0$

（2） $3z\dfrac{d^2u}{dz^2} - (z-1)\dfrac{du}{dz} + 3u = 0$

**3.** ガウスの超幾何微分方程式 (8.13) の，$z = \infty$ の周りの解を求めよ．

**4.** $\nu \geq 0$ として，次の微分方程式を考える．
$$\frac{d^2u}{dz^2} + \frac{1}{z}\frac{du}{dz} + \left(1 - \frac{\nu^2}{z^2}\right)u = 0 \tag{8.55}$$
以下の問に答えよ．

（1） $\nu$ が整数ではないとき，$z = 0$ の周りの級数解を求める際の決定方程式は，$\pm \nu$ を解にもつことを示せ．

（2） $J_\nu(z) = \left(\dfrac{z}{2}\right)^\nu \sum_{k=0}^{\infty} \dfrac{(-1)^k (z/2)^{2k}}{k!\,\Gamma(\nu+k+1)}$

と定義すると，指数 $\pm\nu$ に対応する解は，$u(z) = J_{\pm\nu}(z)$ となることを示せ．ただし，$\Gamma(z)$ は (7.8) (p.157) で与えたガンマ関数である．

（3） $\nu$ が整数でないとき，$J_\nu(z)$ に独立な解として，
$$N_\nu(z) = \frac{1}{\sin \nu\pi}[J_\nu(z)\cos\nu\pi - J_{-\nu}(z)] \tag{8.56}$$
を選ぶ．$\nu = n$（$n \in \mathbf{Z}_{\geq 0}$）のとき，(8.55) の2つの独立な解として，$J_n(z)$ と
$$N_n(z) = \lim_{\nu \to n} N_\nu(z)$$
とを選ぶことができる．$n = 0, 1, 2$ に対して，$N_n(z)$ を具体的に求めよ．

（4） $u(z) = z^\nu \int_C v(\zeta) e^{iz\zeta}\, d\zeta$ が解を与えるためには，$v(\zeta)$ および，積分路 $C$ をどのように選べばよいか．

（5） $C$ として図 8.1 の積分路 $C_2$ を用いると，定数倍をうまく選べば $u(z) = J_\nu(z)$ となることを示せ．

**5.** $n$ を非負整数とする．微分方程式
$$\frac{d^2u}{dz^2} - z\frac{du}{dz} + nu = 0$$
の解を，一般ラプラス変換
$$u(z) = \int_C v(\zeta) e^{z\zeta}\, d\zeta$$
によって求めよ．とくに，$C$ として，原点を回る閉曲線を選んだとき，$n$ 次多項式の解が得られることを示せ．

# 付　　録

## A.1　集合記号について

　集合記号に不慣れな読者のために，本書でよく使われる記号をまとめておく．

　ある特定の条件を満たすものの集まりを**集合**という．集合 $A$ を構成する個々のものを集合 $A$ の**元**（ゲン）といい，$a$ が集合 $A$ の元であることを，$a \in A$ または $A \ni a$ と表す．また，$b$ が集合 $A$ の元でないことを，$b \notin A$ または $A \not\ni b$ と表す．

　数の集合のうち，よく使われるものは通常，固有の文字（ボールド体）で表される．例えば，自然数全体の集合を $\mathbf{N}$ で，整数全体の集合を $\mathbf{Z}$[1]で，実数全体の集合を $\mathbf{R}$ で，複素数全体の集合を $\mathbf{C}$ で表す．本書ではこれらの記号を別の意味で使うことはない．なお，これらの代わりに，$\mathbb{N}, \mathbb{Z}, \mathbb{R}, \mathbb{C}$ という文字を使うこともある．

　具体的な集合を表すには $\{\ \}$ という括弧を使う．ただ単に元を書き並べて $\{1, 2, 3\}$ のように表すのが最も単純な方法であるが，これは単純すぎて使える範囲が狭い．そこで，そもそも集合とは，ある条件を満たす元の集まりであることを思い出し，

$$\{\text{元} \mid \text{条件}\}$$

と表す．例えば，

$$\{x \mid x \text{ は実数}, \ 0 \leq x \leq 1\}$$

は「0 以上 1 以下の実数全体のなす集合」である．ここで，「$x$ は実数であ

---

[1] $\mathbf{Z}$ の部分集合を表す際に，条件を添字で書くことがある．例えば，$\mathbf{Z}_{\geq 0}$ で 0 以上の整数全体の集合を表す．

る」を記号で書くと「$x \in \mathbf{R}$」であるので，この集合は
$$\{x \mid x \in \mathbf{R},\ 0 \leq x \leq 1\}$$
と表されるが，最初の条件 $x \in \mathbf{R}$ を前にもってきて
$$\{x \in \mathbf{R} \mid 0 \leq x \leq 1\}$$
と表すことが多い．

集合 $A, B$ について，$A$ の元がすべて $B$ の元であるとき，$A$ は $B$ の**部分集合**であるといい，$A \subset B$ または $B \supset A$ と表す．また，$A \subset B$ でないことを $A \not\subset B$ で表す．集合 $A$ と $B$ が等しいとは，$A$ と $B$ がまったく同じ元からなること，つまり $A \subset B$ かつ $B \subset A$ が成り立つことであり，$A = B$ で表す．なお，$A \subset B$ という記号を使うとき，$A$ と $B$ が等しい場合を排除する流儀もあるが，本書では $A = B$ となる場合も含むこととする．

元を 1 つも含まない集合を**空集合**といい，$\emptyset$ で表す．元がないのに集合と呼ぶのは奇妙な気がするかと思うが，これも集合の 1 つとしておくと，集合の演算を行う際に便利なのである．

次に，集合の演算を表す記号について説明する．2 つの集合 $A, B$ について，$A$ と $B$ の元をすべて集めてできる集合
$$\{x \mid x \in A \text{ または } x \in B\}$$
を，$A$ と $B$ の**和集合**といい，$A \cup B$ で表す．また，$A$ と $B$ の双方に含まれる元からなる集合
$$\{x \mid x \in A \text{ かつ } x \in B\}$$
を，$A$ と $B$ の**共通部分**あるいは**交わり**といい，$A \cap B$ で表す．3 個以上の集合の和集合や共通部分を表すときも，$A \cup B \cup C$ とか $A \cap B \cap C$ のように表す．

集合 $A$ に含まれて $B$ には含まれない元全体の集合を，$A$ と $B$ の**差集合**といい，$A - B$（または $A \setminus B$）で表す．つまり，
$$A - B = \{x \mid x \in A \text{ かつ } x \notin B\}$$
である．

## 例1

$A = \{x \in \mathbf{R} \mid 0 \leq x \leq 2\}$, $B = \{x \in \mathbf{R} \mid 1 < x \leq 3\}$ のとき,
$A \cup B = \{x \in \mathbf{R} \mid 0 \leq x \leq 3\}$, $A \cap B = \{x \in \mathbf{R} \mid 1 < x \leq 2\}$
$A - B = \{x \in \mathbf{R} \mid 0 \leq x \leq 1\}$, $B - A = \{x \in \mathbf{R} \mid 2 < x \leq 3\}$ ◆

## A.2 位相について

3.3 節で述べたように,複素解析をやる上で,位相に関する概念を使うことは避けられない.そこで本節では,位相,つまり集合の形状や性質に関する言葉の定義や意味を説明する.もっと詳しいことを知りたい読者は,進んだ内容も扱っている微分積分の教科書や,集合と位相の教科書を参照してほしい.

### A.2.1 開集合と閉集合

まず開集合と閉集合という言葉について説明する.複素平面 $\mathbf{C}$ の部分集合 $U$ が**開集合**であるとは,どの $a \in U$ に対しても,十分小さな $\varepsilon > 0$ をとれば,$a$ を中心とする半径 $\varepsilon$ の円板 $|z - a| < \varepsilon$ が $U$ に含まれるようにできることをいう (図 A.2 参照).つまり,$U$ の元 $a$ の十分近くには,$U$ に含まれる点しかないことを表している.自分の近くには仲間しかいない状況なので,開集合は微分などの極限を含む操作をするのに適した場所である.

## 例1

開円板 $B_r(a) = \{z \in \mathbf{C} \mid |z - a| < r\}$ は開集合である.

これを開集合の定義にしたがって確かめよう.$z_0$ を開円板 $B_r(a)$ の任意の点とする.開円板の定義により,$z_0$ は $|z_0 - a| < r$ を満たす.このとき,正の数 $\varepsilon$ が,$\varepsilon < r - |z_0 - a|$ を満たすようにとれる.すると,点 $z$ が $|z - z_0| < \varepsilon$ を満たすとき,三角不等式を使えば,

$$|z - a| = |(z - z_0) + (z_0 - a)| \leq |z - z_0| + |z_0 - a| < \varepsilon + |z_0 - a| < r$$

が成り立つので，円板 $|z-z_0|<\varepsilon$ は $B_r(a)$ に含まれる．よって，$B_r(a)$ は開集合である．◆

「境界」という言葉が何を意味するか，直観的には明らかだと思うが，正確な定義を述べておこう．右図を見て直観的にわかるように，点 $a$ が集合 $S$ の境界上にあるということは，$a$ のどんなに近くにも，$S$ に含まれる点と含まれない点があることである．これをきちんと述べればよい．

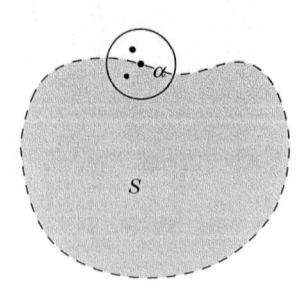

図 A.1　境界

そこで次のように定義する．点 $a\in\mathbf{C}$ が複素平面の部分集合 $S$ の**境界点**であるとは，任意の $\varepsilon>0$ に対して，開円板 $|z-a|<\varepsilon$ には，$S$ に含まれる点と $S$ に含まれない点がともに必ずあることをいう．集合 $S$ の境界点全体の集合を，$S$ の**境界**といい，$\partial S$ で表す．

### 例 2

開円板 $B_r(a)=\{z\in\mathbf{C}\mid |z-a|<r\}$ の境界は，円周 $|z-a|=r$ である．◆

次に閉集合の定義を述べる．複素平面上の集合 $F$ が**閉集合**であるとは，$F$ に含まれる複素数列 $z_1,z_2,\cdots,z_n,\cdots$ が複素数 $a$ に収束するとき，$a$ は必ず $F$ に含まれることをいう．

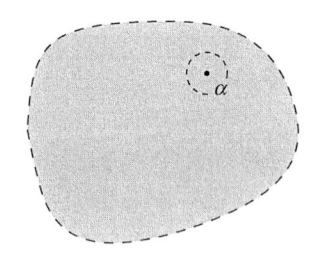

図 A.2　開集合 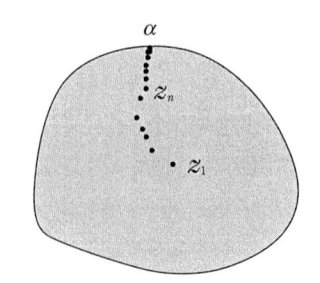　　　　　図 A.3　閉集合

## 例 3

(1) 原点 0 を中心とする半径 1 の開円板 $B_1(0)$ は閉集合でない．なぜなら，数列 $z_n = 1 - \dfrac{1}{n}$（$n = 1, 2, \cdots$）は $B_1(0)$ に含まれ，$n \to \infty$ のとき 1 に収束するが，1 は $B_1(0)$ に含まれないので，閉集合の条件を満たさないからである．

同様に，一般の開円板 $B_r(\alpha)$（$r > 0$）は閉集合でない．

(2) 閉円板 $\overline{B}_r(\alpha) = \{z \in \mathbf{C} \mid |z - \alpha| \leq r\}$ は，下の命題 A.1 により閉集合である．

(3) 閉円板から中心 $\alpha$ を除いた集合 $0 < |z - \alpha| \leq r$ を $A$ とする．これは閉集合でない．なぜなら，数列 $z_n = \alpha + \dfrac{1}{n}$（$n = 1, 2, \cdots$）は $A$ に含まれ，$n \to \infty$ のとき $\alpha$ に収束するが，$\alpha$ は $A$ に含まれないからである． ◆

この例 3 からわかるように，閉集合のイメージは「欠けているところがない」「境界も中身も詰まっている」という感じである．閉集合については，次の命題の条件を満たすようなものを押さえておけば，当面は問題ないであろう．

**命題 A.1** $f(x, y)$ を連続な実数値 2 変数関数とし，$a, b$ を実定数とする．このとき等号付きの不等式 $f(x, y) \leq a$ を満たす点 $z = x + yi$ 全体の集合や，方程式 $f(x, y) = b$ を満たす点 $z = x + yi$ 全体の集合は閉集合である．

【証明】 等号付きの不等式 $f(x, y) \leq a$ で表される集合を $S$ とする．$S$ に含まれる複素数列 $z_n = x_n + i y_n$（$n = 1, 2, \cdots$）が複素数 $w = u + iv$ に収束する，つまり $\lim\limits_{n \to \infty}(x_n, y_n) = (u, v)$ であるとする．ここで，$z_n$ は $S$ に含まれるので，$f(x_n, y_n) \leq a$ が満たされている．このとき，$f$ が連続であることから，$f(u, v) = \lim\limits_{n \to \infty} f(x_n, y_n) \leq a$ となり，$w = u + iv$ も $S$ に含まれる．よって $S$ は閉集合である．

方程式で表される集合についても同様に証明できる． □

例1と，例2,例3 (2) を見比べてみよう．開円板 $B_r(a)$ とその境界を合わせると，閉円板 $\overline{B}_r(a) = \{z \in \mathbf{C} \mid |z-a| \leq r\}$ が得られている．このように，複素平面の ある部分集合 $S$ と その境界を合わせると，閉集合ができる．これを $S$ の**閉包**といい，$\overline{S}$ で表す：$\overline{S} = S \cup \partial S$．一般に，複素平面の部分集合 $S$ が閉集合であるためには，$\overline{S} = S$ が成り立つことが必要十分である（こちらを閉集合の定義としている書物も多い）．

2.1 節において，ある開集合 $D \subset \mathbf{C}$ 上の各点 $z$ で $f(z)$ が複素微分可能なとき，$f(z)$ は $D$ 上正則であると定義した．複素解析の定理や命題を述べる際に，「関数 $f(z)$ は開集合 $D$ と その境界 $\partial D$ を含むような ある開集合 $D'$ で正則であり…」といった言い回しがしばしば現れる．しかし毎回こう述べるのは煩わしく，もっと簡潔にいいたくなる．

そこで一般に，複素平面の部分集合 $S$ があるとき，$S$ を含むような ある開集合上で $f(z)$ が正則なとき，$f(z)$ は $S$ 上**正則**であるとか，$f(z)$ は $S$ 上の**正則関数**であるという．つまり，$S$ が開集合でないときは，$S$ に含まれる点だけでなく，右図のように，集合 $S$ を少しふくらませた開集合 $D'$ の各点でも複素微分可能な関

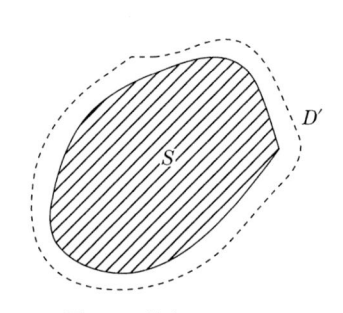

図 A.4　集合 $S$ 上で正則

数のことを「$S$ 上正則」というのである．このように決めれば，上記の「関数 $f(z)$ は…」の部分は，「$f(z)$ は $\overline{D}$ 上正則であり…」となり，すっきりする．

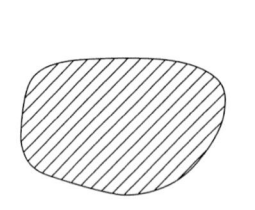

図 A.5　有界集合と非有界集合

複素平面の部分集合 $S$ が**有界**とは，十分大きな半径 $R$ をとれば，$S$ が開円板 $B_R(0)$ に含まれることをいう．これは，「無限遠までのびていない」ということを正確に述べたものである．**有界閉集合**，つまり閉集合であって無限遠までのびていないものを**コンパクト集合**という．

コンパクト集合の良い性質として，次の定理を紹介する．

**定理 A.2** コンパクト集合上の実数値連続関数には最大値と最小値がある．

一般に，関数はいつでも最大値や最小値をとるとは限らないが，変数の動く範囲がコンパクト集合で，値を実数にとる連続関数の場合には，自動的に最大値と最小値の存在が保証されるのである．

**問題 1** 次の不等式で表される複素平面の部分集合を図示せよ．その上で，(i) 閉集合であるもの，(ii) 有界であるもの，(iii) コンパクト集合であるものはどれか答えよ．
(1) $\mathrm{Re}\, z + \mathrm{Im}\, z > 0$ 　　(2) $\mathrm{Re}(z^2) \leq 1$
(3) $|z - 1 - i| \leq 2$ 　　(4) $|z + \bar{z}| + |z - \bar{z}| < 2$

## A.2.2 連結

集合のつながり方に関する言葉を説明しよう．複素平面の開集合 $S$ が**連結**であるとは，$S$ のどの 2 点 $\alpha, \beta$ に対しても，$S$ に含まれる連続な曲線で $\alpha$ と $\beta$ を結べることをいう[2]．どの 2 点も連続な曲線で結べるということは，直観的には「ひとかたまりになっている」ということであり，「連結」とい

---

[2] 正確には，これは「弧状連結」という言葉の定義である．位相空間論では，$S$ が連結とは，$S$ の開部分集合 $U_1, U_2$ であって，$S = U_1 \cup U_2$, $U_1 \cap U_2 = \emptyset$, $U_1 \neq \emptyset$, $U_2 \neq \emptyset$ を満たすものがないことをいう．いま問題にしている複素平面上の開集合の場合には，「連結」と「弧状連結」は結果的に同じなので，ここでは直観的にわかりやすい方を「連結」の定義として採用した．

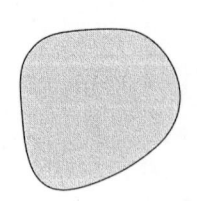

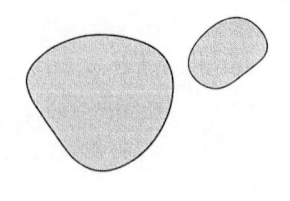

図 A.6 左：連結集合と，右：非連結集合

う単語のニュアンスに合っている．

わざわざ連結という用語を用意する利点について，実 1 変数関数の場合を例にとって説明しておこう．

読者は，「導関数が 0 の関数は定数関数」ということをよく知っていると思う．しかし，$x \neq 0$ で定義された実 1 変数関数

$$f(x) = \begin{cases} 1 & (x > 0) \\ -1 & (x < 0) \end{cases}$$

は $f'(x) = 0$ を満たすが，定義域全体では定数関数でない．これは定義域が連結でなく，$x > 0$ と $x < 0$ の 2 つのかたまりに分かれていることが原因であり，より正確には「導関数が 0 なら，連結集合上では定数関数」というべきである．

この例のように，集合のかたまり具合が結果に影響するような命題を正確に述べるためには，連結という用語を使う必要が生じるのである．

**問題 2** 0 以外の実数に対して定義された実変数関数

$$f(x) = \operatorname{Arctan} x + \operatorname{Arctan} \frac{1}{x}$$

（$\operatorname{Arctan} x$ は $x = \tan y$（$-\pi/2 < y < \pi/2$）の逆関数）について，以下の問に答えよ．

（1）導関数 $f'(x)$ を求めよ．

（2）実数 $x \neq 0$ に対し，$f(x)$ の値を求めよ．

領域というのは日常会話でも用いられる用語であるが，数学で使うときには特別な意味をもち，連結な開集合のことを指す．これまで述べたように，「連結」と「開」は関数を扱う際に都合の良い条件なので，このような特別な名前がついているのである．上で述べた実数値関数の性質は正則関数についても成り立つので，命題として述べておこう．

**命題 A.3** 領域 $D$ 上の正則関数 $f(z)$ の導関数が恒等的に 0 ならば，$f(z)$ は定数関数である．

## A.3 グルサーによる定理 3.6 の証明

本書の本文では，定理 3.6 を，$u_x, u_y, v_x, v_y$ が連続という仮定の下に示した (p.46)．そこでも述べたように，この仮定は，証明の議論をやさしくするために設けたに過ぎず，実は必要ない．ここでは，「$f(z)$ が正則」という条件だけを用いてこの定理を証明しておく．なお，この証明はグルサー (Goursat) という人によるものである．

証明を行う前に，もう一度，定理 3.6 を述べておこう．

**定理（長方形積分路に対するコーシーの積分定理）** 不等式 $a \leq x \leq b$, $c \leq y \leq d$ で表される長方形を $R$ とし，その境界を $\partial R$ とする．長方形 $R$ 上正則な関数 $f(z)$ に対し，

$$\int_{\partial R} f(z)\,dz = 0$$

が成り立つ．

**【証明】** 長方形の周に沿った線積分の値を評価しよう．

図 A.7 のように，各辺の中点をとって，長方形 $R$ を 4 個の小長方形に分け，それぞれ $R_1, \cdots, R_4$ と名付ける．このとき，

$$\left| \int_{\partial R_j} f(z)\,dz \right| \quad (j=1,2,3,4)$$

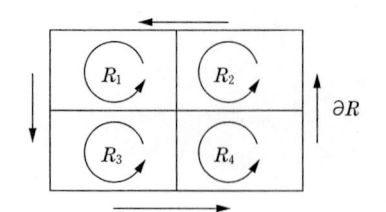

図A.7 長方形の4等分

の中で値が最大となるような $R_j$ をとり，それを $R(1)$ とすると，

$$\left|\int_{\partial R} f(z)\,dz\right| \leq \left|\int_{\partial R_1} f(z)\,dz\right| + \cdots + \left|\int_{\partial R_4} f(z)\,dz\right| \leq 4\left|\int_{\partial R(1)} f(z)\,dz\right|$$

が成り立つ．次に，$R(1)$ をさきほどと同様に4等分し，境界に沿った線積分の絶対値が最大となるような長方形を $R(2)$ とすると，

$$\left|\int_{\partial R} f(z)\,dz\right| \leq 4\left|\int_{\partial R(1)} f(z)\,dz\right| \leq 4^2\left|\int_{\partial R(2)} f(z)\,dz\right|$$

が成り立つ．以下同様の操作を繰り返すと，長方形 $R(n)$ ($n=1,2,\cdots$) が得られ，次が成り立つ．

$$\left|\int_{\partial R} f(z)\,dz\right| \leq 4^n \left|\int_{\partial R(n)} f(z)\,dz\right|$$

ここで $R(n)$ ($n=1,2,\cdots$) の作り方から，$n \to \infty$ としたとき，長方形 $R(n)$ は $D$ 内のある1点 $z_0$ に収束する．仮定により，$f(z)$ は $z_0 \in D$ で正則であるので[3]，$z_0$ の近くで $f(z) = f(z_0) + f'(z_0)(z-z_0) + \varepsilon(z-z_0)$ のように1次近似したとき，$\lim_{z \to z_0} \varepsilon = 0$ が成り立つ（$\varepsilon$ は $z$ によって変化する）．よって，

$$\left|\int_{\partial R(n)} f(z)\,dz\right| = \left|\int_{\partial R(n)} \{f(z_0) + f'(z_0)(z-z_0) + \varepsilon(z-z_0)\}\,dz\right|$$

$$\leq \left|f(z_0)\int_{\partial R(n)} dz + f'(z_0)\int_{\partial R(n)}(z-z_0)\,dz\right|$$

$$+ \left(\sup_{z \in \partial R(n)} |\varepsilon|\right)\int_{\partial R(n)} |z-z_0|\,|dz|$$

---

[3] $z_0$ が長方形 $R$ のどこになるかわからないので，$R$ 上に1点でも $f(z)$ が正則でない点があるなら，以下の議論は成り立たない．

と評価される．ここで命題 3.5 (p. 45) により（3.4 節の例 2 (p. 45) 参照），右辺にある最初の 2 つの積分は

$$\int_{\partial R(n)} dz = 0, \qquad \int_{\partial R(n)} (z - z_0)\, dz = 0$$

である．次に，右辺の第 3 項の積分を評価する．長方形 $R$ の周の長さを $L$ とすると，$R$ と $R(n)$ の相似比が $1 : 2^{-n}$ であることから，$R(n)$ の周の長さ $\int_{\partial R(n)} |dz|$ は $2^{-n} L$ である（3.2 節の例 1 (p. 37) 参照）．ここで，$z_0$ は長方形 $R(n)$ に含まれるので，$|z - z_0|$ は $R(n)$ の周の長さ $2^{-n} L$ より短く，

$$\int_{\partial R(n)} |z - z_0|\,|dz| < 2^{-n} L \int_{\partial R(n)} |dz| = (2^{-n} L)^2 = 4^{-n} L^2$$

である．よって，

$$\left| \int_{\partial R(n)} f(z)\, dz \right| < 4^{-n} L^2 \sup_{z \in \partial R(n)} |\varepsilon|$$

という評価が得られた．

以上の評価をまとめると，

$$\left| \int_{\partial R} f(z)\, dz \right| \leq 4^n \left| \int_{\partial R(n)} f(z)\, dz \right| < 4^n 4^{-n} L^2 \sup_{z \in \partial R(n)} |\varepsilon| = L^2 \sup_{z \in \partial R(n)} |\varepsilon| \tag{A.1}$$

となるが，$n \to \infty$ としたとき，$\partial R(n)$ 上の点 $z$ は $z_0$ に収束するので，$\lim_{z \to z_0} \varepsilon = 0$ より，(A.1) の右辺は 0 に収束する．よって，$\int_{\partial R} f(z)\, dz = 0$ である． □

## A.4 上限，下限，上極限，下極限

数の集合には，最大数や最小数があるとは限らない．このような場合に，最大数・最小数の代わりになるものとして，上限・下限というものが定義できる．また，実数列 $a_1, a_2, \cdots, a_n, \cdots$ には，極限があるとは限らないが，こ

の数列の「上」や「下」を見て，上極限・下極限というものを定義することができる．本節では，これらについて解説する．

実数からなる集合 $S$ があるとする．このとき，すべての $x \in S$ に対して $x \leq M$〔$x \geq M$〕が成り立つような実数 $M$ があるなら，集合 $S$ は上に有界〔下に有界〕であるといい，この $M$ を，集合 $S$ の上界〔下界〕という．

**例1**

$S = \{\tanh x \mid x \in \mathbf{R}\}$ とする．関数 $y = \tanh x = \dfrac{e^x - e^{-x}}{e^x + e^{-x}}$ のグラフは図 A.8 のようになる[4]ので，1 以上の実数はすべて $S$ の上界であり，$-1$ 以下の実数はすべて $S$ の下界である．よって，$S$ の上界全体の集合には最小数 1 があり，下界全体の集合には最大数 $-1$ がある．

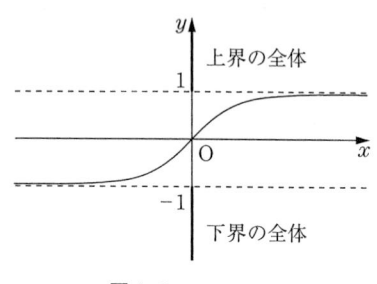

図 A.8　$y = \tanh x$

◆

一般に，実数からなる集合 $S$ が空集合でなく，上界〔下界〕が存在するとき，上界〔下界〕全体の集合には最小数〔最大数〕が存在する．これを集合 $S$ の上限〔下限〕といい，$\sup S$〔$\inf S$〕で表す．ここでは便宜上，$S$ が上に〔下に〕有界でないとき[5]には $\sup S = \infty$〔$\inf S = -\infty$〕とする．

変数 $x$ が集合 $D \subset \mathbf{R}$ を動くときの関数 $f(x)$ の値の上限と下限を，それぞれ $\sup\limits_{x \in D} f(x)$, $\inf\limits_{x \in D} f(x)$ と書く．例えば，上の例1の上限を $\sup\limits_{x \in \mathbf{R}} \tanh x$ と書く．

上限〔下限〕は，上の例を見ればわかるように，最大数〔最小数〕の類

---

[4] $\lim\limits_{x \to \infty} \tanh x = 1$, $\lim\limits_{x \to -\infty} \tanh x = -1$ である．

[5] $S$ にはいくらでも大きな〔負に大きな〕数がある場合である．

## A.4 上限, 下限, 上極限, 下極限

似物である. 例1の集合 $S = \{\tanh x \mid x \in \mathbf{R}\}$ は $-1 < y < 1$ という開区間なので, $S$ には最大数も最小数もないが, グラフを見ればわかるように, その代わりとなる数として上限 $\sup S = 1$ と下限 $\inf S = -1$ があるのである. なお, 集合 $S$ に最大数〔最小数〕がある場合は, 上限〔下限〕はその最大数〔最小数〕に一致する.

さて, ここで実数列 $a_1, a_2, \cdots, a_n, \cdots$ について考えよう. この数列の「上」と「下」を見て, 極限の類似物を作る. それが上極限と下極限なのであるが, いきなり定義を書いてもよくわからないと思うので, 定義を述べる前に, 数列

$$a_n = (-1)^n \frac{n+1}{n} \quad (n = 1, 2, \cdots)$$

を例にとって, どう考えるとよいのかを説明しよう.

この数列は, $n$ が偶数のときは $1 + \frac{1}{n}$, 奇数のときは $-1 - \frac{1}{n}$ という値をとるので, 極限 $\lim_{n \to \infty} a_n$ は存在せず, 振動する. しかし数列の「上」だけを見ていけば1に収束し, 「下」だけを見ていけば $-1$ に収束することが見てとれる. これをきちんというには, 次のように考えるとよい.

まず「上」について考える. 右図の $n = k$ の地点に立ち, そこから $n$ が大きい方を見る. このとき, $n \geq k$ ($n \in \mathbf{N}$) を満たす $a_n$ の値で一番大きいのは, $k$ が偶数のときは $a_k = \frac{k+1}{k}$ であり, $k$ が奇数のときは $a_{k+1} = \frac{k+2}{k+1}$ であるので,

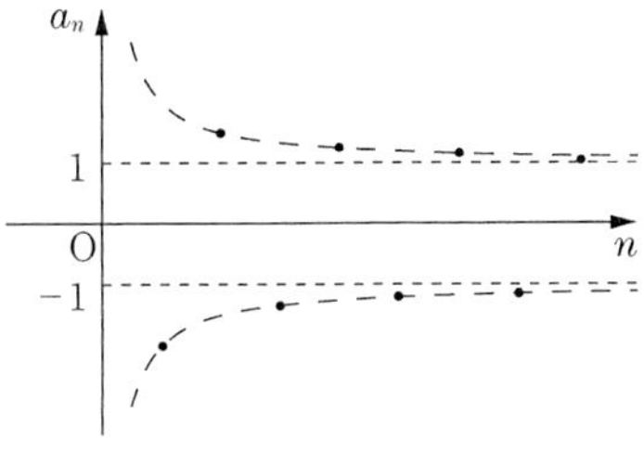

図A.9 数列 $a_n = (-1)^n \frac{n+1}{n}$

$$b_k = \begin{cases} \dfrac{k+1}{k} & (k \text{ が偶数のとき}) \\ \dfrac{k+2}{k+1} & (k \text{ が奇数のとき}) \end{cases}$$

という「上」を見た数列ができた．この数列は収束し，極限は $\lim_{k\to\infty} b_k = 1$ である．「下」についても同様に考えると，収束する数列

$$c_k = \begin{cases} -\dfrac{k+2}{k+1} & (k \text{ が偶数のとき}) \\ -\dfrac{k+1}{k} & (k \text{ が奇数のとき}) \end{cases}$$

ができ，$\lim_{k\to\infty} c_k = -1$ が「下」を見た極限である．

この例を一般化したのが上極限，下極限の概念である．例では「$n \geq k$ を満たす $a_n$ で一番大きい」としたが，一般の数列の場合，このような最大数が存在するとは限らないので，先ほど述べたように上限で代用する．

一般に，実数列 $a_1, a_2, \cdots, a_n, \cdots$ に対し，その第 $k$ 項から始まる数列 $a_k, a_{k+1}, \cdots$ の上限を $b_k$ とする：

$$b_k = \sup\{a_n \mid n \geq k\}$$

まず，数列 $a_1, a_2, \cdots, a_n, \cdots$ が上に有界なときを考える．このとき，いま作った数列 $b_1, b_2, \cdots, b_k, \cdots$ は収束するか，あるいは $-\infty$ に発散する．その極限 $\lim_{k\to\infty} b_k$ を数列 $a_1, a_2, \cdots, a_n, \cdots$ の**上極限**といい，$\overline{\lim}_{n\to\infty} a_n$ または $\limsup_{n\to\infty} a_n$ で表す．数列 $a_1, a_2, \cdots, a_n, \cdots$ が上に有界でないときは，$b_1, b_2, \cdots, b_k, \cdots$ はすべて $\infty$ なので，$\overline{\lim}_{n\to\infty} a_n = \infty$ とする．

同様に，数列 $a_k, a_{k+1}, \cdots$ の下限 $\inf\{a_n \mid n \geq k\}$ を $c_k$ とすると，数列 $a_1, a_2, \cdots, a_n, \cdots$ が下に有界なら，数列 $c_1, c_2, \cdots, c_k, \cdots$ は収束するか，あるいは $\infty$ に発散する．その極限 $\lim_{k\to\infty} c_k$ を数列 $a_1, a_2, \cdots, a_n, \cdots$ の**下極限**といい，$\underline{\lim}_{n\to\infty} a_n$ または $\liminf_{n\to\infty} a_n$ で表す．数列 $a_1, a_2, \cdots, a_n, \cdots$ が下に有界でないときは，$\underline{\lim}_{n\to\infty} a_n = -\infty$ とする．

なお，$\lim_{n\to\infty} a_n$ が存在するための必要十分条件は，$\overline{\lim}_{n\to\infty} a_n = \underline{\lim}_{n\to\infty} a_n$ となることであり，このとき，これら3つの極限はすべて等しい．

上極限，下極限の性質をいくつかあげておこう．

## A.4 上限，下限，上極限，下極限

**命題 A.4** 2つの実数列 $a_1, a_2, \cdots, a_n, \cdots$ と $b_1, b_2, \cdots, b_n, \cdots$ に対して次が成り立つ．

（1）
$$\varliminf_{n\to\infty} a_n + \varliminf_{n\to\infty} b_n \leq \varliminf_{n\to\infty}(a_n+b_n) \leq \varliminf_{n\to\infty} a_n + \varlimsup_{n\to\infty} b_n$$
$$\leq \varlimsup_{n\to\infty}(a_n+b_n) \leq \varlimsup_{n\to\infty} a_n + \varlimsup_{n\to\infty} b_n$$

1行目の最後の項において，$\varliminf_{n\to\infty} a_n + \varlimsup_{n\to\infty} b_n$ を $\varlimsup_{n\to\infty} a_n + \varliminf_{n\to\infty} b_n$ で置き換えても，もちろんよい．

（2）すべての $n$ に対して，$a_n \geq 0$，$b_n \geq 0$ ならば，

$$\varlimsup_{n\to\infty} a_n b_n \leq (\varlimsup_{n\to\infty} a_n)(\varlimsup_{n\to\infty} b_n)$$

$$\varliminf_{n\to\infty} a_n b_n \geq (\varliminf_{n\to\infty} a_n)(\varliminf_{n\to\infty} b_n)$$

（3）$c > 0$ ならば，$\varlimsup_{n\to\infty} ca_n = c \varlimsup_{n\to\infty} a_n$, $\varliminf_{n\to\infty} ca_n = c \varliminf_{n\to\infty} a_n$

$c < 0$ ならば，$\varlimsup_{n\to\infty} ca_n = c \varliminf_{n\to\infty} a_n$, $\varliminf_{n\to\infty} ca_n = c \varlimsup_{n\to\infty} a_n$

## 参　考　図　書

[1] 犬井鉄郎, 石津武彦：『複素函数論』, 東京大学出版会, 1966.
[2] 辻 正次：『複素函数論』, 槙書店, 1968.
[3] L.V. アールフォルス(笠原乾吉 訳)：『複素解析』, 現代数学社, 1982.
[4] 木村俊房, 高野恭一：『新数学講座 7 関数論』, 朝倉書店, 1991.

# 問題解答

## 第1章

**1.1 問題1** （1） $4-2i$　　（2） $-11-2i$　　（3） $\dfrac{2}{5}+\dfrac{1}{5}i$

（4） $-\dfrac{3}{10}-\dfrac{11}{10}i$

**問題2** $\alpha = a+bi$ $(a,b\in \mathbf{R})$ としたとき，$\overline{\alpha}=a-bi$ であることを使え．

**1.2 問題1** （1） $\sqrt{2}\left(\cos\dfrac{\pi}{4}+i\sin\dfrac{\pi}{4}\right)$　　（2） $2\left(\cos\dfrac{5\pi}{6}+i\sin\dfrac{5\pi}{6}\right)$

（3） $\cos\dfrac{3\pi}{2}+i\sin\dfrac{3\pi}{2}$

**問題2** （1） $5$　　（2） $625$　　**問題3** $-2+\sqrt{3}-(2\sqrt{3}+1)i$

**問題4** （1） $2\left(\cos\dfrac{\pi}{3}+i\sin\dfrac{\pi}{3}\right)$　　（2） $2^{12},\ -2^{99}-2^{99}\sqrt{3}i$

**問題5** （1） $\cos\dfrac{\pi}{2}+i\sin\dfrac{\pi}{2}$

（2） 略．$\cos\dfrac{\pi}{6}+i\sin\dfrac{\pi}{6}=\dfrac{\sqrt{3}}{2}+\dfrac{1}{2}i$, $\cos\dfrac{5\pi}{6}+i\sin\dfrac{5\pi}{6}=-\dfrac{\sqrt{3}}{2}+\dfrac{1}{2}i$, $\cos\dfrac{3\pi}{2}+i\sin\dfrac{3\pi}{2}=-i$ が $z^3=i$ の根である．

### 練習問題

1. 略．$\alpha = a+bi$ $(a,b\in\mathbf{R})$ などとおいて，両辺を比較すればよい．
2. （1） ヒント：等式 $a^n+a_{n-1}\alpha^{n-1}+\cdots+a_1\alpha+a_0=0$ の両辺の複素共役をとる．係数は実数であることを使え．

    （2） ヒント：(1)の結果から，$\alpha$ が虚数解なら $\overline{\alpha}$ もそうである．実数解がないと仮定すると，根は偶数個になる．
3. $\sin\dfrac{5\pi}{12}=\dfrac{\sqrt{6}+\sqrt{2}}{4}$, $\cos\dfrac{5\pi}{12}=\dfrac{\sqrt{6}-\sqrt{2}}{4}$
4. ヒント：点 $\alpha$ を中心とした回転を考えると，この三角形が正三角形であるためには，$\gamma-\alpha=\left\{\cos\left(\pm\dfrac{\pi}{3}\right)+i\sin\left(\pm\dfrac{\pi}{3}\right)\right\}(\beta-\alpha)$ が成り立つことが必要十分である．この

条件を書き直すとどうなるか.

**5.** (1) ヒント：$(\cos\theta + i\sin\theta)^{-1}$ の分母を有理化せよ.

(2) (1)の結果とド・モアブルの公式を使え.

**6.** (1) $X^2 + X - 1 = 0$

(2) $x + \dfrac{1}{x} = X = \dfrac{-1 \pm \sqrt{5}}{2}$ により，

$$x = \dfrac{\sqrt{5} - 1 \pm i\sqrt{10 + 2\sqrt{5}}}{4},\ \dfrac{-\sqrt{5} - 1 \pm i\sqrt{10 - 2\sqrt{5}}}{4}$$

(3) (2)の解のうち，第1象限にあるものが $\cos\dfrac{2\pi}{5} + i\sin\dfrac{2\pi}{5}$ なので，$\cos\dfrac{2\pi}{5} = \dfrac{\sqrt{5}-1}{4}$.

**7.** $2i$ と $-2i$ を両端とする線分.

**8.** 点 $4$ を中心とする半径 $2$ の円．図は省略.

# 第2章

**2.1 問題1** (1) 正則でない

(2) 正則．$g'(z) = \cos x \cosh y - i \sin x \sinh y$

**問題2** 調和関数であることの確認は省略．共役調和関数は $2xy + C$（$C$ は定数）．

**2.2 問題1** (1) $i$　　(2) $-\dfrac{1}{3}$　　(3) $-1 - i$

**問題2** ヒント：$\cos z \cos w - \sin z \sin w = \dfrac{e^{zi} + e^{-zi}}{2} \dfrac{e^{wi} + e^{-wi}}{2} - \dfrac{e^{zi} - e^{-zi}}{2i}$ $\times \dfrac{e^{wi} - e^{-wi}}{2i}$ の右辺を整理して，$\cos(z+w) = \dfrac{e^{(z+w)i} + e^{-(z+w)i}}{2}$ に等しいことを確かめる（他も同様）．

**問題3** (1) $\log 2 + \dfrac{\pi}{2}i$　　(2) $\log 2 + \dfrac{2\pi}{3}i$　　(3) $2\log 2 - \dfrac{5\pi}{6}i$

**問題4** (1) $-e^{-\pi}$

(2) $(-1-i)^i = e^{i\operatorname{Log}(-1-i)} = e^{i(\log\sqrt{2} - 3\pi i/4)}$ により，$|(-1-i)^i| = e^{3\pi/4}$，$\arg(-1-i)^i = \log\sqrt{2}$.

**問題5** 略

## 練習問題

1. $v_x = -u_y$, $v_y = u_x$ ならば, $(-u)_x = -v_y$, $(-u)_y = v_x$.
2. 調和関数であることの確認は省略．正則関数は，$C$ を定数として，
   (1) $x^3 y - xy^3 - \dfrac{1}{4}(x^4 - 6x^2 y^2 + y^4) i + C$
   (2) $\cosh x \cos y + i \sinh x \sin y + C$
3. ヒント：(2.17) 式を使え．
4. $x > 0$ のとき 1, $x < 0$ のとき 0．
5. ヒント：$\sqrt{-1} = i$ は, $z = -1 = e^{\pi i}$ に対する $\sqrt{z} = z^{1/2}$ の主値である．$\sqrt{-1} = e^{\pi i/2}$ として計算すれば, 2つ目の等式が成り立たないことがわかる．

# 第 3 章

**3.1 問題 1** (1) 1　　(2) 0

**3.2 問題 1** ともに $\dfrac{2}{3}$

**問題 2** 例えば, $z(t) = -t$ ($-1 \leq t \leq 1$) とパラメータ表示できる．線積分の値は $-\dfrac{2}{3}$

**問題 3** $-\dfrac{2}{3} + \dfrac{2}{3} i$

**問題 4** $\left| \int_C f(z)\, dz \right| = \dfrac{\sqrt{2}}{3} r^3$, $|f(z)| = r^2$, $|dz| = r\, dt$, $\int_C |f(z)|\,|dz| = \dfrac{\pi}{2} r^3$

**問題 5** 閉曲線は (2), (3), (4)．単純閉曲線は (3), (4)．(3) の向きは負，(4) の向きは正

## 練習問題

1. (1) $i$　　(2) $-1 + i$
2. (1) $C$ は単純閉曲線なので, $x(a) = x(b)$, $y(a) = y(b)$. これを使うと $\displaystyle\int_C \bar{z}\, dz$ の実部が 0 であることがわかる．$I = \dfrac{1}{2} \displaystyle\int_a^b \{x(t) y'(t) - x'(t) y(t)\}\, dt$.
   (2) 省略
3. (1) $f(z) = \dfrac{e^z}{z-4}$ とおくと，これは $|z| \leq 1$ で正則．コーシーの積分公式より

$$\int_{|z|=1} \frac{e^z}{z(z-4)} dz = \int_{|z|=1} \frac{f(z)}{z-0} dz = 2\pi i f(0) = -\frac{\pi i}{2}.$$

(2) 0

**4.** (1) $\pi i$  (2) 0  (3) 0

**5.** (1) 被積分関数は 0 以外では正則なので，積分路を円 $|z|=1$ に変更して計算してよい．結果は $2\pi i$．

(2) $\mathrm{Im}\int_C \frac{dz}{z}$ を求めると $\int_0^{2\pi} \frac{ab}{a^2\cos^2 t + b^2\sin^2 t} dt$ となるので，(1) の結果より $\frac{2\pi}{ab}$．

# 第 4 章

**4.1 問題 1** (1) 1  (2) $\frac{1}{4}$  (3) $\frac{1}{2}$

**問題 2** (1) ヒント：$(1+h_n)^n$ を 2 項展開すると，すべての項は正．$h_n^2$ の項のみ残せばよい．

(2) (1) で求めた不等式を使え．

**問題 3** 導関数は $\sum_{n=0}^{\infty} \frac{(-1)^n}{(2n)!} z^{2n}$，原始関数は $\sum_{n=1}^{\infty} \frac{(-1)^{n-1}}{(2n)!} z^{2n}$ （これに定数を加えたものでもよい）．

**問題 4** $c_n = \frac{n(n+1)}{2}$

**4.2 問題 1** $\cos z = \sum_{n=0}^{\infty} \frac{(-1)^n}{(2n)!} z^{2n}$, $\sin z = \sum_{n=0}^{\infty} \frac{(-1)^n}{(2n+1)!} z^{2n+1}$

**問題 2** (1) $\frac{e^{2\pi i/n}}{n}$  (2) $\frac{1}{2}$  (3) $-\frac{\pi}{2}$

**4.3 問題 1** (1) $\sum_{n=0}^{\infty} \frac{-1}{3^{n+1}}(z+1)^n$  (2) $1 + \sum_{n=1}^{\infty} \frac{(-1)^{n-1}}{ne^n}(z-e)^n$

**問題 2** $\cosh z = \sum_{n=0}^{\infty} \frac{1}{(2n)!} z^{2n}$, $\sinh z = \sum_{n=0}^{\infty} \frac{1}{(2n+1)!} z^{2n+1}$ であり，収束半径はともに $\infty$．

**問題 3** (1) $\sum_{n=0}^{\infty} \frac{2^n - (-3)^n}{n!} z^n$  (2) $\sum_{n=0}^{\infty} \frac{2}{2n+1} z^{2n+1}$

(3) $\sum_{n=0}^{\infty} \frac{1}{3}\left\{\left(-\frac{1}{2}\right)^n - 1\right\} z^n$

問題 4 （1） $\sum_{n=0}^{\infty} \frac{(-1)^n}{(2n+1)!} z^{6n+4}$  （2） $1 + \sum_{n=1}^{\infty} \frac{(-1)^n (4n^2 - 2n + 1)}{(2n)!} z^{2n}$

問題 5 （1） $1 + z + z^2 + \frac{5}{6} z^3$  （2） $1 + z - \frac{1}{2} z^2 - \frac{5}{6} z^3$

問題 6 ヒント： $(\arctan z)' = \sum_{n=0}^{\infty} (-1)^n z^{2n}$ を項別積分せよ．

問題 7 $\sum_{n=0}^{\infty} \frac{(n+1)(n+2)}{2} z^n$

**4.6** 問題 1 （1） 部分分数分解を行ってから，$1/(z-2)$ をべき級数展開するとよい．答は $-\frac{1}{2} \frac{1}{z^2} - \frac{1}{4} \frac{1}{z} - \sum_{n=0}^{\infty} \frac{1}{2^{n+3}} z^n$

（2） $\cos z$ をべき級数展開する．答は $\frac{1}{z^5} - \frac{1}{2!} \frac{1}{z^3} + \frac{1}{4!} \frac{1}{z} + \sum_{n=0}^{\infty} \frac{(-1)^{n+3}}{(2n+6)!} z^{2n+1}$

（3） $\sum_{n=0}^{\infty} \frac{(-1)^n}{(2n+1)!} z^{-2n-1}$

問題 2 （1） 孤立特異点は $z = 0, \pm\sqrt{3}i$．いずれも極で，極 $z = 0$ の位数は 3，極 $z = \pm\sqrt{3}i$ の位数は 4．

（2） 孤立特異点は $z = -7$．除去可能特異点である．

## 練習問題

1. ヒント： $k = m + n, \ l = m$ とおいて左辺の 2 重和を書き換えると，$\sum_{k=0}^{\infty} \sum_{l=0}^{k} \frac{1}{l!(k-l)!} z^l w^{k-l}$ となる（なぜか？）．$(z + w)^k$ の 2 項展開を用いることで，$l$ に関する和を求めよ．

2. 省略

3. （1） $\sum_{n=0}^{\infty} \frac{(2n-1)(2n-3) \cdots 3 \cdot 1}{2^n n!} z^{2n}$

   （2） $\sum_{n=0}^{\infty} \frac{(2n-1)(2n-3) \cdots 3 \cdot 1}{2^n (2n+1) n!} z^{2n+1}$

4. （1） ヒント： 最大値の原理（p.83）を使え．

   （2） ヒント： まず，$f(z)$ と $\frac{1}{f(z)}$ に対して最大値の原理を使うことで，$|f(z)|$ が定数関数であることを示す．あとは定理 4.12 の証明と同様にして，$f(z)$ が定数関数であることを示す．

5. 孤立特異点は $z = 2n\pi$（$n = 0, \pm 1, \pm 2, \cdots$）．$z = 0$ は除去可能特異点，それ以外はすべて極．

6. （1） $\arcsin z$ の式（p.27）を使えばよい．$z = -i \log(ai + \sqrt{1 - a^2})$（右辺は多価

関数なので，実際には多くの解がある．また，$\sqrt{1-a^2}$ は一般べき関数の適当な分枝）

(2) 例えば $a_n = \left\{-i\operatorname{Log}(ai+\sqrt{1-a^2})+2n\pi\right\}^{-1}$ とすればよい．

7. 最後の「$w=2$ は $\dfrac{w-2}{w-3}$ の真性特異点である」が正しくない．べき級数展開 $\dfrac{1}{1-z}=\sum_{n=0}^{\infty} z^n$ の収束半径が 1 であることから，$\dfrac{w-2}{w-3}=\sum_{n=0}^{\infty}(w-2)^{-n}$ が成り立つような $w$ の範囲を考えよ．

# 第 5 章

## 5.1 問題 1 (1) $z=1$ で 1，$z=0$ で $-1$ (2) 1
問題 2 (1) $2\pi i$ (2) 0
問題 3 (1) $z=0$ で 5，$z=1$ で $-5$ (2) 0

## 練習問題

1. (1) $\dfrac{2}{5}\pi i$ (2) $-\dfrac{2}{5}\pi i$ (3) $\dfrac{2}{5}\pi i$ (4) 0 (5) 0

   (6) $-4\pi i$ (7) $\dfrac{3}{16\sqrt{2}}\pi i$ (8) $\dfrac{2\pi i}{(n+1)!}$

2. (1) ヒント：例えば，次のように評価できる．
$$\left|\int_{BC} f(z)\,dz\right|,\ \left|\int_{DA} f(z)\,dz\right| \leq \int_0^R \frac{e^{-t}}{\sqrt{R^2+(t-a)^2}}\,dt \leq \int_0^R \frac{e^{-t}}{R}\,dt$$
$$\left|\int_{CD} f(z)\,dz\right| \leq \int_{-R}^R \frac{e^{-R}}{\sqrt{t^2+(R-a)^2}}\,dt \leq \int_{-R}^R \frac{e^{-R}}{|R-a|}\,dt$$

   (2) $a>0$ のとき $2\pi i e^{-a}$，$a<0$ のとき 0．

   (3) (2) で求めた積分を $0 \leq x$ での積分に書き換え，実数値関数で表示するとよい．答は $\dfrac{\pi}{2e}$．

3. (1) $\dfrac{\pi}{\sqrt{a^2-1}}$ (2) $(2-\sqrt{5})\pi$ (3) $\dfrac{\pi}{6}$ (4) $\dfrac{\sqrt{2}-1}{2}\pi$

   (5) $\dfrac{\pi}{\sqrt{2}} e^{-|\xi|/\sqrt{2}}\left(\cos\dfrac{|\xi|}{\sqrt{2}}+\sin\dfrac{|\xi|}{\sqrt{2}}\right)$ (6) $\dfrac{\pi}{n\sin(a\pi/n)}$

4. (1) $x=\tan\theta$ とおいて置換積分すれば，$\displaystyle\int_0^{\infty}\dfrac{1}{x^2+1}\,dx=\dfrac{\pi}{2}$．2 つ目は $t=\dfrac{1}{x}$

とおいて置換積分するとよい．答は $\int_0^\infty \dfrac{\log x}{x^2+1}\,dx = 0$．

(2) $f(z) = \dfrac{(\log z)^2}{z^2+1}$ とおき，図 5.6 (p. 107) の積分路に沿って線積分するとよい．答は $\dfrac{\pi^3}{8}$．

5. 省略．指示された通りにやればよい．
6. 省略．指示された通りにやればよい．
7. (1) 問 5 の結果を使う．答は $\dfrac{5}{\sqrt{3}}\pi$．

(2) 問 6 の結果を使う．答は $-\dfrac{2}{27}\pi^2$．

# 第 6 章

**6.1 問題 1** $C : z(t)$ $(0 \leq t \leq 1)$ とし，$w = f(z)$ により写された曲線の長さ $\ell$ は
$$\ell = \int_0^1 \left|\frac{dw}{dt}\right| dt = \int_0^1 \left|\frac{df(z(t))}{dt}\right| dt = \int_0^1 \left|\frac{df(z)}{dz}\frac{dz}{dt}\right| dt = \int_C |f'(z)|\,|dz|$$

**6.2 問題 1** 複素平面上で $z_1, z_2$ にあたる点を $P_1, P_2$ とすると，$\triangle P_1 ON$ と $\triangle NOP_2$ は相似になる．また，$\arg z_2 \equiv \pi + \arg z_1 \pmod{2\pi}$ である．ゆえに $z_1 = -\dfrac{1}{\bar{z}_2}$．

**6.3 問題 1** 点 A, B を $xy$-平面の座標 $(-a, 0), (a, 0)$ としても一般性を失わない．$AP : BP = r : 1$ を満たす点 P の軌跡は，

$r = 1$ では直線 $x = 0$，

$r \neq 1$ では $\left(x - \dfrac{r^2+1}{r^2-1}a\right)^2 + y^2 = \left(\dfrac{2ra}{r^2-1}\right)^2$（半径 $R = \left|\dfrac{2ra}{r^2-1}\right|$ の円）

になる．円の中心を O とすると，$OA \cdot OB = R^2$ であるので，鏡像の位置にある．

**練習問題**

**1.** (1) 1 次変換によって，円は円に写される．また，$z = 1 \to w = 1$，$z = 3 \to w = 1/3$ は直径の両端を与えるから，半径は $1/3$ である．したがって，求める面積は $\pi^2/9$．

(2) $\left|\dfrac{1}{(x^2+y^2)^2}\right| = \left|\dfrac{1}{z^4}\right| = \left|\dfrac{d}{dz}\left(\dfrac{1}{z}\right)\right|^2$ であるので，命題 6.2 から $\dfrac{\pi^2}{9}$．

**2.** 実軸 $y = 0$ 上の点は $|w| = 1$ 上に写され，$z = a$ は $w = 0$ に写される．1 次変換

(6.22) は，境界を境界に写し，$\mathrm{Im}(a) > 0$ なので，上半平面を $|w| < 1$ に写す．

**3.** $y = 0$ 上の点は $v = 0$ に写る．$z = i$ のとき $w = \dfrac{(ac + bd) + i(ad - bc)}{c^2 + d^2}$ であり，その虚部は正となる．したがって，上半平面は上半平面に写される．

**4.** $w - 1 = 2e^{i\theta}\dfrac{z + a}{z - \overline{a}}$ であれば，虚軸 $x = 0$ は $w = 1$ を中心とする半径 2 の円に写る．$z = 0, 1$ が $w = -1, 1$ に写されるので，$a = -1$, $\theta = \pi$ である．よって $w = \dfrac{-z + 3}{z + 1}$．

**5.** （1） $f_1(z) = \dfrac{z_1 - z}{1 - \overline{z_1}z}$ は1次変換である．$|z| = 1$ ならば $|f_1(z)| = 1$ であり，$z = z_1$（$|z_1| < 1$）では $f_1(z_1) = 0$ なので，$w = f_1(z)$ は，単位円の内部を単位円の内部に写し，$z_1$ を原点に写す1次変換である．$r = |f_1(z_2)|$ であるから，$|z_1|, |z_2| < 1$ ならば $0 \leq r < 1$．とくに $r = 0$ ならば $z_1 = z_2$ となる．$D(z_1, z_2) = \log\dfrac{1 + r}{1 - r}$ であるので，$D(z_1, z_2) \geq 0$ であり，等号は $r = 0$ のときだから，$z_1 = z_2$ である．

（2） $r = \left|\dfrac{z_1 - z_2}{1 - \overline{z_1}z_2}\right| = \left|\dfrac{z_2 - z_1}{1 - \overline{z_2}z_1}\right|$ より明らか．

（3） $w = f_i(z) = \dfrac{z_i - z}{1 - \overline{z_i}z}$（$i = 1, 2$）とすると，$\dfrac{1}{1 - |w|^2}\left|\dfrac{dw}{dz}\right| = \dfrac{1}{1 - |z|^2}$ である．したがって，$z$-平面の単位円内部にある $C$ が，$w = f_i(z)$ によって，$w$-平面の曲線 $\Gamma$ に写されるとすると，次の式が成り立つ．

$$\int_\Gamma \frac{2}{1 - |w|^2}|dw| = \int_C \frac{2}{1 - |z|^2}|dz| \qquad ①$$

曲線 $C$ の始点を $z_1$，終点を $z_3$ とする．$w = f_1(z)$ のとき，$f_1(z_1) = 0$ である．$w_3 = f_1(z_3)$ とする．$w = re^{i\theta}$ とすると，$|w| = r$，$|dw| = \sqrt{(dr)^2 + r^2(d\theta)^2} \geq dr$ であるので，①の左辺を最小にするのは，$\Gamma$ が原点と $w_3$ を結ぶ線分の場合である．したがって，$r_3 = |w_3|$ として，

$$\int_\Gamma \frac{2}{1 - |w|^2}|dw| \geq \int_0^{r_3}\frac{2}{1 - r^2}\,dr = \log\frac{1 + r_3}{1 - r_3} = D(z_1, z_3)$$

曲線 $C$ として，$z_2$ を通過する条件下で，①の右辺を最小にするものを選ぶ．$z_1$ から $z_2$ への積分路上では $w = f_1(z)$ を，$z_2$ から $z_3$ へは $w = f_2(z)$ を考えることで，

$$\int_C \frac{2}{1 - |z|^2}|dz| = D(z_1, z_2) + D(z_2, z_3)$$

を得る．したがって，$D(z_1, z_3) \leq D(z_1, z_2) + D(z_2, z_3)$．

**6.** $f_n^{(m)}(z) = m\log(z - h) - m\log z$ であるので，

$$f(z) = \lim_{\substack{h \to +0 \\ hm=\mu}} f_n{}^{(m)}(z) = \lim_{h \to +0} \mu \frac{\log(z-h) - \log z}{h} = -\frac{\mu}{z}, \qquad f'(z) = \frac{\mu}{z^2}$$

$z = re^{i\theta}$ として, $\Phi = -\frac{\mu}{r}\cos\theta$, $\Psi = \frac{\mu}{r}\sin\theta$, $v_1 = \frac{\mu}{r^2}\cos 2\theta$, $v_2 = \frac{\mu}{r^2}\sin 2\theta$.

# 第 7 章

**7.2 問題 1** $w = \int \frac{dz}{\sqrt{z^2 - a^2}} = \cosh^{-1}\frac{z}{a} +$ 定数 であるから, 定数を適当に選べば, $z = a\cosh w$ となる ($\cosh w$ は周期 $2\pi i$ の周期関数である). $z = x + yi$, $w = u + vi$ として, $u \geq 0$, $v = 0$ の半直線は $x \geq a$, $y = 0$ の半直線に; $u = 0$, $0 \leq v \leq \pi$ は $-a \leq x \leq a$, $y = 0$ に; $u \geq 0$, $v = \pi i$ は $x \leq -a$, $y = 0$ の半直線に写る. また, $u > 0$, $v = \frac{\pi}{2}$ は, $x = 0$, $y = \sinh u > 0$ であるので, 虚軸上で正の部分に対応する. 以上より, $z$-平面の上半平面は領域 $u \geq 0$, $0 \leq v \leq \pi$ に写る.

## 練習問題

**1.** (1) $z = 1, \frac{-1 \pm \sqrt{3}i}{2}$ は おのおの 3 位の分岐点.

(2) (次の **2** の解答も参照) $z = (w-1)^2(w+1)^2$, $z - 1 = w^2(w^2 - 2)$. したがって, $(z, w) = (0, 1), (0, -1), (1, 0)$ の近傍を $z$-平面に射影したとき, 2 重に被覆される. また, $\frac{1}{z} = \left(\frac{1}{w}\right)^4 \frac{1}{(1 - w^{-2})^2}$ であるので, $(\infty, \infty)$ では, 4 重に被覆される. よって, 分岐点は $z = 0, 1, \infty$. おのおのの位数は, $z = 0$ は 2 位, $z = 1$ は 2 位の分岐点が重複し, $z = \infty$ は 4 位.

(3) $z = \pm 1, \pm\sqrt{2}$ が 2 位の分岐点.

**2.** $z - z_0 = (w - w_0)^k f(w)$ ($k \geq 2$, $f(w_0) \neq 0$) となるとき, $w = w_0$ に対応する $z = z_0$ は分岐点であり, そこで $k$ 重に被覆される. したがって, $\frac{dz(w)}{dw} = 0$ となる $w = w_0$ を求めればよい. $z = w^3 - 3w^2 + 9w - 8$ より, $\frac{dz}{dw} = 3w^2 - 6w + 9 = 0$ ならば, $w = 1 \pm \sqrt{2}i$ であるので, $(w, z) = (-1 \pm 4\sqrt{2}i, 1 \pm \sqrt{2}i)$ の近傍の $z$-平面への射影が 2 重被覆を与える. ゆえに, $z = -1 \pm 4\sqrt{2}i$ が 2 位の分岐点. $z = \infty$ は 3 位の分岐点.

**3.** (a) $w = \sum_{k=0}^{\infty} \binom{1/3}{k}(z-1)^k$   (b) $w = \sum_{k=0}^{\infty} e^{2\pi i/3}\binom{1/3}{k}(z-1)^k$

**4.** $z = e^{i\theta}$ ($\theta \in \mathbf{Q}$) とすると，必ず発散するから，$|z| = 1$ は自然境界になる．

**5.** (1) $w = \log(z-1) - \log(z+1)$ であるので，例えば，切断を実軸上の $(-1, 1)$ に入れればよい．$z = 1, -1$ はともに無限位の分岐点である．

(2) $z = \sin w$, $\dfrac{dz}{dw} = \cos w$ であるので，$w = \pm\dfrac{\pi}{2} + 2n\pi$（$n \in \mathbf{Z}$）に対応する $z = \pm 1$ で（無限に重複した）2位の分岐点をもつ．$z = \infty$ は無限位の分岐点になる．したがって，切断を，例えば実軸上 $(-\infty, -1), (1, \infty)$ に入れた，無限葉からなるリーマン面になる．

**6.** (1) $\mathrm{Re}[z] = x > 0$, $m$ を $m \geq x$ となる整数として，
$$|\Gamma(z)| \leq \int_0^\infty t^{x-1} e^{-t}\, dt < \int_0^1 t^{x-1}\, dt + \int_1^\infty t^m e^{-t}\, dt < \frac{1}{x} + m!$$
であり，絶対収束しているので，収束する．

(2) 部分積分すればよい．

(3) $-1 < \mathrm{Re}[z] \leq 0$ では $\Gamma(z) = \dfrac{\Gamma(z+1)}{z}$ の右辺によって定義する．この両辺は $\mathrm{Re}[z] > 0$ では一致するので，解析接続になっている．以下，$\mathrm{Re}[z] \leq -1$ についても同様に定義してゆけばよい．

(4) $\Gamma(x)\Gamma(y) = \int_0^\infty \int_0^\infty t^{x-1} s^{y-1} e^{-t-s}\, dtds$ であるので，$t = r^2 \cos^2 \theta$, $s = r^2 \sin^2 \theta$ とすると $0 \leq r$, $0 \leq \theta \leq \dfrac{\pi}{2}$ であるので，
$$\Gamma(x)\Gamma(y) = \left\{2\int_0^\infty r^{2x+2y-2} e^{-r^2} r\, dr\right\}\left\{2\int_0^{\pi/2} \cos^{2x-1}\theta \sin^{2y-1}\theta\, d\theta\right\}$$
したがって，$r^2 = \rho$, $\cos^2 \theta = \tau$ として
$$2\int_0^\infty r^{2x+2y-2} e^{-r^2} r\, dr = \int_0^\infty \rho^{x+y-1} e^{-\rho}\, d\rho = \Gamma(x+y)$$
$$2\int_0^{\pi/2} \cos^{2x-1}\theta \sin^{2y-1}\theta\, d\theta = \int_0^1 \tau^{x-1}(1-\tau)^{y-1}\, d\tau = B(x, y)$$
より，$B(x, y) = \dfrac{\Gamma(x)\Gamma(y)}{\Gamma(x+y)}$．

**7.** $z$ の値が単位円周上を時計回りに変化するものとすると，$z = e^{i\theta}$ として
$$\frac{dw}{d\theta} = \frac{dw}{dz}\frac{dz}{d\theta} = (i)^{7/5} \left\{\frac{\sin(5\theta/2)}{2\cos^2(5\theta/2)}\right\}^{2/5}$$
したがって，$\theta = \dfrac{2n\pi}{5}$, $\theta = \dfrac{(2n+1)\pi}{5}$（$n = 0, 1, \cdots, 4$）以外の周上では，$w$ の変

化は直線である．変化の方向は，$\theta = \frac{2n\pi}{5}$ では角度 $-\frac{2\pi}{5}$ だけ，$\theta = \frac{(2n+1)\pi}{5}$ では角度 $+\frac{4\pi}{5}$ だけ変わる．また，この図形は5回の回転対称性をもつ．以上より，単位円周は星型の境界に写される．$z=0$ のとき $w=0$ であるので，単位円の内部は星型の内部に写され，星型の外接円の半径は $\int_{-1}^0 \frac{(1-x^5)^{2/5}}{(1+x^5)^{4/5}} dx$，内接円の半径は $\int_0^1 \frac{(1-x^5)^{2/5}}{(1+x^5)^{4/5}} dx$ である．

# 第8章

**8.2 問題1** $\zeta = 1-z$, $\tilde{u}(\zeta) = u(z)$ とすると，超幾何微分方程式は次のように表される．
$$\zeta(1-\zeta)\frac{d^2\tilde{u}}{d\zeta^2} + \{(\alpha+\beta-\gamma+1) - (\alpha+\beta+1)\zeta\}\frac{d\tilde{u}}{d\zeta} - \alpha\beta\tilde{u} = 0$$
ゆえに，$z=0$ の周りの任意解を $G(\alpha,\beta;\gamma;z)$ とすれば，$G(\alpha,\beta;\alpha+\beta-\gamma;1-z)$ が解を与える．例えば，$\gamma-\alpha-\beta$ が整数でないとき，2つの独立な級数解は，
$$w_1^{(1)}(z) = F(\alpha,\beta;1-\gamma+\alpha+\beta;1-z)$$
$$w_2^{(1)}(z) = (1-z)^{\gamma-\alpha-\beta} F(\gamma-\alpha,\gamma-\beta;1+\gamma-\alpha-\beta;1-z)$$

**8.3 問題1** (4.7)式 (p.70) より，(8.44)式を得る．$2n$ 次の多項式の $n$ 階導関数であるので，$n$ 次多項式である．

**問題2** 積分路は右図のように変形できる．直線 $C_1$ 上では $\zeta^2 - 1 = |\zeta^2-1|e^{-i\pi} = (1-\zeta^2)e^{-i\pi}$ であり，直線 $C_1'$ 上では $\zeta^2-1 = |\zeta^2-1|e^{i\pi} = (1-\zeta^2)e^{i\pi}$ である．また，$C_2, C_4$ において半径が $+0$ となる極限を考えると，$\text{Re}[k] > -1$ であれば，これらの経路からの寄与はなくなる．ゆえに $\text{Re}[k] > -1$ であれば，
$$Q_k(z) = \frac{1}{4i\sin k\pi}\left\{-e^{-ik\pi}\int_{-1}^1 \frac{(1-\zeta^2)^k}{2^k(z-\zeta)^{k+1}}d\zeta + e^{ik\pi}\int_{-1}^1 \frac{(1-\zeta^2)^k}{2^k(z-\zeta)^{k+1}}d\zeta\right\}$$
$$= \frac{1}{2^{k+1}}\int_{-1}^1 \frac{(1-\zeta^2)^k}{(z-\zeta)^{k+1}}d\zeta$$
であるから，$k \to n \in \{0,1,2,\cdots\}$ として，求める式が得られた．

**問題3** $(1-zt)^{-\beta}$ は，$|zt|<1$ であるから，テイラー展開できて，$(1-zt)^{-\beta} = \sum_{n=0}^\infty \frac{(\beta)_n}{n!}z^n t^n$．したがって，

$$u(z) = \sum_{n=0}^{\infty} \frac{(\beta)_n}{n!} z^n \int_0^1 t^{n+\alpha-1}(1-t)^{\gamma-\alpha-1}\,dt = \sum_{n=0}^{\infty} \frac{(\beta)_n}{n!} z^n B(n+\alpha, \gamma-\alpha)$$

ここで，$B(n+\alpha, \gamma-\alpha) = \dfrac{(\alpha)_n \Gamma(\alpha) \Gamma(\gamma-\alpha)}{(\gamma)_n \Gamma(\gamma)} = \dfrac{(\alpha)_n}{(\gamma)_n} B(\alpha, -\alpha+\gamma)$ であるから，求める式が得られる．

**問題 4** $e^{z\zeta} = \sum_{n=0}^{\infty} \dfrac{z^n \zeta^n}{n!}$ として，前問と同じ手続きをとればよい．

## 練習問題

**1.** （1） $z=0$ は正則点であるので，$\sum_{k=0}^{\infty} c_k z^k$ として，$(c_0, c_1) = (1,0), (0,1)$ によって 2 つの独立な解 $u_0(z), u_1(z)$ を得る．$c_{k+2} = \dfrac{k^2 - n^2}{(k+2)(k+1)} c_k$ であるので，

$$u_1(z) = \sum_{l=0}^{\infty} \frac{(-n^2)(2^2-n^2)\cdots((2l-2)^2-n^2)}{(2l)!} z^{2l}$$

$$u_2(z) = \sum_{l=0}^{\infty} \frac{(1^2-n^2)(3^2-n^2)\cdots((2l-1)^2-n^2)}{(2l+1)!} z^{2l+1}$$

$n$ が偶数のときは $u_1(z)$ が，$n$ が奇数のときは $u_2(z)$ が $n$ 次の多項式である．

（2） $(1-z^2)\dfrac{d^2w}{dz^2} - 3z\dfrac{dw}{dz} + (n^2-1)w = 0$

（3） （2）においても $z=0$ は正則点であるので，次の 2 つの独立解をもつ．

$$w_1(z) = \sum_{l=0}^{\infty} \frac{(1^2-n^2)(3^2-n^2)\cdots((2l-1)^2-n^2)}{(2l)!} z^{2l}$$

$$w_2(z) = \sum_{l=0}^{\infty} \frac{(2^2-n^2)(4^2-n^2)\cdots((2l)^2-n^2)}{(2l+1)!} z^{2l+1}$$

よって，$n$ が偶数のときは $w_2(z)$ が，$n$ が奇数のときは $w_1(z)$ が $n$ 次多項式である．これに対応して，$\sqrt{1-z^2}\,w_2(z)$ または $\sqrt{1-z^2}\,w_1(z)$ が（1）での多項式とは異なる解になる．

**2.** （1） $z=0$ は正則点．ゆえに，次の 2 式が独立解である．

$$u_0(z) = \sum_{l=0}^{\infty} \frac{2^l(2l-3)(2l-5)\cdots(1)(-1)}{(2l)!} z^{2l}, \qquad u_1(z) = z$$

（2） 決定方程式は $\lambda(3\lambda-2) = 0$ であるので，特性指数は $0, 2/3$．これから，

$$u_1(z) = 1 + \sum_{k=1}^{\infty} \left( \prod_{l=0}^{k-1} \frac{l-3}{(l+1)(3l+1)} \right) z^k$$

$$u_2(z) = z^{2/3} \left\{ 1 + \sum_{k=1}^{\infty} \left( \prod_{l=0}^{k-1} \frac{3l-7}{3(3l+5)(l+1)} \right) z^k \right\}$$

**3.** $\zeta = \dfrac{1}{z}$, $\tilde{u}(\zeta) = u(z)$ とすると，

問題解答（第8章）

$$\frac{d^2\tilde{u}}{d\zeta^2} + \frac{\{(\alpha+\beta-1) + (2-\gamma)\zeta\}}{\zeta(\zeta-1)} \frac{d\tilde{u}}{d\zeta} - \frac{\alpha\beta}{\zeta^2(\zeta-1)}\tilde{u} = 0$$

である．さらに $\tilde{u}(\zeta) = \zeta^\alpha w(\zeta)$ とすると，

$$\zeta(1-\zeta)\frac{d^2 w}{d\zeta^2} + \{(\alpha-\beta+1) - (2\alpha-\gamma+2)\}\frac{dw}{d\zeta} - \alpha(\alpha-\gamma+1)w = 0$$

は，$\beta \to \alpha-\gamma+1$，$\gamma \to \alpha-\beta+1$ とした超幾何微分方程式であり，これから一般解がわかる．例えば，$\alpha-\beta$ が整数ではないとき，2つの独立な級数解は，

$$u_1^{(\infty)}(z) = \left(\frac{1}{z}\right)^\alpha F\left(\alpha, \alpha-\gamma+1; \alpha-\beta+1; \frac{1}{z}\right)$$

$$u_2^{(\infty)}(z) = \left(\frac{1}{z}\right)^\beta F\left(\beta, \beta-\gamma+1; \beta-\alpha+1; \frac{1}{z}\right)$$

**4.**（1）決定方程式は $\lambda(\lambda-1) + \lambda - \nu^2 = 0$ であるので，$\lambda = \pm\nu$ が解．

（2）実際に代入すればよい．

（3）ロピタルの定理を用いて計算すればよい．$m \in \mathbf{Z}$ に対して，等式

$$\lim_{x \to m} \frac{1}{\Gamma(x+1)} \frac{d\log(\Gamma(x+1))}{dx} = \begin{cases} \dfrac{-\gamma + \phi(m)}{m!} & (m \geq 0) \\ (-1)^m (|m|-1)! & (m \leq -1) \end{cases}$$

が成り立つことを用いる．やや長い計算の後，次の式を得る．

$$N_n(z) = \frac{2}{\pi}\left\{\log\left(\frac{z}{2}\right) + \gamma\right\} J_n(z) - \frac{1}{\pi}\sum_{k=0}^{n-1} \frac{(n-k-1)!}{k!}\left(\frac{z}{2}\right)^{-n+2k}$$
$$- \frac{1}{\pi}\sum_{k=0}^{\infty} (-1)^k \frac{\phi(k+n) + \phi(k)}{k!(k+n)!}\left(\frac{z}{2}\right)^{2k+n}$$

ただし，$\gamma = \lim_{N \to \infty}\left(1 + \frac{1}{2} + \cdots + \frac{1}{N} - \log N\right)$（オイラー定数）；$\phi(x) = \sum_{j=1}^{\infty}\left(\frac{1}{x+j} - \frac{1}{j}\right)$（$k$ を正の整数とするとき $\phi(k) = \sum_{j=1}^{k}\frac{1}{j}$，$\phi(0) = 0$）である．なお，負の整数に対しては $N_{-n}(z) = (-1)^n N_n(z)$ である．

（4）$u(z) = z^\nu w(z)$ とすると，$\dfrac{d^2 w}{dz^2} + \dfrac{2\nu+1}{z}\dfrac{dw}{dz} + w = 0$．これより，求める条件は

$$\left[(\zeta^2-1)v(\zeta)e^{iz\zeta}\right]_{\partial C} = 0, \quad \frac{d}{d\zeta}\{(\zeta^2-1)v(\zeta)\} - (2\nu+1)\zeta v(\zeta) = 0$$

微分方程式の解は $v(\zeta) = (\zeta^2-1)^{\nu-\frac{1}{2}}$ であり，境界条件は $\left[(\zeta^2-1)^{\nu+\frac{1}{2}} e^{iz\zeta}\right]_{\partial C} = 0$ である．

（5）$u(z)$ は定数倍の不定性のもとに $u(z) = z^\nu \int_{C_2} (\zeta^2-1)^{\nu-\frac{1}{2}} e^{iz\zeta}\, d\zeta$．8.3節の問題2と同様にして，

$$u(z) = 2iz^\nu \sin\pi\left(\frac{1}{2} - \nu\right) \int_{-1}^{1} e^{iz\zeta}(1-\zeta^2)^{\nu-\frac{1}{2}} d\zeta$$

$e^{iz\zeta} = \sum_{k=0}^{\infty} \frac{(iz)^k}{k!}\zeta^k$ と展開し，公式 $\sin\pi\left(\frac{1}{2} - \nu\right) = \dfrac{\pi}{\Gamma(1/2-\nu)\Gamma(1/2+\nu)}$ および，

$$\int_{-1}^{1} \zeta^k (1-\zeta^2)^{\nu-\frac{1}{2}} d\zeta = \begin{cases} \int_0^1 t^{n-\frac{1}{2}}(1-t)^{\nu-\frac{1}{2}} dt = B\left(n+\frac{1}{2}, \nu+\frac{1}{2}\right) & (k = 2n) \\ 0 & (k = 2n+1) \end{cases}$$

などを用いて，

$$u(z) = \frac{2^{\nu+1}\pi i \sqrt{\pi}}{\Gamma(1/2-\nu)} \sum_{n=0}^{\infty} \frac{(-1)^n (z/2)^{\nu+2n}}{n!\,\Gamma(\nu+n+1)} = \frac{2^{\nu+1}\pi i \sqrt{\pi}}{\Gamma(1/2-\nu)} J_\nu(z).$$

ただし，ガンマ関数の公式 $\Gamma(x)\Gamma(x+1/2) = 2^{1-2x}\sqrt{\pi}\,\Gamma(2x)$ を用いた．

**5.** $\int_C (\zeta^2 - z\zeta + n)v(\zeta)e^{z\zeta} d\zeta = 0$ であるので，

$$\left[\zeta v(\zeta) e^{z\zeta}\right]_{\partial C} = 0, \qquad (\zeta^2 + n)v(\zeta) + \frac{d}{d\zeta}\{\zeta v(\zeta)\} = 0$$

これから $v(\zeta)\zeta^{-(n+1)}e^{-\frac{1}{2}\zeta^2}$ とすればよい．$C$ が原点を回る閉曲線であれば，境界条件は満たされる．このとき，

$$u(z) = \int_C \zeta^{-(n+1)} e^{-\frac{1}{2}\zeta^2 + z\zeta} d\zeta$$

留数定理(p.94)により，$f(\zeta) = e^{-\frac{1}{2}\zeta^2 + z\zeta}$ として，$u(z) = 2\pi i \dfrac{1}{n!}\dfrac{d^n f(0)}{d\zeta^n}$．これは $n$ 次の多項式である．

# 索　引

## 記号・欧字

$A \cap B$　184
$A \cup B$　184
$|\alpha|$　3
$\alpha$　3
$\arccos z$　27
$\arcsin z$　27
$\arctan z$　27
$\arg \alpha$　6
$B_r(\alpha)$　42
$\mathbf{C}$　2, 183
$C^1$ 級　31
$\cos z$　21
$\partial S$　186
$e^z$　20
$\operatorname{Im} \alpha$　2
$\inf S$　194
$\operatorname{Log} z$　24
$\log z$　23
$\mathbf{N}$　183
$\mathbf{R}$　2, 183
$\operatorname{Re} \alpha$　2
$\sin z$　21
$\sup S$　194
$\mathbf{Z}$　183
$z^\alpha$　25

## ア　行

アポロニウスの円　133

位数　88
　極の――　88
　分岐点の――　151
　零点の――　80
1次分数関数　127
1次変換　127
一様収束　40
1価関数　23
一致の定理　79
オイラーの公式　20
オイラー変換　174

## カ　行

開円板　42
開集合　185
解析関数　67, 146
解析接続　146
解析接続する　146
解析的　67
ガウスの超幾何関数　171
ガウスの超幾何級数　171
ガウスの超幾何微分方程式
　166
ガウス平面　4
下界　194
下極限　196
核関数　173
確定特異点　164
下限　194
関数要素　147

ガンマ関数　157
逆三角関数　27
境界　43, 186
　――点　186
共形写像　117
鏡像の位置　133
共通部分　184
共役調和関数　17
共役複素数　3
極　88
極形式　6
曲線　36
虚軸　5
虚数単位　2
虚部　2
空集合　184
区分的に滑らかな曲線　36
決定方程式　168
元　183
原始関数　44
項別微分　64
合流型超幾何微分方程式
　180
コーシー・リーマンの方程
　式　15
コーシーの主値　113
コーシーの積分公式　52
コーシーの積分定理　46
孤立特異点　85
コンパクト集合　189

# 索引

## サ 行

最大値の原理　82, 83
差集合　184
三角不等式　5
指数関数　20
指数法則　20
自然境界　149
実軸　5
実部　2
集合　183
収束円　62
収束円板　62
収束半径　62
重率因子　173
主値　24, 26
Schwarz-Christoffel 変換
　　155
主要部　88
純虚数　2
上界　194
上極限　196
上限　194
除去可能特異点　89
真性特異点　88
スカラーポテンシャル
　　135
正弦関数　21
斉次座標　127
正則　13
　――点　160
　集合 $S$ 上――　188
正則関数　13
　集合 $S$ 上の――　188

正の向き　38
積分表示式　174
積分路の変更　38
絶対収束　62
絶対値　3
切断　153
線積分　31
双曲線関数　22
速度ポテンシャル　137

## タ 行

第一種ルジャンドル関数
　　178
代数学の基本定理　4, 56
対数関数　23
代数特異点　148
第二種ルジャンドル関数
　　178
多価関数　23
単純閉曲線　38
超幾何関数　171
調和関数　17
直接接続　145
テイラー級数展開　68
電気力線　136
等角写像　117
導関数　13
等電位線　136
特異点　146, 148
特性指数　168
ド・モアブルの公式　8

## ナ 行

流れの関数　137

滑らか　31
2 重湧き出し　142

## ハ 行

パラメータ表示　30
微分可能　13
複素数　2
複素線積分　31
複素速度ポテンシャル
　　137
複素微分可能　13
複素(数)平面　4
複比　130
フックス型　164
部分集合　184
フロベニウスの方法　169
分岐点　151
分枝　24
閉円板　43
閉曲線　38
閉集合　186
閉包　43, 188
ベータ関数　157
べき関数　25
べき級数　60
　――展開　67
偏角　6
ポアソン方程式　135

## マ行・ヤ行

交わり　184
無限遠点　124
有界　189
　――閉集合　189

上に―― 194
　　下に―― 194
有理型　90
余弦関数　21

## ラ 行

ラプラス方程式　17, 135
リーマン球面　124
リーマン面　152
リューヴィルの定理　55
留数　94
　　――定理　94
領域　42, 191
ルジャンドルの多項式
　　164
ルジャンドルの微分方程式
　　164
零点　80
連結　189
連続　12
　　――変形　50
ローラン級数　87, 88
ロピタルの公式　70

## ワ 行

和(べき級数の)　60
和集合　184

### 著者略歴

谷口健二（たにぐちけんじ）
　　　　1968 年　福井県生まれ
　　　　1992 年　東京大学理学部数学科卒業
　　　　1997 年　東京大学大学院数理科学研究科博士課程修了
　　　　現　在　青山学院大学理工学部教授　博士（数理科学）

時弘哲治（ときひろてつじ）
　　　　1957 年　山口県生まれ
　　　　1979 年　東京大学工学部物理工学科卒業
　　　　1981 年　東京大学工学系大学院物理工学専攻修士課程修了
　　　　現　在　武蔵野大学工学部特任教授

---

理工系の数理　複 素 解 析

2013 年 2 月 15 日　第 1 版 1 刷発行
2024 年 9 月 30 日　第 4 版 1 刷発行

検印省略

定価はカバーに表示してあります。

著 作 者　　谷 口 健 二
　　　　　　時 弘 哲 治

発 行 者　　吉 野 和 浩

発 行 所　　東京都千代田区四番町 8-1
　　　　　　電　話　　03-3262-9166
　　　　　　株式会社　裳 華 房

印刷製本　　株式会社デジタルパブリッシングサービス

---

一般社団法人
自然科学書協会会員

JCOPY　〈出版者著作権管理機構 委託出版物〉
本書の無断複製は著作権法上での例外を除き禁じられています。複製される場合は、そのつど事前に、出版者著作権管理機構（電話 03-5244-5088, FAX 03-5244-5089, e-mail: info@jcopy.or.jp）の許諾を得てください.

ISBN 978-4-7853-1559-7

© 谷口健二, 時弘哲治, 2013　　Printed in Japan